绿色低碳建造技术

应用案例集

住房和城乡建设部科学技术委员会
科技协同创新专业委员会
组织编写

石永久　主编

中国建筑工业出版社

图书在版编目（CIP）数据

绿色低碳建造技术应用案例集 / 住房和城乡建设部
科学技术委员会科技协同创新专业委员会组织编写；石
永久主编 . —北京：中国建筑工业出版社，2022.8
　ISBN 978-7-112-27578-6

　Ⅰ . ①绿⋯　Ⅱ . ①住⋯　②石⋯　Ⅲ . ①生态建筑—建
筑施工—无污染技术—案例—中国　Ⅳ . ①TU74

　中国版本图书馆 CIP 数据核字（2022）第 116402 号

责任编辑：李笑然　毕凤鸣
责任校对：李辰馨

绿色低碳建造技术应用案例集
住房和城乡建设部科学技术委员会
科 技 协 同 创 新 专 业 委 员 会　组织编写
石永久　主编

*

中国建筑工业出版社出版、发行（北京海淀三里河路9号）
各地新华书店、建筑书店经销
华之逸品书装设计制版
北京云浩印刷有限责任公司印刷

*

开本：787 毫米 ×1092 毫米　1/16　印张：26½　字数：503 千字
2022 年 9 月第一版　　2022 年 9 月第一次印刷
定价：**136.00** 元
ISBN 978-7-112-27578-6
（39759）

编写委员会

顾　问：吴一戎　曲久辉　赵宇亮　王铁宏　缪昌文　张平文
　　　　肖绪文　郭理桥

主　编：石永久
副主编：魏育成　龚　剑　陈　浩　李久林　傅志斌

编委会委员（以姓氏笔画为序）：

马荣全　王海云　亓立刚　令狐延　刘军龙　刘新玉
安兰慧　许崇伟　严　晗　李　栋　李　娟　李丽娜
李国建　李怡厚　何显文　张　静　张志明　张路金
陈春雷　周予启　赵基达　胡德均　高　仓　梁冬梅
彭明祥　程　莹　雷升祥

编写组成员（以姓氏笔画为序）：

王　坤　王全逵　王健涛　毛登文　仇　健　冉　茜
冯　颖　吉明军　刘十兴　刘卫未　许立山　李　云
李书文　李吉顺　李凯阳　杨均英　吴　侃　吴　超
吴庆兵　邱敦京　辛建珍　沈智涛　张　谨　张轩奎
陈云琦　陈新喜　周　虹　周　猛　房霆宸　赵　丽
骆星合　袁　杰　聂艳侠　徐可冰　徐华峰　唐　军
谈丽华　萧雅迪　曹闻杰　章　谊　梁玉美　蒋　凯
曾凡荣　谢　超　廖钢林　翟海涛　薛晶晶　魏　菲

主编单位：住房和城乡建设部科学技术委员会科技协同创新
专业委员会

参编单位（排名不分先后）：

上海建工集团股份有限公司

中国建筑第三工程局有限公司

浙江省二建建设集团有限公司

中建一局集团建设发展有限公司

中亿丰建设集团股份有限公司

中国新兴建设开发有限责任公司

中铁建工集团有限公司

上海建工二建集团有限公司

中国建筑第二工程局有限公司

广西建工第五建筑工程集团有限公司

中国建筑第八工程局有限公司

序

本人十分荣幸，又一次收到了住房和城乡建设部科技协同创新专业委员会即将付梓的书稿《绿色低碳建造技术应用案例集》，能够先睹为快非常高兴，又感慨良多：1.此书收集的均系住房和城乡建设部科技计划项目成果及绿色低碳技术应用的典型案例；2.住房和城乡建设部每年通过科技计划的设置，都会产生很多的科技成果，本书将近期完成的这些最新科技成果尽量纳入其中，介绍给读者。

当今世界正迎来以低碳、零碳、负碳为特征的科技革命和产业竞争。此乃全球绿色低碳转型发展不可逆转的大趋势。

中国是全球环境治理的坚定支持者，也是落实《巴黎协定》的积极践行者。在2020年9月22日举行的第75届联合国大会一般性辩论时，习近平主席提出中国二氧化碳排放量力争在2030年前达到峰值，努力争取在2060年前实现"碳中和"。

建筑业和其生产出来的产品——建筑物及其竣工投产运营都是用能和耗能的"大户"。并且随着未来城市化程度的不断提高，如果不未雨绸缪采取断然措施，节能减排目标必将难以如愿完成。

节能减排是"达峰"手段，能源替代是"中和"途径，技术升级才是"双碳"目标实现的关键，因此，应综合考虑能源结构、产业链安全、碳排基数、技术路线、社会成本等因素，制定各自产业"双碳"目标的近、中、远期实现途径。近期，能耗及碳排大户对减碳化排放进行升级改造，以实现助力碳达峰的短期目标；中期，要深度减排，对关键性产业链和专业生产车间或公司的碳排放量进行重点监控，尽早实现碳中和；远期，要加快推进绿色低碳技术的全面应用，促进建筑行业整体发展水平的跃升，建立绿色低碳的建设建造体系，为我国二氧化碳在2030年前达到峰值，在2060年前实现"碳中和"做出应有的贡献！

我认为建筑业系统应该感到十分庆幸的一件大事，是在2019年前后，邀请集聚跨界跨学科科技人员，经住房和城乡建设部批准成立了科技协同创新专业委员会。顾名思义科技很重要，科技需要创新，而且必须去创新，更需要倡导跨界、跨部门和跨专业之间的协同。集成创新和综合创新就是不同学科、不同专业之间的密切协同合作所做出的另一番不同内涵和范畴的新成果。

去年出版的《住房和城乡建设领域"十四五"科学技术应用预测》一书，就是由住房和城乡建设部科技协同创新专业委员会组织撰写的。这可能是住房和城乡建设部系统正式出版的第一本深度跨界跨专业学科合作的尝试和一项开创性合作的成果。此次出版的新书，则是对新近竣工启用的十一项建筑工程对城市设计、方案规划、数字化建造模式、逆作法"零场地"建造技术等，获得较好的绿色低碳效果和经济效益的经验之谈。

上海中心大厦项目开启了超高层工程数字化建筑新模式；上海深坑酒店项目则利用绿色技术，创造性地修复了佘山国家旅游度假区的一块环境"伤疤"，"变害为利"，成了闻名退迩的酒店；上海丁香路778号商业办公楼项目和北京中信大厦项目均在繁华市区中，采用"零场地"逆筑法施工完成了任务，取得了极大的经济效益和社会效益；国贸(北京)三期B工程创新应用"冰蓄冷+低温送风+变风量(VAV)"组合式制冷系统，为均衡城市电网峰谷，效果极佳；北京广安门医院扩建门诊楼项目的一系列绿色创新仿古类建筑做出了新的尝试，提供了较佳的效果；苏州广播电视总台现代传媒广场项目，巧妙地将"现代与传统"建筑文化有机结合，打造了一座代表着千年苏州现代城市文化的建筑新地标；浙江省富阳市博物馆、美术馆、档案馆"三馆合一"项目的绿色设计理念，体现了地域文化内涵，实现了功能上的互补、环境上的协调、文化上的传承；南昌西站项目采用大量绿色建造技术，打造了面向未来的新一代铁路交通枢纽，凸显出南昌"英雄城市"的雄壮风貌；哈尔滨万达茂项目是区域建筑体量大、品牌影响力强的代表性文体商业综合体特色项目，室内雪场规模已载入吉尼斯世界纪录，项目建成对于开展寒地冰雪旅游和文化体育活动意义非凡；百色干部学院项目，就地取材，营造了"院中有景，景中有院"的当地民族风情。

20世纪80年代，邓小平同志就提出"科学技术是第一生产力"。40多年前，深圳从农业社会迅速变革至信息社会，靠的就是科技力量的推动。

本人衷心希望住房和城乡建设部科技协同创新专业委员会的专家们，勇立潮头，合力奋进，为中国住房和城乡建设(本人实指土木建筑)科技协同创新多出成果，多做贡献！

许溶烈

2022年8月4日于北京

前 言

　　"碳达峰""碳中和"是我国向国际社会做出的庄严承诺，也是我国实现高质量绿色发展、满足人民美好生活需要的重要途径。城乡建设行业在材料生产和再生、工程建设、设施运维和改造消纳等全生命周期过程中均产生较多的碳排放。为确保完成"双碳"目标，城乡建设行业必须通过创新发展和转型升级，在全行业推广绿色低碳技术，降低碳排放总量，是助力实现"双碳"目标的战略路径。

　　绿色低碳技术是指经过鉴定、评估的先进、成熟、适用的降低消耗、低碳或零碳排放、减少污染、改善生态、促进生态文明建设、实现人与自然和谐共生的新兴技术，包括节能环保、清洁生产、清洁能源、生态保护与修复、城乡绿色基础设施、生态农业等领域。城乡建设领域绿色低碳技术涵盖建筑和基础设施的规划、设计、建造、运维、消纳利用等全生命周期各环节的技术。

　　"十三五"期间，建设领域在住房和城乡建设部科技计划项目的支持下，围绕绿色技术创新体系开展了深入研究，形成了对城乡建设行业绿色低碳发展具有示范带动和引领作用的绿色新技术、新工艺、新产品、新材料，在绿色施工、污水处理、建筑节能减排、建筑垃圾资源化等技术研发中取得了新的突破，积淀了大量绿色技术成果。

　　为促进"十三五"期间形成的城乡建设绿色低碳科技成果的应用和产业化发展，在"十四五"期间，住房和城乡建设部标准定额司委托部科技委科技协同创新专业委员会组织业内专家开展绿色低碳技术成果产业化体系专项研究。课题组对"十三五"期间住房和城乡建设部科技计划成果及绿色低碳技术应用的典型案例进行了系统调研与梳理，结合行业高质量发展需求，凝练出了系列先进适用的绿色低碳技术和典型案例。

为加快这些绿色低碳技术更好地扩散和推广应用，部科技委科技协同创新专业委员会拟根据"十三五"科技创新专项规划的重点技术领域：城市更新与品质提升、城市安全与防灾减灾、智能建造与新型建筑工业化、建筑节能与高品质建筑、美丽乡村建设、城市空间集约利用、城市生态修复、人居环境改善、城镇污染减排与资源综合利用等几个专题，编著绿色低碳系列案例集。

《绿色低碳建造技术应用案例集》为本系列的第一部。本案例集由绿色技术创新与应用效果显著的工程项目组成，包括上海中心大厦、北京中信大厦、富阳市博物馆、美术馆、档案馆"三馆合一"、国贸三期B工程、苏州广播电视总台现代传媒广场、中国中医科学院广安门医院扩建门诊楼、南昌西站站房、上海丁香路778号商业办公楼、哈尔滨万达文化旅游城产业综合体——万达茂、百色干部学院、上海深坑酒店11个项目，代表了不同自然地理条件、地质环境条件、建设规模、建筑类型，充分体现了绿色创新技术的地域差异性以及技术发展重点的区域性。

目　录

8 上海丁香路778号商业办公楼工程 /285

9 哈尔滨万达文化旅游城产业综合体——万达茂工程 /325

1

上海中心大厦工程

第一部分 工程综述

一、工程概况

1.工程概述

上海中心大厦位于上海市浦东陆家嘴金融中心，西靠银城中路，南临陆家嘴环路，东侧及北侧为东泰路和花园石桥路，分别与金茂大厦、上海环球金融中心相邻，并与这两栋摩天大楼共同组成了"品"字形超高层建筑群（图1.1），成为世界独一无二的超高层建筑组合。该建筑是集办公、酒店、商业、观光为一体的现代化多功能摩天大楼，总建筑面积约58万 m^2，高632m，为中国第一、世界第二超高层建筑。

图1.1 上海中心大厦

2. 工程简介

大楼结构地下5层、地上127层，结构为钢混结构体系，竖向结构包括钢筋混凝土核心筒和巨型柱，水平结构包括楼层钢梁、楼面桁架、带状桁架、伸臂桁架和组合楼板，顶部设有屋顶皇冠。外围护结构采用内外双层玻璃幕墙的支撑结构体系，造型独特，外观宛如一条盘旋升腾的巨龙，盘旋上升，形成以旋转120°且建筑截面自下朝上收分缩小的外部立面。桩基础采用超长钻孔灌注桩，基坑工程为上海软土地区超大、超深基坑工程，基坑深度33.1m，主楼圆形基坑直径121m。项目场地所处区域为软土地基，且周边环境复杂，对变形控制指标要求严格；同时，基坑开挖施工场地紧张，对施工现场周边环境保护要求高。

工程于2008年12月2日开工建设，2015年9月22日竣工，建安造价98亿元。工程相关单位分别如下：

工程建设单位：上海中心大厦建设发展有限公司

工程总承包单位：上海建工集团股份有限公司

概念设计单位：Gensler建筑师事务所

建筑设计单位：同济大学建筑设计研究院（集团）有限公司

工程监理单位：上海建科建设监理咨询有限公司

二、工程难点

上海中心大厦沿竖向分为9个区段，包括底层的商业中心、中部的办公楼层以及顶部的酒店、文化设施及观景平台，各区段间由2层高的设备避难层分隔（图1.2）。大楼外观呈现出螺旋式的上升形态，从平面投影上看，外幕墙近似呈现为三个尖角被削圆的等边三角形，并从底部到顶部按规律扭转，且沿高度方向逐渐收缩，形成了独特的非线性曲面形式，使整个塔楼从平面到三维都具有独特的标志性造型。内幕墙体型相对规则，从上到下分为六段柱体。外幕墙为结构遮挡风雨，内幕墙则起到隔热保温的作用，两者之间的中庭部分为人员休闲提供了场所并兼具环境缓冲作用，形成垂直城市新理念。超高的建筑高度、庞大的建筑规模、独特的功能要求、螺旋式的外部造型、特殊的地理位置、复杂的周边环境，决定了其建造难度非同寻常。

1. 桩型选择

当时上海软土地基400m以上超高层建筑全部采用的是钢管桩，钢管桩虽然是一种成熟工艺，但上海中心大厦建设时周边环境已经不允许采用高噪声的打桩工艺。通过试验研究，在国内首次成功在350m以上超高层建筑中采用了钻孔灌注桩工艺，

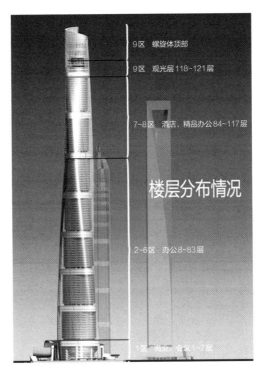

9区　螺旋体顶部

9区　观光层118~121层

7~8区　酒店、精品办公84~117层

楼层分布情况

2-6区　办公8~83层

1区　商业、会议1~7层

图1.2　上海中心大厦竖向建筑功能分区

有效降低了桩基施工噪声，并在超深的砂层地质中保证了桩基的承载力和施工质量。

2.超大超深基坑施工方案

整个工程占地3万m²，基坑边线贴近红线，所采用的基坑长边超200m、短边超100m、深度33m，故须选取先进合理的施工工艺组合方案，解决超大超深基坑时空效应引起的地基变形和对周边环境的影响。

3.主楼裙房区域划分

由于主楼和裙房桩基承载力不同、结构底板厚度不同，为此首先需对主楼和裙房进行合理的区域划分，综合考虑桩基承载力分布和结构底板厚度差异，避免结构底板施工时可能出现的质量隐患。

4.承压水控制

本工程第⑧层土缺失，地下⑦层和⑨层承压水相互连通，水量极其丰富，承压水头高。主楼和裙房超深基坑开挖必须确保安全施工，故采取按需减压降水的方法以满足基坑施工需要。

5.120万m³基坑土方施工

本工程位于陆家嘴金融贸易区，面临土方施工体量巨大、铁板砂层和闹市区域限制条件等多重考验，因此必须在超深基坑土方施工方案中予以充分考虑和周密安排。

6. 超大超厚基础底板施工

本工程主楼基础底板厚6m，混凝土强度等级C50，混凝土方量超过6万m³，一次性连续浇筑已超出了当时房建类工程记录。为此必须组织专题研究试验优化技术方案，重点解决超大体积混凝土裂缝控制的关键技术难题，同时做好超大体积混凝土生产、运输和施工等组织工作。

7. 模板脚手体系研制

主楼核心筒结构高达582m，且沿高度方向有4次体形变化，墙体内暗埋多达8道伸臂桁架等劲性钢结构。为此，需要研发一套先进、可靠、成熟的超高空脚手模板体系，以保证结构立体施工作业的效率和安全。

8. 混凝土超高泵送

本工程混凝土的泵送高度超过600m，为此必须研制开发满足超高泵送的设备和混凝土。

9. 巨型复杂钢结构吊装

钢结构总量在10万t，单个构件最大起重量近100t，吊装高度达632m，且主楼外挑有8道伸臂桁架，重型桁架施工难度以及悬挑钢结构施工方法超出常规。因此，必须从吊装设备选型、吊装方法、测量精度和高空焊接质量等方面综合考虑优化钢结构吊装方案。

10. 幕墙支撑安装

本工程采用独特的柔性悬挂式外幕墙体系，依靠钢结构幕墙支撑连接在悬挑桁架层底部，每个区段高度在70m左右，无法用常规脚手体系施工，须进行脚手体系和幕墙支撑安装工艺流程的系统施工方案设计。

11. 超高垂直度和预变形控制

主楼高632m，设置有世界上最高速的电梯，对井道垂直度的要求远超出现行规范要求。钢筋混凝土结构和钢结构超高，混凝土内筒受收缩徐变、压缩变形、环境影响大，须对主体结构垂直度和结构竖向变形进行预控制。

12. 内外幕墙施工

主楼内外幕墙形式等同于两栋超高层的幕墙安装，且大厦外立面旋转收分上升，裙房采用多形式幕墙体系，因此必须系统研究和协调解决幕墙板块设计、加工和安装工序搭接等难题。

13. 外幕墙滑移支座研制

为消化和吸收主体结构摆动所引起的外幕墙变形，在每个区底部设置的滑移支座必须自行进行研制。

14.目前世界最大吨位阻尼器研制安装

在主楼顶部设置有1000t的阻尼器,必须组织专门研发团队介入研制并研究安装方案。

15.垂直运输

本工程外立面旋转收分上升,外边缘随高度不断变化,不可能按常规方式在建筑物外边缘设置施工电梯,特别是许多大型设备需要运输到82层高区能源中心。因此需要采取特殊的手段和方法,统筹组织数量巨大的施工人员和设备材料的垂直运输。

16.机电设备系统安装

本工程机电安装工程各系统的技术接口和联锁控制复杂,其安装、调试专业性强,技术要求高,协调管理工作量大,联动调试难度巨大,需优化方案、严格管理、统筹协调以确保工期质量安全。

17.预制装配和曲面装饰

机电设备安装与曲面装饰工程既立体交叉施工,又对功能性、美观性要求高,需采用信息化手段进行预制加工和装配式施工。

18.综合管理难度大

该项目施工工期紧、创新技术应用多、施工技术难度高、高空作业和立体交叉作业面多、危险性较大工程多、信息化施工技术要求高、分包队伍多、施工人员杂,综合管理与建造难度前所未有。

第二部分　工程创新实践

一、管理篇

1.组织机构

总承包项目部以项目总经理为第一负责人、项目总工程师为第一技术负责人,设置专门管理部门,组建绿色施工的管理组织,落实绿色施工管理责任。在确定项目绿色施工管理目标的同时,根据组织职能分工分解绿色施工管理指标和考核责任,并分阶段检查"四节一环保"措施的实施情况和管理目标的推进情况。绿色施工管理组织结构如图1.3所示。

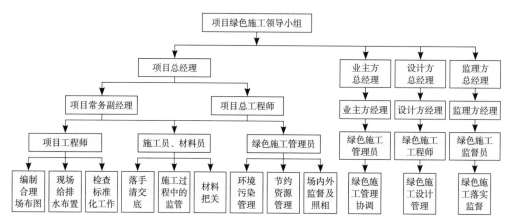

图1.3　绿色施工管理组织结构图

2.制度

1）管理工作制度

为确保绿色施工管理目标的顺利实现，总承包项目部制定实施了一系列管理制度，如：项目分阶段节能降耗目标预审和预评、项目能源节约管理、项目资源节约管理、技术创新管理、项目节能降耗奖罚制度等，通过制度来落实管理工作的成效。

2）工作例会制度

总承包项目部每月召开一次绿色施工工作例会来分析绿色施工实施情况及阶段性目标的完成情况，发现和分析问题，及时调整管理工作思路、方法和改进措施。同时，每月组织一次"双标"认证培训，增强各专业施工单位和专管员绿色施工的意识。

3）报表统计制度

每天根据大宗材料进场和现场所产生固体废弃物等书面资料，对现场材料和固体废弃物及时统计入表，确保资料填写工作的有序、及时和准确性；每月对所有统计报表进行一次整理汇总并及时递交监理审核，同时对相关数据进行统计分析，第一时间将分析结果报告项目部绿色施工负责人，以便其对后续绿色施工给予更好的指导。

4）影像资料收集与整理制度

每天由专人负责收集现场绿色施工的相关图（照）片和影像资料并分类管理归档，每季度递交监理单位作为绿色施工评估资料。

5）季度考核制度

每季度由总承包项目部统一组织绿色施工措施和岗位落实情况考核，依据考核管理办法给予奖励或处罚。

3.体制机制创新点

1）统筹规划部署，构建绿色施工管理体系

总承包项目部立足于绿色施工的总体状况，对项目绿色施工进行全面规划部署。通过编制绿色施工实施规划，研究绿色施工的双优化策划，明确施工节能、节水、节材、节地和环境保护等目标，全方位细化绿色施工管理的具体内容、相关要求及控制指标，落实人员、资金、设备等资源保障，构建全方位绿色施工管理体系。同时，在健全组织机构、完善管理制度、强化培训教育、加强检查考核等方面进行重点落实，以确保绿色施工管理体系高效运行。

2）创新理念，健全技术管理规程

总承包项目部根据"双标"认证要求，结合绿色施工课题专项研究成果，提炼并总结上海建工集团绿色施工技术的实践经验，研究和制定绿色施工技术规程和标准，规范和指导各专业施工单位的行为，并与施工现场实际相结合形成绿色施工组织设计和施工方案，有效保证绿色施工管理的落实。

3）技术创新，保障工程顺利推进

总承包项目部针对上海中心大厦绿色建造的特点及难点，全过程采用了BIM技术，积极探索实施信息化和工业化建造方法和技术，重点开发改进绿色施工装备，提高施工效率，减少环境影响，降低施工资源消耗，提高施工资源利用水平。同时，项目部系统总结以往特大型工程绿色建造的实践经验，通过前期策划制定和落实相关管理措施，提高资源循环利用率。

4.重大管理措施

1）设计方案优化及管理措施

上海中心大厦在外观上呈现出螺旋式上升的形态，隐喻着可持续发展的绿色建筑理念。从平面投影上看，外幕墙近似呈三个尖角被削圆的等边三角形，并从底部到顶部按规律扭转，且沿高度方向逐渐收缩，形成了独特的非线性曲面形式，使整个塔楼从平面到空间都具有独特的标志性造型。如此复杂的建筑外观、超高的结构高度、软弱的地基环境等均给上海中心大厦的设计带来了前所未有的挑战。本项目通过在设计阶段方案的不断优化、在工程建设的最初阶段"四节一环保"理念的不断渗透，将绿色建筑的思想体现在本项目结构建筑及结构设计的各个阶段。如在基础设计阶段，针对本项目特点对桩基础进行了优化设计，经对比分析采用了承载能力更大、无噪声污染、无挤土效应的后注浆钻孔灌注桩施工工艺；在筏板基础设计中，采用了变刚度调平的概念设计，实现了上海中心大厦建筑沉降差异的有效控制，降低了底板厚度及底板配筋，节约了桩基造价；在主体结构设计阶段，通过

多种结构抗侧力体系对比、基于性能的结构关键节点优化设计、超高层建筑竖向荷载优化布置及巨型柱截面尺寸优化等措施，优化了结构布置形式，在保证工程建造安全的前提下，大幅降低了总体用钢量（降低约1.3万t），经济效益显著；在幕墙系统设计阶段，创造性采用了内、外分离的双层幕墙系统，其旋转上升的外观设计较常规正方向截面锥体造型可减少40%的风荷载作用效应，节省结构造价3.5亿元，同时双层可呼吸的智能表皮系统，有效降低了建筑的能耗，提高了室内环境品质；通过设置空中庭院共享空间，丰富了内部使用人员的休闲体验，降低了电梯的使用效率，提高了建筑的运营效率。

在设计管理方面，本项目构建了以协调管理为核心的设计管理体系，提前介入工程的设计以及与设计单位的沟通，协调各专业分包工程的设计界面，最大限度地在工程施工前暴露并解决设计冲突，减少返工，优化资源配置方案；通过建立富有成效的设计管理体系，全面负责指导各专业的深化设计工作，满足了业主的严苛要求，在深化设计阶段通过考虑各专业的优化与协调，实现了工程的可施工性、项目价值最大化的目标。

2）施工方案优化及管理措施

针对上海中心大厦地下工程及上部工程的施工难点，对各专项施工方案进行了不断优化。如在地下工程施工阶段，针对超大直径圆形基坑无内支撑设计，采用了考虑"时空效应"的基坑分区开挖工艺，大幅减少了基坑开挖对周边环境的变形影响；采用了主楼顺作裙房逆作的整体施工方案，大幅降低了关键工期，减少了基坑变形；在上部工程施工阶段，创新研发了"筒架支撑式整体顶升钢平台模架体系"，提高了工人作业环境的安全性，提升了核心筒建造效率。通过施工方案的不断优化，大幅降低了超高层建造的安全风险，提升了工程建造效率，将"四节一环保"的绿色化建设理念逐一落到实处。

在施工管理方面，考虑到本项目施工过程具有投入量大、难度高、工期长和协调关系复杂等特点，需要研发先进技术引领施工方案，强化管理把控关键施工过程的实施，全过程确保施工目标的实现。在这个基本思路的指导下，本工程采取了"施工过程管理策划"和"施工过程管理实施"的关键目标控制原则。其中，施工过程管理策划包括施工主要技术路线策划、关键工程施工方案及管理措施策划、施工场地总平面布置策划以及垂直运输系统配置策划等管理策划。施工过程管理实施主要是对工程进度、质量、安全以及关键生产过程如混凝土浇筑、钢结构吊装、钢平台提升、大型塔式起重机爬升以及超高层测量等的实施管理。通过施工过程管理总体思路的逐步落实，充分发挥各项绿色施工创新技术在节地、节水、节材、节能及环保等方面的优势，实现了超高层建筑工程建造的绿色化、精细化管理。

3）数字化建造管理措施

BIM的应用及数字化建造在上海中心得到了完美的体现。将BIM系统引入建设管理的全流程之中，建立了项目BIM实施标准；通过专业深化设计与总体设计的结合，实现了模型整合，发现碰撞问题达10万多个；采用BIM信息的传递与流动，成功解决了钢结构工厂预拼装以及现场合拢的难题，实现了设计信息与施工信息的一体化；将钢结构拼装数字化信息向幕墙工程传递，解决了20372块不同尺寸幕墙板块工厂加工与现场安装的难题，实现了钢结构与幕墙信息的一体化；将土建结构现场实测信息向装饰工程传递，解决了装饰工程大尺寸异形曲面施工和预制装配化的难题，实现了建筑结构与装饰工程信息的一体化。创新实践以数字化建造为目标，提出了基于非结构数据的超高层过程信息管理和分析方法，将各专业、各工序、各单位之间的信息有效归集分析，通过自主开发的系列APP软件，快速定位工程管理中的问题和瓶颈；首次在上海中心大厦项目采用物流系统对垂直运输的材料进行管理，根据排队理论及进度安排，确定材料运输关键路线，大大提升了运输效率，并实现了项目三级仓储管理。通过BIM应用及智能建造，显著提升了总承包模式下的总集成管理水平。

5.技术创新激励机制

上海中心大厦是全球首栋中国绿色三星和美国LEED-CS铂金双认证的最高等级绿色超高层建筑，在超高层工程建设方面取得了一系列创新成果，多项技术达到了国际领先水平。这些创新技术的成功研发，离不开上海建工集团几十年技术积累，更离不开上海建工集团顺应建筑施工高科技发展趋势做出的技术创新战略部署。由于上海中心大厦工程的特殊性，其工程建设面临的技术难题无类似工程可供参考，本工程技术创新面临着难度大、风险高、周期长、通用性低等难题，为了更有效地激发技术人员的创新动力，上海建工集团围绕本项目技术特点，开展了技术研发领域的激励机制创新与突破：

1）物质激励机制的创新与突破

本项目探索了以传统基本工资和岗位津贴为基础的差异化、综合性薪酬激励机制，其中包括提成制激励、专项奖励和长期激励，将技术创新成果与创新人员的回报紧密地联系在一起；本工程以上海中心大厦工程建设为依托，以项目工程技术难点突破为目标，改变传统技术创新"重过程轻结果"带来的研发周期长、目标导向不明确、工程应用难度高等缺点，采用"重结果轻过程，原始创新与集成创新并重"的技术创新机制，建立以技术创新成果为指标的考核与激励机制，提高技术人员的创新积极性，大幅提升技术创新效率，让技术研发成果具有更高的针对性和适用性。

2）精神激励机制的创新与突破

本工程非常重视技术研发领域精神激励机制的创新和突破，如目标激励，以世界第二高、中国第一高的上海中心大厦工程高效率、高质量、高水平建设为目标，在理性和信念的层次上激励研发人员，树立研发人员心中的目标感，力求最大限度地将自己的潜能发挥出来，在实际目标的引导下，达到最大的自我实现。参与激励，技术研发与项目管理是相辅相成的关系，技术研发人员都有参与项目管理的要求和愿望，本工程创造和提供一切机会让技术研发人员参与项目的实际管理，在管理中发现问题、解决问题，在促成研发成果更好落地的同时，极大地调动了研发人员的积极性，提升了研发人员的项目参与感。荣誉激励，让研发人员从项目的支撑背后更多地走到项目的最前端，突出项目建设中技术创新研发成果的重要性，让技术研发人员得到更多的关注和尊重。

二、技术篇

1. 绿色化施工场地布设与空间环境控制技术

上海中心大厦地处陆家嘴金融中心区，其施工场地具有如下特点：①对于632m高的超高层建筑，整个项目的建设用地仅3万m²，除去四周一圈的办公和生活区，施工区域面积非常狭小；②施工区域内，主楼结构顺作的同时，周边区域开始挖土逆作，可利用场地只有沿主楼结构一圈的环形道路和贴近主楼结构附近的一圈场地，由于场地和环形道路间存在一条后浇带，导致场地和道路的分离，主楼结构区成为"施工孤岛"，运输车辆无法进入，塔式起重机工作半径也无法满足卸车的起重性能；③相对于上海中心大厦的巨型重型构件，主楼边缘的首层楼板荷载明显无法满足场地要求。可见，"道路不畅通、面积较小、承载力不足"是现有场地的实际情况，因此必须采取相应的技术措施来改善和克服不利工况，对现有施工场地进行合理规划布置，以满足城市核心区超高层建筑建造对施工场地与空间的严苛要求。

根据原有场地实际情况的不利条件，首先，针对性地在首层楼面设置钢平台堆场，以满足承载能力的要求，保证巨型钢柱、楼层钢梁和各层桁架结构等能够堆放；其次，针对环形后浇带切断道路的状况，为了将巨型钢柱等重型构件就位至大型外挂塔式起重机吊装半径范围内，在主楼结构西南侧和东侧各设置一台300t

履带式起重机停靠平台,并与堆场钢平台整合为一体;最后,为尽量扩展堆场面积,满足至少堆放一层钢构件量的需求,堆场平台沿着上部主楼主体结构的投影外边线(幕墙外包线)一圈均匀布置(北侧留出部分区域供其他专业工种使用),并扩展到后浇带竖向支撑边缘,同时根据塔式起重机起重性能,划分不同构件堆放位置,使得堆场面积达到3100m²,其中巨柱等重型构件堆场面积约900m²,其他构件堆场面积约2200m²。堆场钢平台随着北侧裙房结构的施工需求,在不同的施工阶段逐步拆除,最终余留南面的一半场地。

本工程围绕上海中心大厦建筑功能、结构布局、受力特征及各施工专业搭接来确定整个项目的施工区域划分(图1.4),从空间上统筹制定了平面区域和立面区域划分原则,并通过各区域功能的精细化划分,解决了城市核心区600m以上超高层建筑建造不同施工阶段、各专业工种作业面的交叉搭接难题,使得工程整体部署井然有序,减少了盲目随意施工造成的众多安全隐患和矛盾冲突。通过施工场地的合理规划和科学部署,降低了超大体量工程建设对施工场地的需求,如主楼地下室顺作与裙房地下室逆作施工,最大限度地减少了对周边环境的影响且加快了主楼关键工期;统筹、科学规划施工场地布置,减少场内的二次搬运,减少临时设施投入、降低能耗;通过控制扬尘、光污染,降噪、水循环综合利用、废弃物达标排放等绿色技术达到绿色、环保的要求,实现了复杂环境下施工场地环境最优控制。

图1.4 施工现场临时建筑设置平面布置图

2.绿色化承压降水控制与地下水利用技术

本工程所处的上海市陆家嘴区域⑦层和⑨层承压水相互连通,水量极其丰富,承压水头高。上海中心大厦基坑开挖较深,主楼区域基坑开挖面已接近第⑦$_2$层承压含水层,裙房区域基坑开挖面已接近第⑦$_1$层承压水层,基坑突涌的风险极大。

基坑围护体系为地下连续墙,大部分深度为46～50m,无法切断基坑内外承压水水力联系。大面积深基坑开挖过程中,长时间大范围的地下水抽取势必会对周边环境造成较大的影响。因此,对本工程降水控制提出了较高的要求。

在上海中心大厦建设过程中,为了制定合理的降水运行方案,首次采用了三维渗流固结耦合模型以基坑降水和止水帷幕一体化理念进行了地下水的控制设计,将有限元计算模拟分析结果与单井和多井抽水试验结果进行对比分析,且综合考虑到塔楼采用圆形支撑,坑内不便于大量设置降水井,因此采用在塔楼基坑坑内布置12口降压井、在基坑坑外分阶段共布置28口降压井、在裙房区基坑内增设15口浅降水井的总体方案(图1.5)。

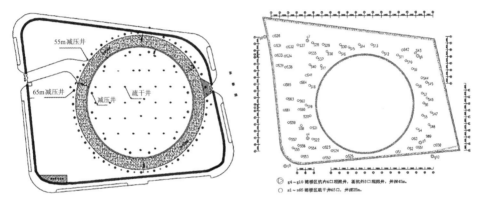

图1.5 主楼及裙楼降水孔布置图

考虑到本工程基坑开挖较深,承压水控制难度大,经对比分析在观测井内布置了自动化水位探头,可实现地下水位的全自动跟踪监控,实时采集与汇总分析水位数据;依据"按需降水"的原则,在确保承压水位始终处于安全水位的前提下,尽量减少降水井开启的数量,并针对主楼基坑为坑内坑外联合降水,而裙楼基坑降水为坑内降水的情况,合理设计抽水井的结构形式及布置井群,前期施工以疏干井为主,降低基坑开挖深度范围内的土体含水量,并根据土方开挖进度,很好地将水位控制在基坑开挖面以下0.5～1.0m,起到了节能、节水、节电、保护环境的效果。后期施工以降压井为主,降低了承压含水层的承压水水头,将其控制在安全埋深以内,防止基坑底部可能发生的突涌现象,确保了施工时基坑底板的稳定性,减少了由于减压降水引起的地表沉降,较好地保护了工地内外环境。在地下水利用中,进行了"沉淀—储水—管网—洒水冲洗"承压水收集利用系统的设计(图1.6),将抽出的地下水用作冲洗和降尘,在水资源回收和利用的同时达到了绿色施工的要求。

图1.6　基坑降水循环利用

3.超大承载力后注浆钻孔灌注桩绿色施工技术

陆家嘴地区为典型的沿海软土地层，土体强度低、砂性大、含水量高、对基础要求极高。金茂大厦与环球金融中心两幢400m以上的超高层建筑均是采用钢管桩基础，虽然钢管桩具有承载能力发挥稳定、工艺成熟等方面的优点，但是也存在着施工噪声大、振动强、挤土效应严重等不可克服的难题。这两幢大楼在建造时，陆家嘴地区尚未开发成熟，周边环境要求不高，具备钢管桩施工的条件，但上海中心大厦施工时，该地区已基本开发完善，若继续使用钢管桩基础，邻近的金茂大厦、环球金融中心、高档住宅小区等均无法承受其噪声、振动、挤土变形等方面的影响，因此必须选择一种环保、绿色、经济且满足荷载要求的桩型。当前条件下，大直径超长的钻孔灌注桩可以提供较高的单桩承载力，几乎是唯一的选择。但钻孔灌注桩也有其自身的特点，以往主要用于桥梁和350m以下超高层建筑的桩基础，在软土地区350m以上超高层建筑未有先例，且其相对钢管桩而言，施工工艺较为繁琐，施工质量受设备性能、工人技能、管理水平等方面的影响更大，成桩质量不够稳定，废弃泥浆处理难度大，这也是以往钻孔灌注桩不用于同类超高层建筑的原因。

上海中心大厦塔楼高度632m，设计总荷载高达86万t，且地质条件复杂、周边环境控制要求高，必须慎重选择合适的基础形式，经过对比分析，钻孔灌注桩是比较合理的选择。本项目塔楼区域钻孔灌注桩共计955根，裙房区域钻孔灌注桩共计1654根（图1.7），为了提升桩基承载力、优化施工工艺、降低废弃泥浆对周边环境的影响，本项目开展了超大承载力后注浆钻孔灌注桩绿色施工技术研究。首先，通过合理的4组试桩试验，对比分析了深厚软土地区桩端、桩侧后注浆的效果和作用机理。由于本工程有效桩长均在砂层范围内，未进行后注浆时桩侧摩阻力不能稳定发挥，在采用桩端注浆的情况下，桩侧注浆的作用效果不明显，可不进行桩侧注浆，但应当增大桩端注浆的水泥用量。试验表明，超长钻孔灌注桩桩端后注浆与桩端不注浆的极限承载力比较可提高近4倍，可有效缩减桩基长度，其钻孔灌注桩造价比传统钢管桩造价节约60%，节约了大量的建筑材料和工程造价。其次，为了提升泥浆护壁效果，本项目泥浆护壁均选用携渣能力较强的优质钠基膨润土人工造浆，不断优化、科学确定泥浆配合比。选用ZX-250型泥浆净化装置（除砂机）对循环泥浆进行除砂处理，在粉细砂层中调整泥浆配比，提高泥浆可循环率，泥浆的闭路循环方式及较低的渣料含水率有利于减少环境污染，经过除砂机除出的废砂就地使用，减少了外运土方量，极大地节省了能源消耗。

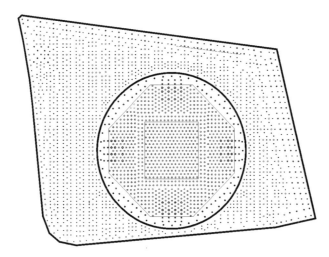

图1.7　上海中心大厦桩位布置图

4.超深地下连续墙绿色施工技术

上海中心大厦塔楼基坑面积11500m²，基坑形状基本成正圆形，圆形围护内边直径121m，周长383m。地下连续墙厚1.2m，成槽深度50m，共计65幅，总成槽方量约23400m³。裙房地下室外墙为"两墙合一"的钢筋混凝土地下连续墙，裙房地下连续墙平面形状基本为四边形，共计约750m，槽段形式可分为"一"字形和"L"字形两种，成槽深度约为48m，成槽厚度1.2m。本项目基坑土体上部25～30m范围内为黏质土层，以下为砂质土层，其中第⑦₂层比贯入阻力P_s值平均高达26.91MPa，地下连续墙进入该层的平均深度为12m，上部黏土层内进行地下连续墙成槽时，易出现槽壁塌方现象，下部砂层较厚，成槽难度较大；且由于项目工期紧，前期未进行槽壁加固，地下连续墙垂直度控制难度较大。因此本项目地下连续墙施工工艺的难度主要在于下部20m深度⑦层内的成槽施工，其⑦$_2$层比贯入阻力P_s最大值为30.49MPa，最小值为25.90MPa。在这样高硬度的地层中，常规抓斗式成槽机很难顺利成槽，因此，本工程采用"抓铣结合"的成槽方式进行成槽施工（图1.8）。具体方式如下：槽段上部30m土体（⑥层及以上土层）基本为黏性土，土体强度不高，用抓斗式成槽机直接抓取；成槽进入30m深度（⑦$_1$层粉砂土）后，用液压铣槽机铣削，铣槽机可在坚硬的岩层内铣削成槽，并具有优异的纠偏性能，在上海的砂质土层中可以高效、优质地完成成槽施工。

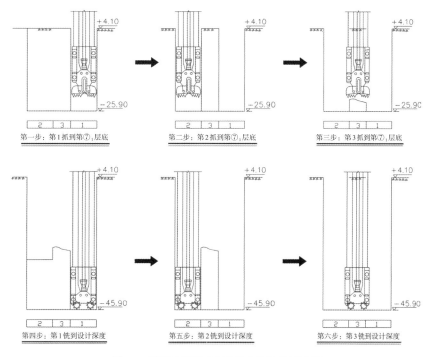

第一步：第1抓到第⑦$_1$层底　　第二步：第2抓到第⑦$_1$层底　　第三步：第3抓到第⑦$_1$层底

第四步：第1铣到设计深度　　第五步：第2铣到设计深度　　第六步：第3铣到设计深度

图1.8　地下连续墙"抓铣结合"工法示意图

本工程铣槽机采用宝峨BC32和BC40双轮铣槽机，该铣槽机成槽施工采用反向循环原理，即挖掘时两个镶有合金刀齿、球齿或滚动钻头的铣轮相互反向旋转，连续地切削下面的泥土或岩石，然后卷上来并破碎成小块，再在槽中与稳定的泥浆混合后将其吸进泵里面，装在真空盒上面的离心泵将这些含有碎块的泥浆泵送入一个循环除砂设备，在那里通过其振动系统将泥土和岩石碎块从泥浆中分离，处理后干净的泥浆重新抽回槽中进行循环使用。根据铣槽机自身的反循环泵吸出泥原理，将铣削轮直接放至槽底利用自身配置的泵吸反循环系统即可完成槽底沉渣的清除和泥浆置换，大幅减少了连续墙槽底清基工作。

本工程因地制宜地采用"抓铣结合"的地下连续墙成槽方式，大幅提升了超深地下连续墙的施工速度，在一定程度上缩短了地下工程建设工期，为后续主体结构的建设提供了有利条件；与此同时，通过铣槽机自带的循环系统，可对槽内泥浆进行除砂处理，实现了废弃泥浆的循环利用，减少了施工过程中废弃泥浆的排放，有效保护了环境并最大限度地实现了资源的可持续循环利用。

5.超大直径圆形顺作基坑绿色施工技术

本工程由于塔楼超高，塔楼施工工期是项目进度控制的关键节点，为了确保其塔楼尽早施工和封顶，经过多方案比选后，采用了"塔楼区顺作+裙房区逆作"的实施方案。本工程塔楼区基坑采用圆形围护设计，可充分发挥圆筒形围护结构的"圆桶效应"和受力特性，本工程首次采用了内径121m、深33.1m的圆形无支撑自立式围护结构进行主楼顺作法施工，充分运用了封闭圆环支撑结构受力良好的特性，发挥了混凝土的高抗压能力。针对上海地区软土的"时空效应"特点，为保证主楼圆形基坑的真圆度以及开挖过程中的受力均衡。基坑的开挖遵循分层、分块、对称、平衡、限时的总原则。考虑到本工程土方开挖特点，在详细对比岛式开挖和盆式开挖两种挖土方式的基础上，最终确定了"优势互补，岛盆结合"的开挖方案（图1.9）。主楼基坑采用岛盆结合方式分7层进行基坑开挖，其中第一、二、七层以盆式挖土为主，第三～六层以岛式开挖为主。本工程"岛盆结合"的分层开挖控制技术既充分利用了岛式开挖方式所具有的环形支撑体系形成速度快、基坑暴露时间短、围护变形小、施工安全度高等优点，又充分利用了盆式开挖方式所具有的土体开挖连续性高、施工安全灵活、总体施工速度较快等优点。

图1.9　基坑开挖实景图

与此同时，为了保证自立式圆形支护的真圆度和可靠性，根据真圆度控制标准，遵循"对称、均衡、限时"的挖土原则，将圆形基坑划分为4个扇形分区，每个分区设置一个挖土平台（呈90°角）（图1.10）。开挖各层土方时，基坑内布置一定数量的反铲挖掘机，挖土栈桥平台上各布置2台挖掘机或抓斗，通过坑内的挖掘机接力驳运至平台下方，再由平台上的挖掘机驳运出基坑。根据每层土方开挖深度的不同，随时调整栈桥平台挖掘机的规格型号，从普通反铲挖掘机、长臂挖掘机、伸缩挖掘机一直过渡到抓斗挖掘机，充分利用无内支撑的空间优势，发挥大型挖土设备灵活、高效的出土效率。本工程超大直径圆形顺作基坑"岛盆结合"与分区分层开挖技术的应用，大幅提高了超大规模基坑的开挖效率，减少了基坑开挖对周边环境的影响，降低了超深超大基坑土方开挖过程中的安全风险，保证了施工作业人员的人身安全。

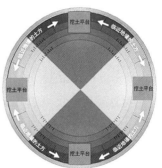

图1.10　圆形基坑分区施工图

6.超深地下室逆作绿色施工技术

本工程裙房逆作开挖面积为21845m²，开挖深度为27m，土方量高达58万m³，施工工期紧，施工场地制约大、结构差异沉降控制难，周边环境保护要求高，这些都对裙房大面积逆作分块分层开挖控制提出了挑战。项目基坑施工期间为了做好对已竣工的北侧金茂大厦、东侧环球金融中心的保护工作，其裙房地下室逆作法必须采用合理的分区施工，将对周边环境的影响控制在可控范围内。本区域逆作法整体施工遵循先十字对撑部位施工、后四个角部区域施工的原则。十字对撑部位施工时，保留角部土方平衡裙房地下连续墙的主动土压力，十字对撑部位土方开挖由裙房地下连续墙向取土口推进，并在地下连续墙边及时形成垫层。角部区域施工时，十字对撑范围垫层全面形成，平衡土压力，角部土方开挖由裙房地下连续墙向取土口推进，并在地下连续墙边及时形成垫层。该原则的确定充分利用了地下连续墙未开挖后土体以及已形成的垫层的支撑作用，减少了临时支撑的数量，考虑了时空效应对大面积基坑变形的影响，通过分阶段分区开挖大幅降低了基坑的侧向变形。

主楼和裙房之间的后浇带，创新性地采取临时板支撑，不但支撑刚度大，可减少侧向变形，而且还可临时封闭后浇带，提高场地安全文明施工水平，减少雨水倒灌，减少污染和返工。在地下水抽吸的过程中实行按需降水，采取信息化动态监测技术，把降水对周边环境的影响降到最低。其中，裙房超深地下室逆作法施工时，采用永久结构的梁板作为基坑的支撑体系，节省了常规临时支撑体系以及拆除的工程量，同时永久梁板结构刚度大，有利于控制基坑围护结构的变形，最大限度地减小了对周边环境的影响；裙房地下室逆作施工的首层楼板还可以作为上部结构的施工场地，另外，创新性地采用挤塑板加150mm厚配筋混凝土代替钢筋混凝土进行道路填充及放坡施工，不但具有质轻、强度高、耐疲劳等诸多优点，还可以节省大量楼板加固费用和钢筋混凝土凿除费用。超深地下室逆作绿色施工技术大幅提高了对周边环境的保护力度，具有很好的绿色施工科技示范作用。

7.超厚基础底板大体积混凝土绿色施工技术

上海中心大厦工程主楼区域底板直径121m，基础底板厚度达6m，混凝土强度等级为C50，按照混凝土分层浇筑方案，一次浇筑总体方量达6万m³，其厚度之厚、强度之高和一次浇筑方量之大等综合指标均创当时国内外民用建筑工程施工的记录。为了有效控制混凝土的水化热，减少超大体积混凝土施工过程中可能出现的开裂风险，专门开展了C50高强混凝土配置技术研究，研发了低水化热、低收缩的大体积混凝土配置技术。采用精品石、高性能外加剂组分、双掺料技术，配置出高强自密实绿色混凝土，自密实混凝土拌合物的流动性、抗离析性、填充性好，完全免振捣，在4h内无任何泌水或离析且在高温下依然可以保持良好的工作性能，大幅降低了现场混凝土浇筑工作量。采取封闭式骨料堆场、地坑式上料设计、封闭式混凝土搅拌楼生产制备、混凝土制备自动化和智能化控制、废弃混凝土循环再利用工艺实现了混凝土的绿色化制备和工业化设计。首次提出中心岛浇筑工艺，在基坑中心部位首先进行浇筑，而后采用向四周退浇的方式一次连续浇筑完成，该方案使中心区域混凝土在浇筑施工中完成了其大部分的水化热过程，由于四周混凝土还没有浇筑完成，为中心区域混凝土散热提供了良好的环境，并且四周新浇筑的温度较低的混凝土又吸收了部分热量，因此有效地降低了中心区域的水化热温度，从而降低了整个混凝土的温度峰值。同时，由于中心向四周浇筑的顺序，减少了约束边界对混凝土应力的释放，也减少了混凝土的有效流淌距离，提高了施工效率，对于消除温度应力、提升整体浇筑质量，取得了十分显著的效果。施工过程中，通过动用6个搅拌站、500多辆搅拌车，在60个小时完成了浇筑任务，创造了建筑工程强度等级C50、超长121m、超厚6m、超大体量6万m³大体积混凝土一次连续浇筑的世界纪录（图1.11）。新技术可使混凝土单位水泥用量降低40%以上，绝热温升降低10℃以上，混凝土180d收缩值减少40%以上，材料节约与绿化环保成效显著。

图1.11　主楼基础大底板浇筑示意图

　　为了达到有效控制混凝土温度应力及裂缝的目的，靠传统技术手段已不能满足施工要求，本工程采用有限元数值模拟的手段对大体积混凝土浇筑进行了温度场的分析，并依据温度应力分析结果，在主楼基础底板布置了84个温度测点、12个测轴，采用温度监测系统进行温度数据24小时自动采集，根据不同监测部位的温度–时间曲线（图1.12），及时采取应对措施，提高了大体积混凝土施工的安全性。

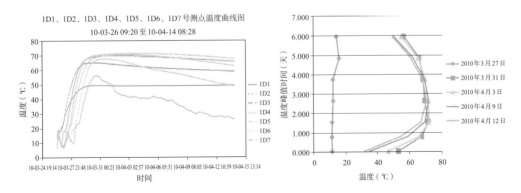

图1.12　混凝土温度监测数据分析

8. 超高泵送混凝土绿色施工技术

上海中心大厦建筑结构极其复杂，垂直高度高，混凝土泵送高度大于600m，混凝土超高泵送施工控制和浇筑难度极大，存在如下难题：①高强高性能混凝土胶凝材料用量多、混凝土黏度大，对混凝土的流动性、离析性、泌水性等提出新要求；②采用一次连续浇筑施工工艺，现有混凝土拖泵已无法满足600m级超高泵送压力要求，对混凝土拖泵出口压力和输送管道抗爆耐磨性能提出新的挑战；③建筑核心筒体型变化大，竖向结构多，泵管布设难；④混凝土泵送高度高、输送管道长、累计管道摩阻力大，超高超长混凝土输送管道的密封性、稳定性和安全性控制难；⑤混凝土泵送方量大、机械设备多，现场混凝土供应、施工与管理难度大等。

混凝土工作性能控制是保障顺利泵送的关键，在传统仅依靠坍落度（扩展度）来表征混凝土工作性能的基础上，本工程提出了两阶段控制方案，即在试验室配制阶段采用"塑性黏度＋扩展度"的双指标控制方法，考虑实际泵送过程混凝土坍落度经时损失和管壁受热升温影响，在确保水胶比不变的前提下，通过调整高性能减水剂掺量调整混凝土扩展度，并给出了不同高度对应的扩展度指标：高度为300m时扩展度为650±50mm，高度为400m时扩展度为700±50mm，高度为500m时扩展度为750±50mm，高度为600m时扩展度为800±50mm，并根据混凝土泵送高度分为4个泵送区间，不同的泵送高度区间调整混凝土材料的级配比例；随着泵送高度的增加，不断增加细颗粒（5～10mm）在整个骨料体系的占比，当泵送高度大于500m后，将粗骨料级配调整为5～16mm。同时，也要调整混凝土胶凝材料总量和掺合料品种，以进一步改善混凝土工作性能，从设计源头降低混凝土超高泵送过程中发生堵管、爆管及离析严重的可能性，提高泵送效率。

针对超高泵送混凝土施工难题，采用了综合性能指标协同控制的超高泵送混凝土施工技术。上海建工联合三一重工研制出新型HBT90CH-2150D输送泵，出口压力高达50MPa，最大泵送高度满足800m要求，创造了混凝土输送泵泵口压力的世界纪录，实现了所有混凝土全部一泵到顶；在国内率先研发出直径150mm超高压耐磨抗爆合金输送管，可承受泵送的超高压力，还可大幅降低泵管内摩阻力，提高了泵送效率，较常规管道使用寿命提高约10倍；研发出与整体钢平台模架装备一体化的新型混凝土布料机，混凝土浇筑工效大幅度提升。该成套技术使C60混凝土一次泵送高度达582m实体高度，C35混凝土一次泵送高度达607.8m实体高度，验证性地将C100高强混凝土一次泵送到547m高度，将120MPa超高强混凝土一次泵送到620m高度，创造了多项混凝土一次泵送高度国内外新纪录。全程采用水洗技术（图1.13），最大限度地利用泵管内混凝土，设置水洗废料承接架，回收残留的废弃混凝土和砂浆，达到绿色、文明施工要求；在泵车出口位置设置截止阀，避免泵管内混凝土掉落带来的冲击，在8层位置设置分流阀，便于管道切换和水洗。混凝土泵送水洗技术能够达到泵送多高、水洗多高，最大限度地利用混凝土，最大限度减少管道内残余混凝土的浪费。

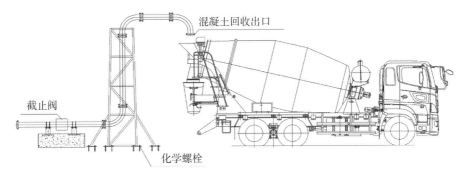

混凝土回收出口

截止阀

化学螺栓

图1.13　混凝土水洗泵送技术

9.工具式周转模板系统绿色施工技术

上海中心大厦核心筒结构施工高度达582m，沿结构高度方向有4次体型变化，墙体内暗埋多达6道伸臂桁架，超高空脚手模板体系选择及立体作业安全防护难度前所未有，且由于工程建设所需材料众多、各专业工种交叉作业难度较大，垂直施工作业面严重不足，因此研发具有高安全性、大操作面、组装灵活、适应性强的整体模架技术成为上海中心大厦核心筒建设的关键。上海中心大厦屋顶皇冠结构以下主体结构施工在竖向共分3个流水节拍，首先进行核心筒墙体结构施工，其次进行核心筒外围框架结构施工，最后进行核心筒内楼板结构施工。其中，核心筒墙体第1～13层采用传统常规方法施工，施工脚手架采用悬挑组合式落地脚手架的方式，模板采用胶合板散装散拆工艺；第13层核心筒墙体施工完成后，第14～125层施工采用新型液压动力模块化整体钢平台模架体系造楼装备（图1.14）。

新型液压动力模块化整体钢平台模架体系具有灵活多变的特性，适用于超高、复杂的建筑结构施工。其特性有：一是基于单元式设计、整体式组装的理念，使各单元之间具有相对独立性，以便于高空拆分施工；二是采用了双层跳爬的施工方法，解决了核心筒多道凸出的劲性桁架层施工的难题；三是施工电梯直达钢平台顶部，便于人员通行和材料、机具运输；四是钢平台顶部布置了2台臂长28m的液压布料机，实现了混凝土浇筑的机械化施工。

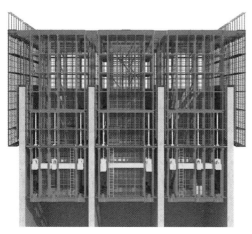

图1.14　新型液压动力模块化整体钢平台模架体系造楼装备

本工程创新性研发的新型液压动力模块化整体钢平台模架体系，可以大幅提高超高层建筑建造中的综合效应，提升超高层建筑建造自动化水平，解决复杂工程难题。新型液压动力模块化整体钢平台模架体系，能够满足混凝土结构施工的大荷载材料堆放和专项设备放置要求；先进的工艺方法可以达到比较快的爬升速度，有效缩短工程总工期，累计节约工期10个月，达到了两天施工1层的速度；其配备的智能化控制技术提高了自动化水平，大幅降低了作业人员的劳动强度；全封闭设计有效减少了噪声污染、废弃物污染及对周边环境的不利影响，提高了施工安全性，改善了施工人员的作业环境，施工质量和施工效率明显提高，达到绿色施工的标准。工具式模板脚手系统标准模块化施工技术使95%左右的部件为通用部件，重复使用率达90%以上，最大限度地节约了工程材料；新型模架装备在上海中心大厦工程的应用中绿色工业化建造成效显著，体现了中国模架装备新品牌的技术优势。

10.大型机械设备绿色施工技术

超高层施工用的大型机械主要包括混凝土泵送设备、大型塔式起重机和施工电梯等。上海中心大厦工程体量巨大，其各种建筑材料如钢筋、混凝土、大型复杂钢构件、各类大小施工机具等物料的超高空运送量及运输难度巨大，项目各方管理协调难度高，给600m以上超高层建筑施工提出了前所未有的挑战。为此，本项目开展了大型机械设备绿色施工技术研究。

1）混凝土泵绿色施工技术

联合研制的HBT90CH-2150D超高压泵，可实现高、低压自动切换，无须停机、拆管，无泄漏、节能高效。新型超高压泵采用柴油机转速计算机控制节能技术，通过PLC、步进电机及速度传感器，可自动调节发动机油门，使设备在最省油的工况下运行，提高了燃料的经济性，平均节约油耗20%以上；采用弹性隔振管卡隔离管道振动，减少输送管道内部浆体流动产生的管道振动和噪声及其对所固定建筑物的影响，达到减振和降低噪声的目的，保护了施工周边的环境，最大限度地减小了拖泵施工作业对建筑物办公区域及周边环境的影响。

2）大型塔式起重机绿色施工技术

通过科学合理地选择塔式起重机安装、使用和拆除方案，实现了空间布置和资源利用的最优。采取塔式起重机负荷与功率匹配的绿色施工技术，钢构件合理分节，实现了起重性能和吊装构件重量的最优化匹配；4台大型塔式起重设备，3台采用了澳大利亚法福克M1280D动臂塔式起重机，1台采用了国产中昇QTZ3200动臂塔式起重机，均采取外挂附着式布置，可扩大吊装范围，最大程度发挥吊装性能，提高吊装效率，减少现场焊接作业量（图1.15）；分阶段安装和投入使用，达到合理分配资源投入、减少能源消耗的目的；在不影响塔式起重机正常运行的情况下，成功实现了大型塔式起重机超高空整体平移，降低了塔式起重机运行风险，满足了工期要求。

图1.15 4台动臂塔式起重机布置图

3）施工电梯绿色施工技术

大楼共布置了10台人货两用电梯，后期启用9台永久电梯，按照低区、中区、高区布置和运行，实现了施工高程全覆盖（图1.16）；专用电梯和公共电梯相结合，专用施工电梯直达作业面，快捷高效；保证超高电梯运行基本不中断的情况下，在49层完成电梯高空基础托换，下方电梯塔节拆除，上方电梯正常运转，为永久电梯安装创造条件。主楼施工时采用4台大型动臂式塔式起重机外挂式布置，最大程度扩大吊装范围，最大吊装能力达100t，大幅减少钢结构构件分节，减少了现场焊接作业量，提高了吊装效率。

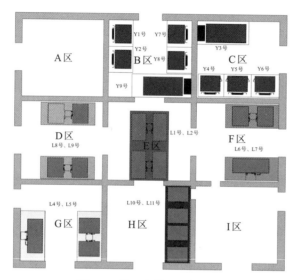

图1.16 施工电梯平面布置图

11. 钢结构安装绿色施工技术

上海中心大厦主楼采用"芯筒-巨型框架-伸臂桁架"结构体系，巨型框架采用型钢混凝土结构，地下室密布劲性钢板并一直向上延伸至20层。上部以2层高度的加强桁架层为界，共分为八个结构分区，设8道加强桁架层。8区以上为塔冠结构，主体为双向倾斜的竖向空间钢管桁架体系。钢结构材质以Q345B（楼面梁、钢板）、Q345GJC（暗柱和连梁钢骨、巨型柱、桁架、支撑框架等）牌号的低合金高强钢为主，部分受力较大节点板采用Q390GJC钢板，板厚为10～140mm各类规格，钢结构总的用钢量高达12万余吨。上海中心大厦的建筑围护幕墙系统由外幕墙（A幕墙）、外幕墙钢支撑系统（CWSS）和内幕墙（B幕墙）共同构成（图1.17），其中外幕墙钢支撑体系为柔性吊挂钢支撑体系，由柔性拉棒、水平钢支撑、悬挑主结构、变形协调群支座等部分组成，其外幕墙面积近13万㎡。因此，如何实现超大体量的钢结构及幕墙的超高空精确安装、降低工程施工风险、提升安装效率成为钢结构和幕墙施工的关键。

图1.17　幕墙钢支撑结构系统

　　本工程针对外幕墙大悬挑、外形旋转扭曲的结构特点，根据吊挂结构的受力特性，首创下降式智能平台系统的柔性悬挂钢结构安装施工方法，采用"从上而下"的逆作法施工顺序，实现了2万余块大小不一的曲面玻璃幕墙的精确安装，显著缩短了施工工期并提高了施工精度和施工效率。创造性设计和使用了双层吊篮工作平台、轨道式悬臂吊机以及玻璃幕墙变形协调自适应滑移支座，解决了外幕墙大悬挑、外形旋转扭曲曲面结构高空精确安装的施工难题，保障了施工作业安全环境，提高了施工作业效率。在钢结构施工中采用轨道式全位置焊接机器人（图1.18），整套装备由轨道、焊接机器人执行器、多自由度焊枪调节控制器、机器人控制平台及智能化控制模块等组成，解决了厚壁、长焊缝、多种焊接位置的钢结构现场自动化焊接问题，不仅保证了工程质量，而且极大保障了作业安全，降低了工作强度，提高了作业效率，改善了作业环境。

图1.18　钢结构全自动焊接机器人

针对本工程钢支撑体系具有体量大、结构复杂、施工精度要求高、施工危险性大等特点，在满足吊装能力的条件下，尽可能减少分段、分节，以减少吊次和现场安装工作量；通过采取抬吊、单吊、串吊相结合的吊装方式，充分发挥了塔式起重机的吊装能力；通过采用对重型桁架进行分片吊装的方式，大幅减少了高空焊接工作量；对塔冠钢结构采取虚拟施工技术和施工控制技术，提高了工效和质量；现场钢结构施工时，在焊接点处设置封闭式防护棚及隔离屏，有效避免了火星四溅及光污染，并保证了焊接质量；通过优化施工工艺，在600m高空塔冠结构面漆施工时，改喷涂为刷涂，避免了喷涂对周围环境的影响。

12.机电安装工程绿色施工技术

上海中心大厦机电安装项目主要包括排水系统、燃气系统、暖通空调系统、强电系统、弱电系统、消防系统等，存在着建筑结构超高、作业空间狭小、机电设备体量超大、机电项目设备机房分布点多面广等难题。除地下1～5层有大量设备机房外，地上设备层主要在塔楼9个区的最上面两层，有9处，其中在B2层和82层分别设置低、高两个能源中心。大厦设备层总计有20余层，各类设备数量高达5000多台，每个设备的吊装要求不尽相同，各类管线纵横交错，且要处理好与已安装幕墙结构系统的关系，各专业交叉作业频繁，施工管理难度大幅提升。

本工程针对上海中心大厦机电安装工程存在的施工现场用地紧张、现场布置十分困难、无设备加工及仓储场地、各专业协调难度大等问题，项目部经过充分调研与分析，决定对风管、部分水管、支架、电气桥架等采用以BIM建模为基础、深化设计为依据的后方预制、现场装配模式来实施。为了提高建模的准确性，项目部专门调派了专业测量人员加入深化设计部门，购买了满足测量精度的三维数据测量仪，对现场的建筑及结构实际数据进行全方位的扫描与复核，然后基于实际数据修正土建及结构施工单位提供的BIM模型，再将机电管线模型与修正后的建筑结构模型进行合模，并进行管线综合、碰撞检查及优化处理，最后基于BIM模型生成各专业施工图纸及构配件加工图纸（图1.19）。机电工程的精确化预制加工，减少了现场加工、焊接工作量，大大减少了现场的烟气、粉尘、噪声、光电等污染。集中预制加工技术不仅节省了人工、节约了场地，同时也提高了工作效率，避免了材料的反复搬运，降低了工人劳动强度，保护了施工人员身体健康，完美诠释了绿色施工的理念。

在固体废弃物处理方面，制定了"现场建筑垃圾回收处置方案"，即首先将废弃物进行分类，然后按要求分类堆放到指定的堆场并拍照存档，最后按照一定的程序将垃圾回收处理。该方案尽量做到废物再生利用，实现了80%的建筑垃圾回收率，其中钢材更是做到了100%的回收率，避免了施工过程中大量建筑垃圾的产生（图1.20）。

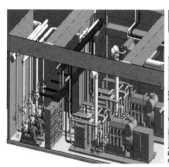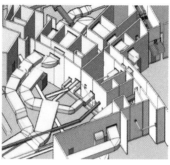

图1.19　BIM技术在机电工程中的应用　　　　图1.20　风管废料制成的垃圾箱

13.绿色化精装工程施工技术

上海中心大厦作为内外双层幕墙的无规律扭曲建筑体，其建筑外观呈螺旋式上升，建筑表面的开口由底部旋转贯穿至顶部。这样特殊的建筑外表皮结构，使得双层幕墙之间的二十多个转换大厅及空中花园造型变化无常，造成了前所未有的装饰收口及管理难题。本工程室内装饰空间涉及的专业内容众多，设计图纸反映的信息量庞大，装饰材料种类多且造型多变，现场交叉作业面广，垂直水平运输情况极端复杂，传统装饰工程的施工方法已无法达到上海中心大厦精细化、高效化、高环保、高人文关怀的施工要求。

本工程针对上述难题开展了复杂空间数字化装饰工程施工技术研究，通过数字化三维扫描技术采集数据，从装饰工程空间分析、构配件数字化加工制作到施工现场虚拟仿真拼装和数字化施工控制实现了装饰装修工程一体数字化建造，同时建立了装饰工程全过程一体化数字应用平台，将装饰的全过程和各作业单位联系起来，有效解决了在工程各个部位、环节中遇到的技术难点，避免了大量人力、物力的浪费。

由于装饰工程作业环境封闭，针对室内装饰施工时现场环境粉尘多、通风不良、噪声大、异味严重、作业温度高等问题，上海中心大厦工程进行了封闭装饰空间环境改善装置开发（图1.21），该装置实现了施工作业层"正压通风、负压换气、循环空间气流""雾化湿润环境空气""改善施工作业面空气质量""降低幕墙玻璃反射温度对楼层的聚热影响""简易拆装、适合移动的通风雾化降温"等多种功能一体化智能控制，有效改善了超高层建筑幕墙全封闭状态下的施工环境。绿色化精装工程施工技术的研发与应用，实现了装饰装修工程的数字化、工业化、绿色化建造，有效提高了施工效率，降低了室内装饰装修工程所产生的粉尘等空气污染，改善了室内施工环境，保障了施工作业人员的身心健康。

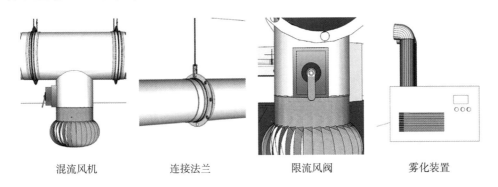

| 混流风机 | 连接法兰 | 限流风阀 | 雾化装置 |

图1.21　拆装通风雾化降温装置系统

14.数字化建造技术

上海中心大厦外形旋转120°且竖向自下而上收分，设置内外两层幕墙系统，建筑顶端塔冠部位安装风力发电设施等新颖的设计理念，以及8大建筑功能综合体、7种结构体系、30余个机电子系统及30余个智能化子系统，众多的参建专业单位等特点，决定了在工程建造的各个不同阶段，不同参建单位与不同建筑系统将产生巨大的信息数据。施工技术难度大、统筹协调复杂、进度质量及安全风险控制要求高、信息共享数据量大成为工程建造的主要难点。

上海中心大厦工程突破传统工艺，率先在建筑全寿命周期采用数字化建造技术（图1.22），综合运用信息化、数据化、模型参数化等先进手段，初步实现了一体化深化设计、一体化加工制作和一体化施工管理的预期效果，体现了信息化管理新模式。研究出绿色建造仿真虚拟及可视化控制技术，实现了从深基坑承压水减压降水、基坑变形环境影响、大体积混凝土裂缝控制、整体模架智能控制、钢结构整体安装、机电设备安装、幕墙安装到装饰装修的虚拟仿真及过程控制；研究形成的全套超高复杂结构数字化建造智能装备，实现了在PC构件智能化生产、深大基坑微变形控制、钢支撑轴力液压伺服控制、整体钢平台模架装备数字化制造及智能化安全控制、超高复杂结构智能控制3D打印、超高复杂结构智能机器人施工等数字化建造智能装备的全面应用；开发出建筑精益建造监控平台、施工安全风险管控平台、工程项目协同管理专项平台等，系统提升了工程项目资源、数据的高效集成共享和管理能力，实现了工程建设的一体化智能管理。同时，系统总结工程建造成果，建立了超高层建筑数字化建造理论基础，构建了超高层建筑数字化建造技术体系。

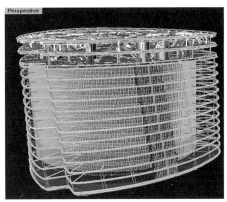

图1.22　数字化建造技术应用

数字化建造模式，显著提高了施工工效，解决了工程建造难题，丰富了现代工程管理内涵。由于数字化建造技术的应用，外幕墙加工图数据转化效率提升50%，复杂构件测量效率提高10%；钢结构加工效率显著提高，安装近10万t钢材，仅有2t的损耗；基于BIM的构件精细化预制实现了70%管道制作预制率，大量减少了现场焊接、胶粘等危险或有害作业；工程节约资金累计超过1亿元人民币，成为践行数字化建造技术的典范工程。

第三部分　总结

一、绿色成效

上海中心大厦首创600m级垂直城市绿色超高层建筑关键技术体系，拓展了超高层建筑发展新模式。创新提出新型内外两层玻璃幕墙绿色建筑设计理念，在玻璃幕墙立面间的高空中庭形成了独立的生物气候区，具有良好的节能环保功能，改善了大厦空气质量。项目形成了集室外环境、建筑节能、水资源利用、材料资源利用、室内环境质量、能耗监管、绿色施工和智能化物业管理于一体的绿色建筑成套技术，构建了基于建筑能源与环境信息综合监管的智能运营管理平台，实现了超高层建筑从设计、施工和运维的全生命期高效绿色运行，"四节一环保"成效突出：

1. 节地与室外环境

曲面螺旋上升的外立面设计，使风荷载作用效应降低24%，节约了投资成本；建筑周围季风风速控制在5m/s以下，保证了行人舒适度要求；施工过程中水土流失防治、周边环境扰动控制、扬尘和颗粒物大气污染防治、污水排放控制、污水检测和噪声监测等，实现了绿色施工；地下建筑面积约16万m^2，是建筑占地面积的14倍，地下空间利用成效显著。

2. 节水与水资源利用

设置种植屋面及消防道路、立体复层绿化、楼内空中花园、高反光屋面，有效控制建筑周边热岛效应。选择耐旱性植被，形成节水绿化景观；进行土壤温湿度监测，实时调整浇灌方式及浇灌量；回收雨水和中水灌溉绿化，节水减量可达50%以上；设废水处理机房和雨水处理机房，年收集利用中水约23.5万m^3，年收集利用雨水约2万m^3，占大楼总用水量的25%，其中办公商场非传统水源利用率不少于40%、宾馆非传统水源利用率不少于25%；采用压力辅助抽水马桶、低流量小便器和淋浴器，减水量可达52%以上，整栋大楼综合节水率可达30%以上。

3. 节能与能源利用

各系统能耗，按标准采用最低能耗指标设计；采用内外双层玻璃幕墙、玻璃自遮阳、水平固定外遮阳方式，外幕墙夹胶玻璃、内幕墙低辐射中空玻璃、内外形成热缓冲区域，能耗减少50%以上；采用按需变风量空调，电力消耗年平均降低50%以上；采用天然气冷热电三联供系统，利用高温烟气发电、余热冬季供暖、夏季驱动制冷机制冷、利用排气热量提供生活热水，能源利用率从40%提高到80%；采用冰蓄冷技术，夜间电力制冰、白天融冰供热，实现电网移峰填谷的效果，蓄冰总容量占低区总冷量的28%；采用智能照明和电气智能控制系统，通过控制策略减少能耗；采用地源热泵系统，较传统空调系统运行效率提高40%以上；采用热回收系统，回收21个中庭夏季聚集的热空气，进行热能转换；在屋顶皇冠设置270台涡轮式风力发电机，输出电能与低压配电系统联网，供屋顶和观光层设备使用，整栋大楼综合节能率可达60%以上。施工过程中采用下置顶升式整体钢平台模架装备技术，累计节约工期10个月，最快施工速度达2d/层；全程采用数字化建造技术，外幕墙加工图数据转化效率提升50%，复杂构件测量效率提高10%；钢结构加工效率显著提高，损耗仅为十万分之二；管道制作预制率达70%，大量减少现场焊接、胶粘等危险或有害作业；工程节约资金累计超过1亿元。

4. 节材与材料资源利用

在主体结构设计阶段，通过多项技术优化结构布置形式，在保证工程建造安全的前提下降低总体用钢量约1.3万t。采用超长钻孔灌注桩桩端后注浆施工工艺，提高桩基承载力近4倍，相同承载力要求下其造价仅为传统成熟钢管桩工艺的

1/3。在混凝土工业废弃物再生利用方面，通过单掺粉煤灰到双掺粉煤灰和矿粉的技术研究以及高效聚羧酸系外加剂的规模应用，节约水泥总量约10000t；采用混凝土泵送水洗技术最大限度利用管道中的混凝土，减少混凝土的浪费，节约混凝土1190m³；采用超厚基础底板大体积混凝土绿色施工技术，使混凝土单位水泥用量降低40%以上，绝热温升降低10℃以上，混凝土180d收缩值减少40%以上；采用再生材和循环材综合利用技术、高性能建材综合应用技术，有效提高建筑材料利用率，减少建筑废弃物和环境污染，可再生材料和循环材料利用率达20%以上，建筑垃圾回收率达80%，钢材回收率达100%。

5.室内环境保护

采用室内有效控烟措施，吸烟区设置烟气收集及自动排风系统，提供实测报告；采用绿色低排放材料，提供检测报告；在密集区设置二氧化碳监测装置、在非密集区设置气流测定装置，使空气入户率不少于15%，实现了室内环境100%达标，每年减少碳排放量不少于2.5万t；首次使用电涡流调质阻尼器，大幅提高大厦摆动下的舒适性。

上海中心大厦工程绿色建筑与绿色建造成效显著，成为全球首栋最高等级绿色超高层建筑双认证项目，获得美国LEED-CS铂金级（最高级）和中国绿色建筑三星级（最高级）证书，成为世界超高层建筑与环境和谐共生的里程碑式典范工程。

二、成果水平

上海中心大厦作为我国唯一突破600m级超高层建筑，工程突破了世界级技术难题，取得了大量位居国际领先水平的可复制、可推广的创新成果，为世界工程建设贡献了中国经验。

在建筑设计方面，突破传统层叠式理念，创新性地在不同高度和区域设置9个垂直社区、21个空中中庭广场，构建了全新的"垂直城市"超高层建筑新模式。创新性地采用综合气动优化技术，设计了120°扭转、55%向上收分的曲面建筑外表皮造型，有效降低风荷载作用效应达24%，实现了美学与风工程学的最佳结合。

在结构设计方面，采用"芯筒—巨型框架—伸臂桁架"结构体系，对外围双层幕墙结构创新采用主体结构与外层幕墙支架结合的悬挂结构体系。研究提出了一整套超高层建筑在复杂风环境及不同工况风荷载下的抗震性能设计指标，弥补了设计规范的不足，大幅降低了主体结构造价。发明了外幕墙柔性连接滑移支座装置，解决了外幕墙悬挂结构体系在风荷载作用下的变形协同控制难题，实现了高空公共活动空间的绿色环境营建。

在绿色化建造方面，建立了基于设计、施工和运维的超高层绿色建筑技术体系。集成应用40多项绿色建筑新技术，打造出全球首栋中国绿色三星和美国LEED-CS铂金双认证的最高等级绿色超高层典范工程。工程地下空间利用面积达14倍建筑占地面积，建筑综合节能54%、节水43%、年减少碳排放2.5万t，绿色建筑成效显著；编制并实施了全球首部绿色超高层建筑专项评价标准，为城市发展超高层建筑提供了可持续发展理念。

在工业化建造方面，设计并制造出世界最大混凝土输送泵，并全覆盖应用于国内500m以上超高层建筑混凝土输送，创造了建筑工程超大体积混凝土一次连续浇筑裂缝控制和实体结构混凝土一次输送高度性能控制世界纪录。世界首创模块化集成、智能化控制的整体钢平台模架装备技术，解决了复杂环境高空绿色高效作业难题。世界首创千吨级电涡流调谐质量阻尼器，显著提高了大楼中人员的舒适度感受。工程建造大型施工装备和机械全面实现国产化。

在数字化建造方面，率先构建了数字模型分析计算、专项技术平台、协同管控平台、运维管理云平台等组成的具有自主知识产权的超高层数字建造技术体系；出版原创的《数字化施工》《大型复杂钢结构数字化建造》等著作，奠定了数字化建造理论基础，实现了一体化设计、制造、施工和运维管理，开启了超高层工程建造数字化新模式。

上海中心大厦系统建立了超高层工程建造理论基础和技术体系，创新技术成果被纳入20余部国家、行业标准规范，相关技术在我国22个省市的数百栋超高层和高大结构工程中得到了推广应用。先进的工程建设技术为世界工程建设贡献了中国模式，彰显了我国超高层建造技术国际领先的综合实力，为我国从超高层建造大国向建造强国迈进做出了突出贡献，引领了世界超高层建筑技术的发展，经济与社会效益显著。

国际上的业内知名人士给予了上海中心大厦高度评价。国际桥梁与结构工程协会主席大卫·内瑟科特评价说："上海中心大厦反映了当今世界建造技术最高水平，彰显了中国超高层建造技术国际领先的综合实力，引领了世界超高层建筑技术的发展。"世界高层建筑学会秘书长安东尼·伍德评价说："上海中心大厦充分体现了工程建造新理念，反映出当今世界建造技术领先水平。"世界绿色建筑协会原主席托尼·阿内尔评价说："上海中心大厦在促进建筑行业发展中具有里程碑的意义。"

三、所获奖项

1.国内奖项

1) 2012年获三星级绿色建筑设计标识

2) 2015年获中国钢结构金奖

3) 2017年获中国施工企业管理协会科技进步特等奖

4) 2017年获中国土木工程詹天佑奖

5) 2017年获中国建设工程鲁班奖

6) 2018年获上海市科技进步特等奖

7) 2018年获中国建筑学会科技进步特等奖

8) 2018年获国家优质工程金奖

2.国际奖项

1) 2015年获美国绿色建筑协会绿色建筑LEED-CS铂金级认证

2) 2015年获德国安波利斯摩天楼大奖第一名

3) 2016年获世界高层建筑与都市人居学会（CTBUH）世界最佳高层建筑奖

4) 2016年获国际桥梁与结构工程协会（IABSE）杰出结构奖

5) 2016年获法国世界最大房地产展会"最具人气奖"

6) 2019年获国际建筑业主与管理者协会"全球创新大奖"

7) 2019年获美国《建筑文摘》杂志"过去五年重新定义建筑界的十三座建筑"

8) 2019年获美国著名建筑设计杂志《建筑文摘》"全球最美27座摩天大楼"

9) 2019年获世界高层建筑和都市人居学会"过去50年全球50座最具影响力高层建筑"

专家点评

　　上海中心大厦是集办公、酒店、商业、观光为一体的现代化多功能摩天大楼，总建筑面积约58万㎡，建筑高度达632m，现为中国第一、世界第二高楼。

　　项目地下5层、地上127层，为钢混结构体系。竖向结构包括钢筋混凝土核心筒和巨型组合柱，水平结构包括楼层钢梁、楼面桁架、带状桁架、伸臂桁架；外围护结构采用内外双层玻璃幕墙；基础工程采用超长钻孔灌注桩；基坑工程为超大、超深基坑。

该项目构建了全新的"垂直城市"超高层建筑新模式，为世界超高层建筑建设贡献了中国模式。建立了基于设计、施工和运维的超高层绿色建筑技术体系，为全球首栋中国三星和美国LEED双认证最高等级绿色超高层建筑。

项目施工中创新采用了多项绿色创新技术，如超大超深基坑基础工程的主楼顺作裙房逆作施工技术、超高泵送混凝土绿色施工技术、新型液压动力模块化整体钢平台模架技术、复杂钢结构安装绿色施工技术、双层复杂曲面玻璃幕墙制作与安装技术、机电安装工程绿色施工技术等，并研发应用了超高层建筑数字化建造技术体系，开启了超高层建筑工程数字化建造新模式。

项目实现了超高层建筑从设计、施工和运维的全生命期高效绿色运行，集成应用40多项绿色建筑新技术，"四节约一环保"成效突出。工程地下空间利用面积达14倍建筑占地面积，建筑综合节能54%、节水43%、年减少碳排放2.5万t，绿色建筑成效显著。项目实施过程中建立了超高层建筑工程建造理论基础和技术体系，创新技术成果已纳入20余部国家、行业标准规范，相关技术在我国22个省市的数百栋超高层和高大结构工程中得到推广应用，其经济、社会与环境效益显著。研发应用的超高层建筑绿色创新技术具有很好的示范作用。

2

北京中信大厦工程

第一部分　工程综述

一、工程概况

1.工程概述

北京中信大厦项目位于北京市CBD核心区Z15地块，其位于北京市朝阳区东三环北京商务中心区（CBD）核心区中轴线，东至金和东路，西至金和路，北侧隔12m公共用地与光华路相邻，南侧隔核心区公共用地与景辉街相邻（图2.1）。中信大厦是中信集团总部办公大楼，并是集甲级写字楼、会议、多功能中心等功能于一体的北京第一高楼、首都新地标。

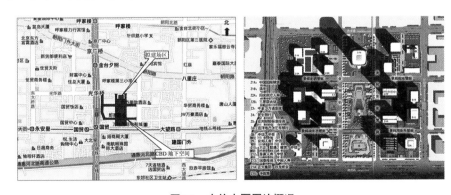

图2.1　中信大厦周边概况

项目于2013年7月29日正式开工，此时Z15地块周边工程都处于开发阶段。东、西管廊处于结构施工阶段，且东管廊东侧Z14地块也已动工，导致东侧进场道路完全中断；南侧为文化中心地块，处于底板施工阶段，无进场道路；西侧管廊西面共有Z1a、Z1b、Z2a、Z2b四个地块，暂时还未启动施工程序；北侧基坑上口距离光华路的场地狭小，面积不足400m²。项目受到"坑中坑"条件的限制，无道路可直接进入基坑内部，且施工场地极为紧张。

2.工程简介

北京中信大厦项目占地面积11478m²，总建筑面积约437000m²，其中地上建筑面积约350000m²，地下建筑面积约87000m²。建筑高度528m，地上108层，地下7层，基础埋深约38m，总投资约240亿元。本工程结构体系为筒中筒结构，基础形式为桩筏基础。

1）建筑概况

该项目是全球第一座在地震8度设防区高度超过500m的摩天大楼。塔楼外形以中国传统中在宗教礼仪中用来盛酒的器具"樽"为意象，平面为方形，外形自下而上自然缩小，底部尺寸约为78m×78m，中上部平面尺寸约为54m×54m；同时，顶部逐渐放大，但小于底部尺寸，约为69m×69m，最终形成中部略有收缩的双曲线建筑造型（图2.2）。整体设计贯彻低碳环保的理念，旨在成为北京绿色和可持续性发展的典范，具体建筑概况见表2.1。

建设设计总体概况　　　　　　表2.1

建筑面积及高度	地上建筑面积约350000m²，建筑高度528m；地下建筑面积约87000m²，埋深约38m；总建筑面积437000m²		
工程标高	相对设计标高±0.000，相对于绝对标高38.350m	建筑分类	公共建筑
层数	地上108层，地下7层	主体结构耐火等级	一级
防水设计	主要采用SBS改性沥青防水卷材	防水等级	一级
建筑功能	地下	地下室共7层（不含夹层），其中地下一层和地下一层夹层属于Z0区，地下二层到地下七层属于ZB区，主要功能为停车、机房、商业服务、办公等用房	
	地上	108层（另有两个夹层），由Z0区和Z1～Z8区组成，主要功能为办公、会议中心、多功能中心等	
建筑构造	外墙	单元式玻璃幕墙系统	
	隔墙	建筑内隔墙	地下室采用砂加气混凝土砌块（闭孔），地上采用砂加气混凝土条板、轻钢龙骨隔墙、成品办公隔断
		室外空间分隔墙	蒸压加气混凝土条板
		承重砖墙	蒸压粉煤灰砖墙
电梯	电梯数量共计101部。其中穿梭电梯23部，区间电梯55部，车库电梯4部，后勤电梯（部分兼作消防电梯）18部，大型货梯1部		

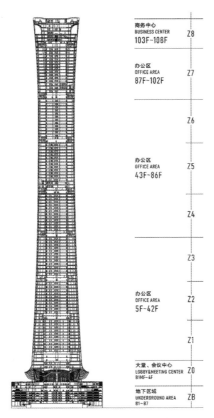

商务中心
BUSINESS CENTER
103F~108F Z8

办公区
OFFICE AREA
87F~102F Z7

Z6

办公区
OFFICE AREA
43F~86F Z5

Z4

Z3

办公区
OFFICE AREA
5F~42F Z2

Z1

大堂、会议中心
LOBBY&MEETING CENTER
B1MF~4F Z0

地下区域
UNDERGROUND AREA
B1~B7 ZB

图2.2　中信大厦竖向分区及功能

2）结构概况

（1）混凝土结构概况

混凝土结构基本概况见表2.2。

混凝土结构基本概况表　　　　　　　　　　　表2.2

层数	地下7层（局部8层），地上108层		结构高度	527.7m
结构类型	地上	核心筒+巨柱+巨型斜撑+带状桁架的混合结构筒中筒结构		
	地下	现浇钢筋混凝土结构		
	基础	桩筏基础		
地基基础	设计等级	甲级	基础安全等级	一级
	有效桩长	54.6m、44.6m、40.1m、26.1m	桩径	1200mm、1000mm
	塔楼区域	直径1000mm、1200mm钻孔灌注桩后6.5m厚平板式筏基		
	过渡区域	直径1000mm钻孔灌注桩后4.5m厚平板式筏基		
	纯地下室区域	天然地基后2.5m厚筏板基础		

续表

主体结构		耐火等级	一级	设计使用年限	50年
		耐久性年限	100年	结构安全等级	一级
		建筑抗震设防类别	乙类	抗震设防烈度	8度
		设计基本地震加速度	0.20g	设计地震分组	第一组
	抗震等级	巨柱（翼墙）	特一级	核心筒	特一级
		转换桁架/斜撑	一级	重力柱/楼面支撑	二级
		钢梁/转换梁	四级/一级	塔冠/雨篷	二级
混凝土等级		工程桩	水下C50、C40		
		巨柱（翼墙）	B007～F046：C70；F047～F76：C60；F077～F108：C50		
		核心筒	B007～F102：C60；F103～ROOF：C50		
		地下室外墙	C40（B7～B6层P12，B5～B3层P10，B2～B1M层P8，F001层P6）		
		板	基础底板：C50P12，楼板：C40，地下室顶板：C40P8，地上楼板：C30（屋顶层、转换桁架楼层及相邻上下各一层楼板混凝土强度为C40）		
		内墙、坡道、框架柱	C40	梁	C30/C40
		圈梁、构造柱	C25	楼梯	C30/C40

（2）钢结构设计概况

钢结构使用最高材质为Q390GJC，主要应用于巨柱（面板、竖向分腔板）、转换桁架、巨型斜撑位置，其中核心筒钢板材质为Q345C，使用钢板厚度最厚达60mm。外筒为由巨型柱、巨型支撑、转换桁架以及次框架组成的巨型框架筒体结构。巨型柱位于建筑物平面四角并贯通至结构顶部，在各区段分别与转换桁架（腰桁架）、巨型支撑连接。巨柱为钢管混凝土柱，沿建筑高度向上尺寸逐渐缩小，腔内布置栓钉，设有构造钢筋笼和拉结筋，内灌无收缩自密实混凝土。

巨型支撑设置在结构四边的垂直立面上，采用焊接箱形截面，并与巨型柱连接。转换桁架（腰桁架）沿塔楼竖向建筑功能节间布置，连同顶部的帽桁架，共8组，配合转换桁架所在楼层四角设置角部桁架，转换桁架的杆件截面主要采用箱形截面（图2.3）。

巨柱在F001～F006层为4根六边形异形多腔体柱，在F007层开始分叉，由4根转换为8根，柱外形由六边形渐变为五边形、四边形，且柱截面逐渐变小。F007～F017层为六边形田字形巨柱；F018～F019层为五边形田字形巨柱；F020～F092层为四边形田字形巨柱；F093～F106层为四边形箱形柱。

核心筒从承台面向上延伸至大厦顶层，贯穿建筑物全高，核心筒平面基本呈

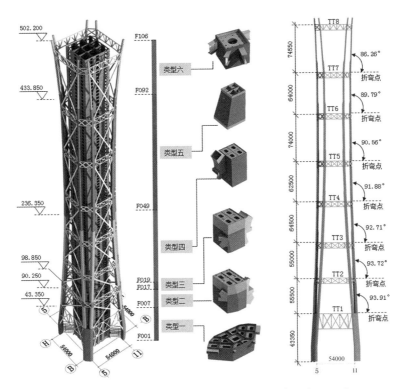

图2.3　外框筒设计概况图（尺寸单位：mm；高程单位：m）

正方形，核心筒截面变化详见图2.4。底部尺寸约为39m×39m。核心筒周边墙体厚度由1200mm从下至上逐步均匀收进至顶部400mm；筒内主要墙体厚度则由500mm逐渐内收至400mm。核心筒采用内含钢骨（钢板）的型钢混凝土剪力墙结构，在结构底部范围墙肢内设置了钢板，形成了组合钢板剪力墙。在塔楼腰部区域核心筒周边墙肢内均匀布置了型钢暗撑。通过设置钢板墙和钢暗撑，有效地减轻了结构自重。

3）地理概况

（1）气候条件

北京地区位于东亚中纬度地带东侧，有典型的暖温带半湿润半干旱大陆性季风气候特点：受季风影响，春季干旱多风，气温回升快；夏季炎热多雨；秋季天高气爽；冬季寒冷干燥，多风少雪。据北京市观象台近十年观测资料，年平均气温为13.2℃，极端最高气温41.1℃，极端最低气温零下17.0℃，年平均气温变化基本上是由东南向西北递减，城区近二十年最大冻土深度小于0.80m。

全市多年平均降水量448mm，降水量的年变化大。降水量最大的1959年达1406mm，降水量最小的1896年仅244mm，两者相差5.8倍。降水量年内分配不

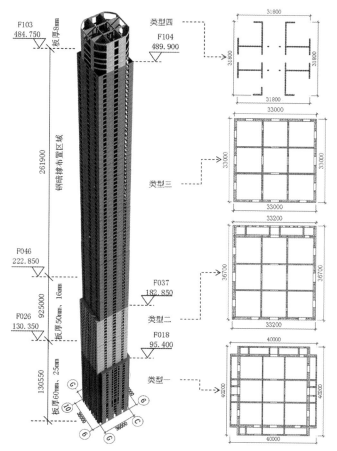

图2.4 核心筒设计概况图（尺寸单位：mm；高程单位：m）

均，汛期（6～8月）降水量约占全年降水量的80%以上。旱涝的周期性变化较明显，一般9～10年左右出现一个周期，连续枯水年和偏枯水年有时达数年。

（2）水文地质条件

北京市位于华北平原北部，属于永定河、大清河、北运河、潮白河、蓟运河等水系冲洪积扇的中上部地段。地下水的赋存状态从西部的单一潜水层，向东、东北和东南逐渐演变成多层地下水的复杂状态。根据北京市勘察设计研究院有限公司提供的《建筑场地孔隙水压力测试方法、分布规律及其对建筑地基影响的研究》成果和《北京市地下水动态分区及长期变化规律》研究成果，按照北京市区域地质、工程地质、水文地质条件和地下水动态，将北京市区浅层地下水的工程水文地质条件划分为三个大区：永定河冲洪积扇台地潜水区、过渡区、潜水区（Ⅰ、Ⅱ、Ⅲ区），细分为七个亚区（Ⅰa、Ⅰb、Ⅰc；Ⅱa、Ⅱb；Ⅲa、Ⅲb），本工程场区位于上述水文地质分区的Ⅰb亚区，如图2.5所示。

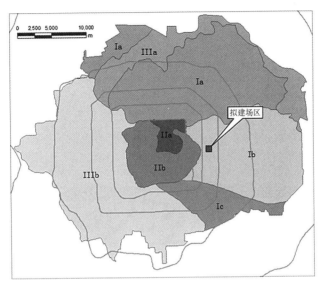

图 2.5　北京市区工程水文地质分区图

　　根据本次水文地质勘查和区域水文地质资料，工程场区自然地面下约 60m 深度范围内主要分布 4 组相对含水层。本工程岩土工程勘察期间（2012 年 1 月 19 日—2 月 20 日）于地下水位观测孔中实测到 4 层地下水，具体地下水水位情况见表 2.3。

地下水水位情况一览表　　　　　　　　　　　　　　　　　表 2.3

序号	地下水类型	地下水稳定水位（承压水测压水头）		含水层
		埋深（m）/起算于 ±0.00 绝对标高 38.20m	标高（m）	
1	层间水	18.50～20.06	18.14～19.72	第 4 大层，分布于层底标高 18.21～19.51m 以上，岩性以卵石、圆砾和细、中砂为主
2	承压水	24.83～25.09	13.11～13.37	第 6 大层，顶板位于标高 10.96～14.76m，底板位于标高 0.49～3.13m，岩性以卵石、圆砾和细、中砂为主，该相对含水层在场区普遍分布，含水层平均厚度约 11.0m
3	承压水	25.39～26.52	11.68～12.81	第 8 大层，顶板位于标高 -2.36～0.28m，底板位于标高 -9.31～-5.72m，岩性以卵石、圆砾和细、中砂为主，该相对含水层在场区普遍分布，含水层平均厚度约 6.5m
4	承压水	26.31～26.68	11.52～11.89	第 10 大层，顶板位于标高 -14.64～-11.57m，底板位于标高 -27.24～-23.99m，岩性以细、中砂为主，该相对含水层在场区普遍分布，含水层平均厚度约 12.5m

4）地质构造情况

（1）构造背景

北京地区的地质构造格局是新生代地壳构造运动形成的，如图2.6所示，其特点是以断裂及其控制的断块活动为主要特征，新生代活动的断裂主要有北北东–北东向和北西–东西向两组，如图2.7所示，大部分为正断裂，并在不同程度上控制着新生代不同时期发育的断陷盆地。断裂分布多集中成带。全新世仍然活动的断裂多数位于北部。

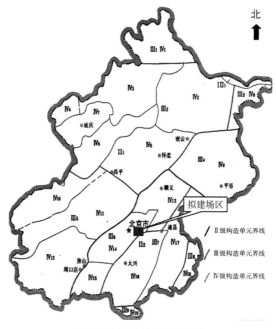

图2.6　北京市构造分区略图

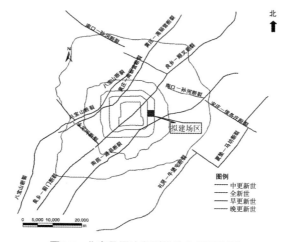

图2.7　北京及周边断裂构造位置示意图

根据勘察结果及北京市勘察设计研究院有限公司"岩土工程信息系统（BGIWEBGIS）"中存储的大量资料分析，拟建场区位于上述北京迭断陷内，拟建场区内及附近没有活动隐伏断裂通过。在本工程拟建场地范围内，不存在影响拟建场地整体稳定性的不良地质作用。

（2）场区地层岩性及分布特征

本工程基础底板直接持力层为第⑦大层土，主要为黏性土层，由黏土、重粉质黏土组成。该大层土层顶标高约为0.49～2.58m，连续分布厚度约为1.50～4.90m，平均厚度约为3.01m。按目前基础埋深，基底下余留第⑦大层土厚度最薄处不到1.0m。按现况条件进行抗渗流稳定性分析，在承压水作用下，基底土将发生突涌破坏。因此，必须采取基坑围护体系与地下水控制相结合的措施，有效降低基底以下承压水头高度，确保基底土的安全稳定。相关土层参数见表2.4。

相关土层参数表 表2.4

土层编号	岩土性质	层顶标高（m）	侧摩阻极限值（kPa）	桩端阻极限值（kPa）	压缩模量（MPa）	备注
⑥	卵石、圆砾		—	—	—	
⑥₁	细砂、中砂	10.96～14.76	—	—	—	桩基作业层
⑥₂	重粉质黏土、黏土		—	—	—	
⑦	黏土、重粉质黏土		70	—	14.8	
⑦₁	粉质黏土、黏质粉土	0.49～3.13	75	—	22.9	基底开挖面
⑧	卵石、圆砾		140	—	115	—
⑧₁	细砂、中砂	-2.36～0.28	80	—	50	—
⑨	粉质黏土、重粉质黏土		75	—	18.6	—
⑨₁	粉质黏土、黏质粉土	-9.31～-5.72	80	—	26.8	—
⑨₂	黏土、重粉质黏土		75	—	13.7	—
⑩	中砂、细砂		80	—	59.5	
⑩₁	粉质黏土、黏质粉土	-14.64～-11.57	75	—	20.3	过渡桩桩端持力层
⑩₂	黏土、重粉质黏土		75	—	18.8	
⑪	粉质黏土、重粉质黏土		75	—	20.3	—
⑪₁	粉质黏土、黏质粉土	-27.24～-23.99	80	—	30.2	—
⑪₂	黏土、重粉质黏土		75	—	17.8	—
⑫	卵石、圆砾		160	3000	155	
⑫₁	细砂	-37.24～-31.72	80	1800	105	P1、P2桩桩端持力层
⑫₂	粉质黏土、黏质粉土		80	—	30.5	

5）工程相关方

工程各方相关信息见表2.5。

工程相关方信息表 表2.5

序号	项目	内容	
1	工程名称	北京市朝阳区CBD核心区Z15地块项目施工总承包工程	
2	建设地址	北京市朝阳区CBD核心区Z15地块	
3	建设单位	中信和业投资有限公司	
4	设计人	北京市建筑设计研究院有限公司（总设计负责人）	
		Kohn Pedersen Fox Associates（KPF）（PC建筑顾问）	
		中信建筑设计研究总院有限公司	
		奥雅纳工程咨询（上海）有限公司（结构顾问）	
		柏诚（亚洲）有限公司（机电顾问）	
5	专业设计顾问	艾勒泰建筑工程咨询（上海）有限公司（幕墙顾问）	
6	专业顾问	悉地（北京）国际建筑设计顾问有限公司（BIM咨询顾问）	
7	造价咨询顾问	中建精诚工程咨询有限公司	
8	检（监）测单位	钢结构第三方检测单位	中冶建筑研究总院有限公司
		沉降观测及基础监测	北京市勘察设计研究院有限公司
		基坑工程安全风险监测	北京市勘察设计研究院有限公司
9	监理人	北京远达国际工程管理咨询有限公司	
10	施工总承包单位	中国建筑股份有限公司/中建三局集团有限公司（联合体）	
11	机电总承包单位	中建安装集团有限公司	

二、工程难点

中信大厦，又称"中国尊"，源于2010年底TFP Farrells和北京市建筑设计研究院有限公司主导设计的标地方案，包含樽形塔身、孔明灯顶冠和城门入口等对中国历史文化元素的应用。其中"中国尊"这一概念得到了高度的认同，中信标地成功后，由KPF牵头概念深化和调整、方案设计，以及初步设计阶段塔楼外壳体和主要公共空间的内装设计。除了凭借丰富的超高层设计经验，在8度抗震设防区的结构限制内把握城市效果和平衡内部功能需求之外，主要设计难题是如何以"中国尊"为主题，创作出既与首都历史风貌相和谐，又面向未来、富有动态和创意的首都新地标。

在从原标地概念方案中保留了收腰式的弧形轮廓处理之外，KPF设计思路从原标地方案的多个文化元素的融合，转变成对"中国尊"主题的抽象提炼，形成渐变壳体的设计构架。经过对古代樽、觚青铜器艺术的深入解读和长期多方案的推敲，在塔楼不同尺度的设计中贯穿和演变应用。其中包括整体体量的塑造、顶底形态的延展和掏切、壳体肌理的收分雕刻、大堂和塔冠空间的室内外连贯演变和巨柱、门斗、把手等细节的动态塑造等。

设计成果展现出的效果既对称庄重又舒缓渐变，既与古都北京的典雅气质相融洽，又富有变化和动态，如图2.8所示。

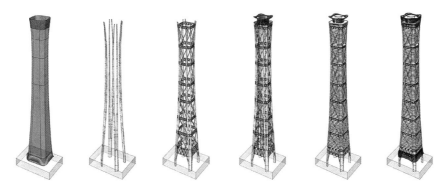

图2.8 设计成果图

施工方面，主要面临四大重难点，主要内容如下：

1.施工工期紧

中信大厦地下7层、地上108层，核心筒为钢板剪力墙结构，外框筒为巨柱和巨型斜支撑结构，总工期约65个月，是国内500m以上超高层建筑中工期最短的项目。同时，北京每年3月召开"两会"及雾霾治理，以及各种样板的施工确认、各种构件加工制作进场、各种材料和大型设备的采购进场、同一作业面上各专业间穿插施工及超高层施工中存在的技术难关等对总工期有较大影响。

2.施工零场地，平面管理困难

中信大厦与周围相邻地块工程处于同期建设，距离非常近，紧隔公共管廊，交通组织难度大。场区非常狭小，建筑物边线以外几乎无可用场地，对工程施工组织和平面管理提出了超高的要求。

3.垂直运输压力大

超高层建筑物施工中，垂直运输设备的运能是超高层施工的生命线，也是施工组织的瓶颈，本工程核心筒内电梯多达101部，但因工期紧，需在机电安装和装饰阶段提早施工才能满足工期目标，无法在核心筒内正式梯井布置大量施工电梯。

4.超高层施工安全管理难度大

施工中采用4台巨型塔式起重机同步作业，10台高速施工电梯，大型机械设备安全运行是超高层施工的关键。工程建筑高度达528m，楼层内作业人员高峰多达3800余人，施工过程中无正式消防设施可用，消防应急难度大。

第二部分　工程创新实践

一、管理篇

1.技术研发组织机构

技术研发组织机构包括三大部门：技术部、设计协调部、BIM管理部，由项目执行总工负责。主持编制项目施工技术方案、专项方案、技术措施和施工工艺等；负责指定分包工程的施工方案审核工作。主持施工详图设计和安装综合管线图设计，负责主持对包括指定分包工程在内的所有施工图的审核工作。主持图纸内部会审、施工组织设计交底及重点技术措施交底，负责审定分包专业图纸。

负责新技术、新材料、新设备、新工艺的推广应用工作。负责工程材料设备选型的相关工作。负责与业主、设计及监理单位之间的技术和设计联系与协调工作。主持项目计量设备管理及试验工作。组织项目结构验收与竣工验收工作。图2.9所示为项目技术研发组织机构图。

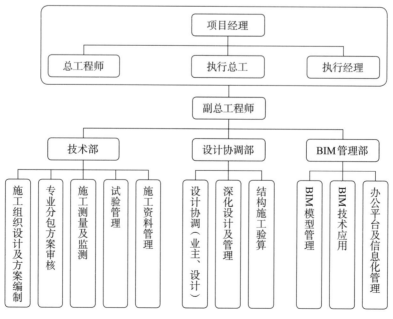

图2.9　项目技术研发组织机构图

其中，将深化设计进一步细分，由项目总工协调、项目副总工直接管理，负责总承包范围内的全部深化设计工作，负责与各专业分包人，以及机电总承包人及其各专业分包人、电梯承包人和擦窗机承包人的沟通和协调管理。具体组织结构如图2.10所示。

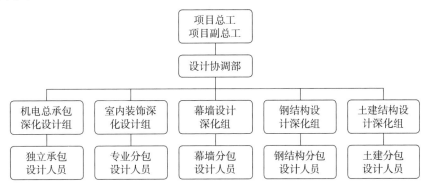

图2.10 深化设计人员组织机构图

2.管理制度

绿色施工管理主要包括组织管理、规划管理、实施管理、人员安全与健康管理、自评自检管理五个方面。

1）组织管理

（1）建立绿色施工管理体系，并制定相应的管理制度与目标。

（2）项目经理为绿色施工第一责任人，负责绿色施工的组织实施及目标实现，并指定绿色施工管理人员和监督人员。

2）规划管理

（1）编制绿色施工方案。该方案应在施工组织设计中独立成章，并按有关规定进行审批。

（2）绿色施工方案包含以下内容：

①环境保护措施，制定环境管理计划及应急救援预案，采取有效措施，降低环境负荷，保护地下设施和文物等资源。

②节材措施，在保证工程安全与质量的前提下，制定节材措施，如进行施工方案的节材优化、建筑垃圾减量化、尽量利用可循环材料等。

③节水措施，根据工程所在地的水资源状况，制定节水措施。

④节能措施，进行施工节能策划，确定目标，制定节能措施。

⑤节地与施工用地保护措施，制定临时用地指标、施工总平面布置规划及临时用地节地措施等。

3）实施管理

（1）绿色施工应对整个施工过程实施动态管理，加强对施工策划、施工准备、材料采购、现场施工、工程验收等各阶段的管理和监督。

（2）应结合工程项目的特点，有针对性地对绿色施工做相应的宣传，通过宣传营造绿色施工的氛围。

（3）定期对职工进行绿色施工知识培训，增强职工绿色施工意识。

4）人员安全与健康管理

（1）制定施工防尘、防毒、防辐射等职业危害的措施，保障施工人员的长期职业健康。

（2）合理布置施工场地，保护生活及办公区不受施工活动的有害影响。施工现场建立卫生急救、保健防疫制度，在安全事故和疾病疫情出现时提供及时救助。

（3）提供卫生、健康的工作与生活环境，加强对施工人员的住宿、膳食、饮用水等生活与环境卫生等管理，不断改善施工人员的生活条件。

5）自评自检管理

（1）自检制度

①周检：本工程中相应责任人对其负责的专业或区域，进行周检，对不符合绿色施工的行为和节能降耗不达标的专业进行整改并做好记录。

②月检：本工程绿色施工现场负责人每月统一组织一次绿色施工的现场检查，各专业责任人和各分包单位参加，根据检查结果将整改落实到具体责任人。

（2）自评制度

①对照本导则的指标体系，结合工程特点，对绿色施工的效果及采用的新技术、新设备、新材料与新工艺，进行自评估。

②成立专家评估小组，对绿色施工方案、实施过程（从项目开始至竣工），进行综合评估。

根据周检和月检的结果对本项目的绿色施工情况进行评估，各负责人进行自评估，将评估结果汇总至"四新"施工评价表和工程现场绿色施工评价表。

3.重大管理措施

1）工程总体施工组织

工程总体施工组织重难点包括：工期进度管理、施工平面组织管理、超高层施工的垂直运输组织、工程总承包管理、超高层施工安全管理，详见表2.6。

工程总体施工组织对策表　　　　　　　　　　　　　表2.6

序号	施工重难点	难点分析	施工对策
1	工期进度管理	（1）中信大厦工程总结构层数为108层，核心筒为钢板剪力墙结构，外框筒为巨柱和巨型斜支撑结构，施工周期较长。 （2）工程功能复杂，专业分包和指定分包单位众多，对工程后期进度提出较高的要求。 （3）工期非常紧，仅为1381个日历天，经历4个冬季、4个春节。同时，在北京每年3月召开"两会"，政府对在建工程予以管制，对总工期影响较大。 （4）影响工期进度的因素主要有：各种样板的施工确认、各种构件加工制作进场、各种材料和大型设备的采购进场、同一作业面上的各专业间穿插施工及超高层施工中存在的技术难关等	（1）除了沿用地下阶段2台M1280D塔式起重机外，再增加2台M900D塔式起重机，提高材料和构件的吊运能力。 （2）合理安排核心筒和外框筒垂直交叉施工，采用先进的智能顶升钢平台和不等高同步攀升施工工法，加快主体结构施工进度。 （3）尽早完成幕墙封闭，合理穿插机电和装饰施工。 （4）提前预控，加强气象资讯的收集，编制专项的季节性施工方案和应急预案。 （5）提前确定样板施工及验收计划（过程中重点协调业主及设计方），跟踪各构件、材料及大型设备的采购进场时间，制定详细的各专业接口施工计划，做好总承包管理，对超高层施工中的技术难点提前进行攻关等
2	施工平面组织管理	（1）场区非常狭小，建筑物边线以外几乎无可用场地，对工程施工组织和平面管理提出了超高的要求。 （2）与周围相邻地块工程处于同期建设，距离非常近，紧隔公共管廊，交通组织难度大	（1）在东西两侧纯地下室顶板上布置钢平台作为钢构件和材料的转运场地。 （2）新增加的M900D均选用64m臂长。借用光华路直接进行材料卸车。 （3）由计划平面部负责，强化总承包的平面协调管理，根据阶段性施工内容的变化，统筹规划人流组织、平面规划和安全管理工作。 （4）建立与管委会和相邻地块业主及其施工单位之间的沟通机制，同时加强材料及设备进出场的计划管理
3	超高层施工的垂直运输组织	（1）超高层建筑物施工中，垂直运输设备的运能是超高层施工的生命线，也是施工组织的瓶颈。 （2）本工程核心筒内电梯多达101部，但因工期紧，需在机电安装和装饰阶段提早安装才能满足工期目标，无法在核心筒内正式梯井布置大量施工电梯	（1）合理布置垂直运输设备，除了4台大型动臂塔式起重机外，在核心筒内设置10台临时施工电梯，以保证各施工阶段的材料和人员运输。 （2）提前穿插安装14部正式电梯并在机电和装饰施工阶段投入使用（2部业主专用），以保障大量的机电管线和装饰材料运至各个楼层。 （3）核心筒内的钢楼梯尽快随着楼板安装完成，解决部分材料和小型机具在上下几个楼层之间的搬运

续表

序号	施工重难点	难点分析	施工对策
4	工程总承包管理	本工程为超高大型项目，专业分包众多，除了总承包施工范围内有多个专业需要分包外，还有业主指定总承包管理的主要专业承包商5个，业主指定总承包照管的独立承包商3个，多专业、多工种的交叉管理、立体作业情况多，施工总承包管理、协调管理及照管管理工作将是重点之一	（1）建立完善的总承包管理体系，制定专项管理制度。加强过程管理与协调，加强检查，严格奖罚。利用先进手段强化管理。 （2）由设计协调部负责，加大总承包深化设计管理和设计协调能力。 （3）由机电部和装饰部协调业主对各专业分包商及时招标，协调组织各专业分包人员进场，并协调解决专业之间矛盾的问题。 （4）制定总承包专项管理制度及奖罚措施，总承包对各专业分包安全管理、质量控制等管理执行一票否决制。 （5）成立协调管理小组，对大型机械设备进行统一协调和运能调配，确保各专业单位协同施工
5	超高层施工安全管理	（1）采用4台巨型塔式起重机同步作业，设置10台高速施工电梯，大型机械设备安全运行是超高层施工的关键。 （2）工程建筑高度达528m，楼层内作业人员高峰多达2800余人，施工过程中无正式消防设施可用，消防应急难度大	（1）实施安全垂直监管体系。 （2）完善安全监督管理责任，充分赋予安全员监督管理权力，促进安全一票否决制。 （3）由大型设备管理小组对大型设备直接协调和管理，对设备操作人员进行定期培训，对设备进行定期保养，确保设备安全运行。 （4）内筒采用先进的智能顶升平台，外框筒巨柱采用液压爬架，同时在架体下方设置硬质水平防护。 （5）整个大楼在施工阶段设置了4个消防水箱

2）土建工程施工

土建工程施工重难点包括：钢板剪力墙结构施工，大体积、超高层泵送混凝土施工，超高层施工测量与监测，核心筒模架施工技术，详见表2.7。

土建工程施工对策表　　　　　　　　　　表2.7

序号	施工重难点	难点分析	施工对策
1	钢板剪力墙结构施工	本工程核心筒剪力墙在底部区域（F046以下）采用的是内置单钢板。在中间区域（F046~F103）采用的是内置钢暗撑，其截面形式为H形截面。在顶部区域（F103以上）采用内置单钢板。钢板剪力墙施工具有以下难点： （1）暗柱、暗梁、连梁等部位钢筋密度大，剪力墙钢板与结构纵向受力钢筋、箍筋、拉钩等相互交错，施工难度非常大，绑扎工效极低。	（1）由设计协调部和BIM管理部提前对节点部位的钢筋、钢板进行施工模拟放样，深化节点区连接形式，采取设置连接钢板、钢筋连接器、穿孔等相关措施，保证钢筋与钢板、钢连梁的交叉施工顺利进行。 （2）适当优化墙体箍筋、拉钩形状，确保在满足设计要求的前提下，方便现场施工。 （3）提前在智能顶升钢平台规划墙体混凝土下料点，设置下料串筒配合浇筑，确保混凝土浇筑顺利进行。

续表

序号	施工重难点	难点分析	施工对策
1	钢板剪力墙结构施工	(2) 钢板将混凝土剪力墙分成两面，混凝土浇筑施工组织难度大，浇筑速度和质量受到较大影响。 (3) 由于钢板墙体长，钢板刚度大，墙面裂缝控制是难点	(4) 采用低水化热水泥、降低混凝土入模温度、加强混凝土养护措施，尽可能减少墙体裂缝的出现
2	大体积、超高层泵送混凝土施工	(1) 本工程混凝土泵送高度达528m，巨柱内灌C70～C50混凝土；核心筒剪力墙为C60/C50混凝土；单次浇筑方量大。 (2) 混凝土泵送难度大，一泵到顶，对混凝土泵送性能及泵送设备性能要求高，对超高压泵管布置及固定稳定程度要求高。 (3) 剪力墙最大厚度达1200mm，巨型柱截面面积最大达64m²，混凝土标号高达C70，均属于大体积高强混凝土，施工质量控制是关键。 (4) 混凝土超高层泵送施工牵涉公共资源广，参与人员多，对施工组织管理要求高	(1) 采用出口压力达48MPa的超高压混凝土输送泵，配置12mm厚150A型高强耐磨输送泵管，满足大方量、超高层混凝土施工的需求。 (2) 地上混凝土施工时，同一时段核心筒、外筒、水平楼板均在不同高度浇筑，合理布置泵管及布料机。 (3) 根据泵送高度，优化配合比，保证强度、良好的和易性，降低粘度，保障混凝土的超高泵送。 (4) 优化超高压泵管布设方案，以降低泵送出口背压、少用弯头、避让交通通道为原则进行合理布管；泵管在弯头等容易发生堵管、爆管的位置加强固定，保证超高压泵管在工作状态中的稳定性。 (5) 优化大体积混凝土施工配合比，采用低水化热水泥以降低混凝土入模温度，及时加强墙、柱的保温、保湿养护，并适时进行内外温差监测，确保大体积混凝土施工顺利。 (6) 制定混凝土超高层泵送制度，严格把控施工过程，保证施工连续性，确保混凝土超高层泵送施工安全可控，保证施工质量
3	超高层施工测量与监测	(1) 超高层结构施工过程中，垂直度、轴线等施工控制测量难度大。 (2) 外立面为曲线造型，构件折角多，每层尺寸均有变化，对测量提出精准控制要求。 (3) 建筑物自身荷载非常大，受日照、风力等影响大，施工过程中给结构带来明显的压缩变形，因此，施工过程中的性态监测也是本工程的重点	(1) 配备先进的测量仪器，成立专职测量小组，确保控制网投测精确。 (2) 针对曲线造型和折角变化的构件，结合BIM技术进行三维放样测量定位。 (3) 编制专项结构性态监测方案，对施工过程中的结构变形进行跟踪监测，并及时与设计单位反馈变形数据，确保大楼变形处于受控状态
4	核心筒模架施工技术	为了确保工期目标和结构施工安全，本工程采用多支点智能顶升钢平台，该平台具有重量大、施工速度快、运行稳定的特点，核心筒模架系统是本工程结构施工的关键点	(1) 安排专业力量，对智能顶升钢平台系统、顶升系统、中央控制系统、模板挂架系统进行专项设计，确保安全。 (2) 优化智能顶升钢平台系统结构，在确保安全的前提下，尽量提供高的工作面，确保钢筋绑扎、钢板墙安装、模板安装、混凝土养护适当立体交叉作业，提高核心筒体结构施工速度。

续表

序号	施工重难点	难点分析	施工对策
4	核心筒模架施工技术		(3) 模板系统采用钢模板体系, 科学排板, 确保墙体变截面施工顺畅, 提高核心筒混凝土施工观感质量

3) 钢结构工程施工

钢结构工程施工重难点包括: 钢结构平面组织协调与管理, 钢结构立面施工流程与组织关系, 复杂钢结构分段分节及深化设计, 大跨度桁架、巨型钢柱及悬挑钢结构安装, 复杂钢结构焊接施工, 钢结构测控及变形监测, 详见表2.8。

钢结构工程施工对策表   表2.8

序号	施工重难点	难点分析	施工对策
1	钢结构平面组织协调与管理	(1) 工期紧、构件多、体量大, 堆场规划与布置是重点。 (2) 随楼层施工, 机具转运与堆放是重点	(1) 拟在塔楼东西两侧设置钢平台, 主要作为吊车站位、钢构件堆放以及钢构件拼装场地。所有构件在光华路或钢平台进行卸车, 同时在北京周边设置场外堆场。 (2) 施工过程中, 需有4台电加热机房、6个焊机房 (如干气笼和空压机) 以及3个螺栓箱需要随楼层上升, 智能顶升钢平台上放置两个焊机房以供核心筒焊接使用, 内外筒之间设置4个平台, 每个平台放置1个焊机房和1个电加热机房, 随楼层施工放于钢梁上方, 3层转移一次
2	钢结构立面施工流程与组织关系	(1) 钢板墙与智能顶升钢平台立面施工关系是施工重点, 核心筒楼层梁须滞后施工。 (2) 首道斜撑和桁架施工与巨柱立面组织关系是施工重点。 (3) 钢结构整体施工顺序受工序交叉影响	(1) 地上主塔楼大多层高为4.5m, 智能顶升钢平台每次爬升高度为一个层高, 钢板墙分段高度为4.5m。核心筒楼层间的钢梁待墙体施工完成后利用平台下方安装电动葫芦或拔杆将钢梁吊装就位。 (2) 地面外框柱施工相对独立, 在F006层以下外框筒和核心筒分别独立施工, 且领先于钢梁, 并在首道桁架施工时巨柱施工至上弦以上。桁架施工顺序为先下弦再上弦, 最后进行腹杆的施工。 (3) 钢结构施工内容包括巨柱、核心筒、雨篷以及塔冠等, 核心筒优先施工, 每层一节, 随后进行核心筒的混凝土结构施工, 巨柱施工两节后进行腔体内部混凝土浇筑
3	复杂钢结构分段分节及深化设计	(1) 分段分节需考虑复杂节点受力, 保证结构本身安全及施工阶段安全, 保证焊接操作空间, 方便制作、安装。 (2) 避免焊缝交叉、重叠, 减少应力集中及现场焊接量。 (3) 考虑土建、机电等各专业工艺要求。	(1) 进行有限元分析, 利用Tekla Structures软件进行三维实体建模, 分段点应避开应力较大且集中位置, 保证结构安全、可靠, 巨柱分段高宽限值为3.5m×4.5m, 巨柱均未设牛腿。 (2) 组织深化协调会, 综合考虑各专业对分段分节的工艺要求; 根据运输条件、尺寸限制及吊重确定构件分段, 针对大而薄的构件增加临时措施防止运输变形。

续表

序号	施工重难点	难点分析	施工对策
3	复杂钢结构分段分节及深化设计	（4）满足运输对长、宽、高的限制要求，防止运输变形，并且考虑塔式起重机性能，满足起重要求	（3）分段分节优先保证结构安全，分段后进行施工模拟分析，复核结构安全性，分段分节方案须经设计批准后方可执行
4	大跨度桁架、巨型钢柱及悬挑钢结构安装	截面超大、内部结构复杂的田字形巨柱安装、形式复杂悬挑塔冠安装、弯扭箱形构件组成的超大悬挑裙摆安装是本工程的难点	（1）本工程F001~F006巨柱为4根巨大异形截面，将其分为4段（两个工字形和两个十字形构件），优先安装田字形构件再进行工字形构件的安装。 （2）在F007层以上4根巨柱变为8根田字形构件，构件最大尺寸为5.5m×4m，为避免竖向焊缝，在满足吊重的前提下将巨柱进行横向分段。 （3）在F103层以上及F006层以下存在悬挑的塔冠和裙摆结构，根据受力情况在F103层楼面和首层楼板分别预埋胎架埋件，楼层施工完成后进行胎架安装，胎架安装完毕后再分段进行塔冠和裙摆的安装，焊接完成后经计算对胎架进行模拟分析，卸载过程中实时监测
5	复杂钢结构焊接施工	（1）复杂"多腔体巨柱"、桁架、斜撑和钢板墙的分段分节影响钢结构焊接操作及质量。 （2）腔体内纵横隔板交错，空间狭小，焊接作业空间受限，施工安全及质量保障难度大。 （3）节点焊缝集中，焊缝较长，焊前约束薄弱，焊接变形大，焊接残余应力控制难，各别构件分段后现场存在无法焊接的部位	（1）根据吊重和运输尺寸进行分段，分段处保证易焊接操作，焊接变形较小。采用爬升式焊接操作平台，减少耗时。 （2）焊接前采用电脑自动控温技术和电加热技术，焊工操作前进行焊接工艺评定并取证上岗。设置焊接约束板、焊接约束支撑，自由端设置缆风绳、千斤顶，同时焊缝处设置焊接约束板。 （3）采用同步对称焊接技术、分段分层退焊、分段跳焊技术结合的方法进行超长焊缝的焊接，合理安排焊接顺序及焊接方向。遵循由中心向四周、先立焊后横焊的焊接顺序
6	钢结构测控及变形监测	（1）控制网的建立与传递是测控的重点。 （2）核心筒钢构件与巨柱测控是本工程施工的关键。 （3）施工期间结构变形、风以及日照温度等是测量考虑的必备条件。 （4）施工期间沉降观测和钢材与混凝土之间不同的变形压缩监测是施工的难点	（1）地上钢结构施工采用内控法进行施工，避开钢梁将控制点投射在核心筒外部，随着楼层的升高，将测量操作平台布设于核心筒四角，利用后视法测量外框钢结构。利用激光铅垂仪传递水平控制网。 （2）将全站仪架设智能顶升钢平台顶部，并形成回路，利用后视法测量核心筒内钢板墙，并在智能顶升钢平台下弦拉线锤以控制钢板墙的垂直度。 （3）施工测量期间尽量保证在无风的基础上，同时根据日照及温度考虑热胀冷缩的影响，对测量进行控制。 （4）每隔10层对钢柱和核心筒墙体设置基准点，以后每施工10层对标高进行记录，对比理论设计标高和实际标高相差数值；同时，每个月对相同部位进行监测，分析压缩变形；最后通过钢结构制作以及混凝土楼板浇筑进行调差

4）装饰装修工程施工

装饰装修工程施工重难点包括：幕墙空间定位复杂；装修材料的垂直运输和组织管理；装修材料样品选择确认与样板施工；门种类繁多，深化设计协调工作量大；详见表2.9。

装饰装修工程施工对策表　　　　　　　　　　　　表2.9

序号	施工重难点	难点分析	施工对策
1	幕墙空间定位复杂	由于本工程外筒并非一个等截面的筒体，而是在中部截面收缩再扩展的变化过程，幕墙装饰面随主体结构造型相应变化，幕墙空间定位复杂、难度大	（1）幕墙设计与钢结构设计同步协作进行，使用同一个模型，幕墙与主体钢结构的每一个连接点均预先精准确定出来。 （2）幕墙与主体钢结构的连接件由幕墙承包商委托钢结构制作厂与主体钢结构在工厂同期制作，经幕墙承包商驻场监造人员验收合格后运至现场。 （3）随着现场主体钢结构按顺序逐节吊装，用于幕墙与主体钢结构连接的连接件也一一就位。 （4）幕墙与主体钢结构的连接定位问题解决后，即可按部就班地安装幕墙框架体系和单元板块
2	装修材料的垂直运输和组织管理	（1）装修材料种类多、数量大，施工人员多，垂直运输组织管理难度大。 （2）楼层内施工人员多（装饰最高峰人员就将达到1200人以上），材料运输量大（如：仅60层以上部分，地砖12000m²、防静电地板44000m²、门642樘等）	（1）按照总包统一安排，大宗材料运输在夜间进行。 （2）人员上下运输分时段安排，将上下班时间错开，以减缓电梯压力。 （3）减少电梯停靠楼层数，减少电梯停靠时间，提高施工电梯使用效率。 （4）在施工电梯拆除前将大宗材料提前运送至施工楼层，后期装饰施工时仅使用部分正式电梯进行施工人员及零星材料的运输
3	装修材料样品选择确认与样板施工	本工程装修面层材料种类繁多，按照技术规格书要求，主要面层材料均需要提前选择确定样品，主要装修做法和有特殊性能（隔声、吸声、耐磨、防水等）要求的做法需要在现场完成施工样板，以供现场检测确认	（1）材料选样定样。施工前将组织厂商提供符合设计与规范要求的优质材料样品，在定样之后按样品组织供货。 （2）材料样板施工。各单项工程开工之前，在现场选取合适的部位做实物样板，通过实物样板间进行性能与质量检测，经各方验收通过后方可组织大面积施工。 （3）制定详细的现场样板施工计划与管理措施，并严格落实
4	门种类繁多，深化设计协调工作量大	由于各种门材质多，功能要求不一样，门框固定于墙面装饰面层做法各异，标段界面门框墙面装饰归属不同施工单位，总承包人需提前全面考虑，协调各方协作完成深化设计与装饰面层收口处理	（1）对门窗表逐一复核、编号，落实门框材质、厚度尺寸、安装于墙体的位置关系、墙体两面装饰面层做法、归属、有无内置线管等。 （2）根据门框立面尺寸和厚度尺寸，倒推确定墙面装修厚度预留尺寸、墙体施工厚度、门洞预留尺寸和可吸收的最大允许偏差，并由各方书面确认，现场各道工序严格遵照落实，以确保门框到场后能顺利安装。 （3）门厂深化设计时根据五金厂家提供的预留开孔位置和尺寸，以及内置线管开孔需求，绘制出深化图纸，经提资各方书面确认，经设计方审批后下达工厂制作

5）机电工程协调管理

机电工程协调管理重难点包括：多专业深化设计及管线综合、超高层大型设备及管道吊装运输、组织机电调试、设备基础及管井封闭，详见表2.10。

机电工程协调管理对策表   表2.10

序号	施工重难点	难点分析	施工对策
1	多专业深化设计及管线综合	本工程机电功能齐全，系统繁多，管线密集空间狭小。设计标准高，深化设计工作组织、协调各专业配合难度大	（1）由总承包设计协调部统一部署各专业相互间的配合协调、图纸报送流程及与业主设计院联络沟通等事宜。 （2）要求机电总承包采用BIM模型技术，综合应用三维建模自动生成综合管线布置图，从前期结构预留预埋模型建立、施工阶段机电设备管道安装模型调改、后期调试运行及投入使用的模型跟踪，实现BIM模型全过程服务及监控。 （3）要求采用CAD软件依次协调开展预留预埋图、综合管线布置图、剖面及施工详图、机电末端布置图等深化设计工作
2	超高层大型设备及管道吊装运输	本工程设备层多，部分设备及管道外形尺寸大、重量重，设备垂直运输高度高（设备运输最高达515.5m），设备吊装的风险控制难度大。地下室设备集中、重量重，水平运输难度大（设备最重约23t，最大管径达DN1000）	（1）督促机电设备材料提前采购，制定进场计划。在不影响结构、幕墙施工工期的前提下，顺利将数量众多、重量超大的机电设备材料按时运输就位。 （2）协调机电总承包制定详细的吊装、运输、就位方案，保障楼层内设备及管道运输通道畅通。协调复核大型设备在楼层运输路线范围内的楼面结构承载能力，保证结构安全。 （3）组织协调各类机电设备吊装及场内运输，做到井然有序，保证垂直运输、水平运输通道的畅通
3	组织机电调试	本工程机电功能齐全，系统繁多，设计标准高，舒适度要求高。超高层对机电调试，尤其对空调、消防调试是一种挑战	（1）根据计划要求，提前确定调试小组，督促机电总承包编制详细的调试方案，并组织按批准的调试方案实施，负责机电调试组织协调保障。 （2）协助业主完善落实在完工前一年正式供电，并完成楼内各变电所的调试工作，给机电各系统调试打好基础。 （3）协助业主完善落实正式水源及雨污水的开通，满足系统调试的大量用水及冲洗。 （4）协调机电总承包提前一年完成消火栓的调试，使临时消火栓向正式消火栓转换，满足大厦的消防需要，并协调各专业消防联动提前半年开始
4	设备基础及管井封闭	本工程塔楼施工后期机电设备基础及管线洞口封堵的混凝土供应、浇筑、运输及管井支模存在很大困难	（1）组织对机房深化设计，设备材料提前采购，落实设备参数，出具设备基础图，随结构楼板一次浇筑。 （2）根据专业图进行管井深化设计，做出管井大样图，管线留洞跟随结构一次浇筑

4.体制机制创新点

1）工期管理

中信大厦项目于2013年7月29日开始施工，于2018年12月28日交付使用，工期约65个月，建造速度超过中国同类超高层建筑平均施工速度的1.4倍。项目采用以小时为颗粒度的方式，收集及分析各工序施工进展及相关影响施工进度的不利因素，形成施工进度管理基础数据，分析施工过程中影响进度的短板并制定应对措施。编制多层次计划，包括总体控制计划、年度计划、月度计划、周计划、日计划以及专项计划等。通过有效的进度管理，实现最快3天建造一个楼层，圆满完成了合同约定的各重大节点。

2）成本管理

施工过程中，项目部通过加强商务部与技术部、工程部及财务部的协调沟通，使得整个商务管理工作不仅满足经济性的要求，也满足施工进度安排。商务与技术联动，以技术创新、方案优化为重点，结合各施工方案成本，选择经济效益及技术效益最优方案，在保证项目质量的同时降低成本；商务与工程联动，根据项目现场施工工序及计划，对潜在影响现场施工的商务问题优先解决，为材料及设备进场提供支撑；加强与财务部门联动，严格执行合同关于进度付款的约定，建立专门的资金监管账户，做到专款专用，以此来监督分包对劳务及材料供应商的付款，通过对各分包单位及时付款及对其下游单位付款监督，为现场施工生产提供资金支持与保障，确保现场充足的劳动力及材料和设备，为项目履约添砖加瓦。

3）深化设计管理

中信大厦项目体量大、造型独特、结构复杂、系统繁多、科技含量高，项目采用"设计联合体+双总包（施工总承包和机电总承包）"的工程总承包管理模式，设计联合体由北京市建筑设计研究院有限公司作为设计总负责单位联合多家设计顾问公司组成。建设方作为工程总承包方，规范设计管理工作，明确两家总承包单位以及各专业承包商、分包商在设计协调工作中的职责和权利关系，建立了分工明确、职责清晰的组织架构。

在施工图设计阶段，由设计院整合各方需求，形成有效的施工图设计成果文件。除钢结构外，其余专业工程的深化设计比对应的施工计划日期要提前一年，即各专业工程开始实施时已经完成该专业的深化设计及专业间的协调工作。项目制定了建设全生命周期BIM技术运用的目标，要求各参建单位在施工图设计阶段利用BIM模型初步进行专业协同，审核施工图纸，从而在施工前，进行图纸升版，大幅减少施工过程中因碰撞、拆改及设备未选定而造成的浪费、工期延误、造价增大等问题发生的概率。根据统计，施工图设计阶段，共对设计单位完成五轮设计成果报审，由业主单位、顾问单位、施工单位提出的审核意见仅地下部分项目就达到11981项，其中对施工图的BIM模型复核24批次，解决了各种设计问题4959项，占比约41%。

二、技术篇

（一）超高层建筑建造关键技术应用

1. 中信大厦超深超厚大体积混凝土底板综合施工技术

1）研究背景

随着科学技术的发展和超高层建筑施工技术的成熟，越来越多的摩天大楼不断涌现，与此同时，超高层结构的跨度和复杂度得到了极大的提升。由于超高层建筑对基础的整体性及质量要求较高，据以往经验，施工时将面临以下三大难题：

一是施工组织难，在零场地条件下，为确保结构整体性，超高层建筑底板混凝土须连续浇筑。

二是大方量、高强度混凝土，裂缝控制难度大，水泥水化热高，温差控制难。

三是底板施工阶段预埋数量众多的高强锚栓，而且锚栓长度长，地脚锚栓精度控制难度大；超大面积柱底灌浆施工技术也是控制难点。

2）主要技术措施

（1）特大型钢柱脚锚栓群施工技术

为保证地脚锚栓群的安装精度，本节提出了一种锚栓自适应设计方法，该方法可以根据现场混凝土底板的分布钢筋位置，及时调整锚栓及锚栓支撑架的安装位置，确保锚栓的安装精度。

①建造说明

对于地脚锚栓的直接埋设法，为确定锚栓在钢筋网中的位置，通常将锚栓固定于锚栓支撑架中。图2.11所示为装配整体式锚栓安装支撑架，支撑架由三部分组成，分别为：可拆卸的首层横梁、支撑架主体以及独立柱。支撑架尺寸由混凝土底板的厚度以及地脚锚栓的尺寸确定。高强锚栓通过支撑架主体上的三道横梁固定于支撑架上。

受锚栓支撑架的约束作用，高强锚栓准确限定于支撑架之内，而且在散装支撑架安装完成之后将所有支撑架连成整体，形成整体锚栓支撑架群。这样就可以避免在钢筋绑扎作用或浇筑底板混凝土过程中产生的错位。此外，支撑架的独立柱和首层横梁设计为可拆卸的形式，也是为了方便底板分布钢筋的施工绑扎。

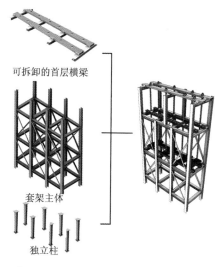

图2.11　锚栓安装支撑架的组成构造图

② 适应设计

通常情况下，地脚锚栓施工与钢筋绑扎穿插施工，交叉作业多，钢筋网的绑扎影响锚栓的定位，进而影响地脚锚栓的安装精度。采用自适应设计方法对锚栓支撑架进行设计，具体又分为：第一，水平自适应技术，在锚栓支撑架设计时将锚栓支撑架分为独立柱和支撑架本体两部分，如图2.12所示。独立柱施工时根据土建底板钢筋排布情况灵活调整独立柱的安装位置，保证独立柱施工与钢筋绑扎过程互不影响，待独立柱安装完毕之后，根据独立柱的位置布置锚栓支撑架本体的位置。第二，竖向自适应技术，结合可拆卸的首层横梁，锚栓在支撑架中的竖向位置亦可以根据底板分布筋的位置进行微调，确保锚栓与土建底板钢筋排布互不干涉。

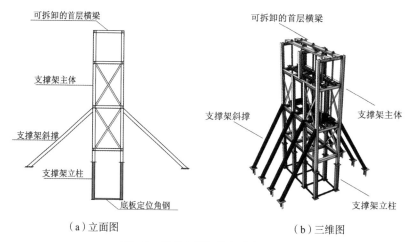

（a）立面图　　　　　　　　（b）三维图

图2.12　锚栓支撑架的自适应设计图

实际操作中，为避免安装过程中出现钢筋和锚栓支撑架之间相互影响，采用BIM技术对锚栓支撑架的安装过程进行模拟（图2.13）。通过三维模型综合协调完善底板分布钢筋、支撑架和地脚锚栓之间的接触关系。

（a）BIM模型图　　　　　　　　　　（b）现场照片

图2.13　地脚锚栓群和底板分布筋之间的关系图

（2）超深超厚大体积底板混凝土施工技术

中信大厦项目位于北京CBD核心地区，周边交通环境复杂。其基坑深38m，边线紧邻已完成的地下管廊结构，为零场地施工状况。为保证大体积底板的施工质量，塔楼区域6.5m及过渡区域4.5m厚底板需一次性连续浇筑，总方量约5.6万m³。

大体积底板混凝土性能要求高，本工程通过对比各家搅拌站配合比正交试验等，进行4轮比选，最终选定低热、低收缩、高抗裂性的单掺粉煤灰混凝土。现场浇筑采用溜槽、串管和车载泵结合的施工工艺和斜面分层浇筑法，通过严格的质量控制和现场组织管理，顺利完成一次性浇筑量达56000m³的底板混凝土施工。

（3）超大型结构底板灌浆施工关键技术

本工程施工前期进行了大量的市场调研以及试验分析，为二次灌浆施工提供了理论基础。对市场上各种型号的CGM高强灌浆料的流动性、膨胀性、抗压强度等指标进行了试验，通过试验数据对比后得出CGM-1灌浆料最适于本工程施工。随后又针对巨型柱底板大体量灌浆进行了现场灌浆模拟试验，以确保施工可以顺利进行。灌浆施工技术流程如图2.14所示。

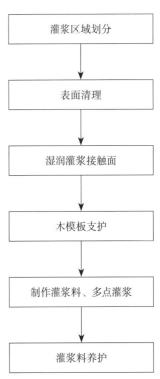

图2.14　灌浆施工技术流程图

3）实施效果

在施工期间，通过采用超大面积地脚锚栓群施工技术，并采取合理的施工部署和施工流程，优化配置资源，仅历时10天就顺利完成了2138根锚栓、165个锚栓套架的安装，总计起吊次数为253吊次，仅为逐根安装法起吊次数的11.8%。混凝土大底板浇筑后，锚栓最大误差为8mm，远低于预期控制值13mm，精度提高了1.62倍，且在安装地下室柱底板和剪力墙钢板的过程中，实现了"零扩孔"的预期目标。

底板混凝土采用大掺量粉煤灰的配合比，每立方米节约水泥约70kg，在大大降低施工成本的同时，利用粉煤灰的特性有效地改善了混凝土拌合料的和易性、密实性，使其有利于深基坑大体积混凝土的浇筑。此外，粉煤灰延缓了水化速度，减小了混凝土因水化热引起的温升，对防止混凝土产生温度裂缝十分有利。

串管+溜槽组合体系的使用大大提高了混凝土的浇筑质量及速度，与全部使用车载泵为主的浇筑方式相比，浇筑时间可节约约30小时。

中信大厦项目巨柱底板整体灌浆过程中浆料流动性较好，没有产生气孔。经养护后灌浆料抗压抗折强度均达到设计标准，并且成品表面平整度较好。灌浆过程一次成型有效保证了现场灌浆施工的质量，减少了返修率。同以往相似项目如117大厦项目、北京嘉德文化中心相比，中信大厦项目对结构灌浆区域进行了合理的划分，舍弃常用的人工二次灌浆而采取多点压力泵送灌浆，大大减少了施工时间，节约了大量的人力和材料成本。

4）技术先进性

超深超厚大体积混凝土底板综合施工技术已在中信大厦项目成功实施，并取得了良好的社会、经济效果，相关技术也已在其他超高层项目中成功应用。其综合技术的应用不仅能减少能源消耗、降低工程造价、节约施工工期，而且对改善结构性能、提高结构的安全性有着重要意义，同时也符合国家"四节一环保"的绿色理念。大体积底板混凝土超深泵送及串管+溜槽组合施工的实施，提升了国内超深基坑大体积底板混凝土的施工水平，也为国际大体积底板混凝土施工及相关技术的发展提供了新思路。

2.多腔体大截面异形钢结构制作安装施工技术

1）研究背景

随着中国经济的飞速发展，超高层如雨后春笋般呈现在人们面前，这些超高层建筑绝大部分均采用框筒结构，随着建筑高度的攀升，外框钢结构朝着巨型化发展，结构布置上可分为四巨柱式与八巨柱式结构，如天津高银117大厦项目，外框四角分布4根巨柱，巨柱呈双向0.88°向塔楼内部倾斜，巨型柱平面轮廓呈六边菱形，最大平面尺寸长11m、宽6m；广州东塔8根巨柱分布于塔楼四周，沿高度方向由四腔变为双腔，最后再变为单腔。在这些结构中巨型柱作为超高层的主要受力构件，在施工中应当扮演着主要角色，然而施工过程中由于巨型柱施工质量不容易监测、作业面狭小、不容易上下等因素，导致其施工质量得不到有效的控制。现行的理论研究往往解决不了巨型柱施工中遇到的情况，常常通过其他工程的施工经验并结合现场情况来解决问题，本项目巨型柱施工难点主要体现在以下几个方面：

（1）超大截面巨型柱深化设计中如何分段分节、制作过程中厚壁板如何折弯等。

（2）巨型柱超宽、超厚的焊缝如何保证焊接质量及如何控制焊接变形，巨型柱截面变化时如何调整焊接。

（3）巨型柱施工操作空间狭小，外围焊接难以搭设高效、安全的施工平台。

2）主要技术措施

（1）多腔体大截面异形柱深化设计

中信大厦外框巨柱整体设计为曲线结构，整个结构为下大、中细、上大的一个渐变曲线结构，地下巨柱为4根八边形多腔体组合结构，地下室巨柱及翼墙是由钢板组成的多腔体结构，其中巨柱共有13个腔体，截面面积达到63.9m²，是目前世界上最大的多腔体异形巨柱。

整个结构共有4根巨柱，分别为MC1、MC2、MC3和MC4，4根巨柱分布在主体结构的4个角部。在F007层（标高：43.350m）位置单根巨柱截面由八边形过渡为2根六边形，六边形巨柱最大截面为5500mm×4000mm，4根巨柱分叉为8根巨柱；在F017层（标高：90.250m）位置巨柱截面由六边形过渡为五边形，五边形巨柱最大截面为5380mm×4000mm；在F019层（标高：98.850m）位置巨柱截面由五边形过渡为四边田字形，四边形巨柱最大截面为4800mm×4000mm（图2.15）。

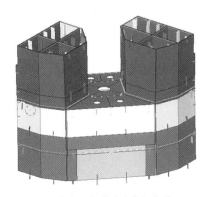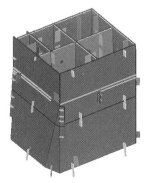

（a）八边形过渡为六边形　　　（b）六边形过渡为五边形　　　（c）五边形过渡为四边形

图2.15　巨柱截面过渡示意图

（2）基于"局部-整体"理论体系下的焊接数值模拟及现场实施验证

通过结合"局部-整体"的思想，先根据巨柱实际坡口形式建立三维实体局部模型，导入到SYSWELD求解并提取焊接变形结果，之后根据"焊接宏单元技术"将提取的结果插入到整体壳网格模型并运用PAM-ASSEMBLY求解，通过变更焊接顺序以及安装卡箍条件研究对焊接变形的影响，结合现场实际数据，最终确定了"内外组合、横立结合"的焊接顺序，降低焊后矫正时间，节省8.3%安装时间，显著缩短了工期，提高了工程效益。

（3）自适应巨柱单元组合式操作平台

巨柱截面变化较多，自上而下变截面达13次之多，给爬升架整体爬升带来很大困难。因此采用分片爬升、垫块过度、高空改造等方式解决巨柱变截面处过渡问题。该平台由附着支撑系统、折叠脚手架单元、提升系统、控制系统、防坠落装置组成，实现可伸缩、自爬升等功能（图2.16）。产品全部由工厂化预制、现场组装后使用。架体与巨柱附着点设置多点重力传感器，在提升过程中实时监测各点分配反力，保证提升过程的稳定、安全、同步性。

图2.16　自适应巨柱单元组合式操作平台现场实景

在架体高度范围内的巨型柱安装完成后，焊接操作平台架体向上爬升一节巨柱的高度。详细提升原理详见表2.11。

3）实施效果

项目采用厚壁板冷弯成型技术，大大减少了钢板组拼焊接工程量，构件翻身次数也显著减少。现场安装过程中利用自主研发的自适应巨柱单元组合式操作平台，通过附墙支承系统和自提升系统的结合，总爬升103节巨柱，高度达370m，满足了63.9m^{2}超大截面巨柱吊装、焊接，相较于常规的方法，每节巨柱平均节约工期1.5天，共减少工期150余天，综合考虑节约人工、机械成本等，为项目部节约成本1980余万元，为公司创造了巨大的经济效益（表2.12）。

提升原理明细表　　　　　　　　　　　　　　　　表2.11

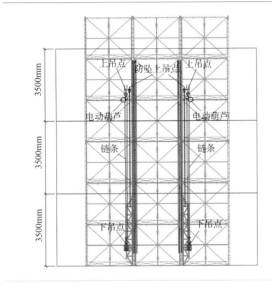

步骤一：
做好准备工作：预紧提升链条，检查吊点、吊环、吊索情况，星轮防坠落附墙支座情况和密封板情况，并对使用工具、架子配件进行自检

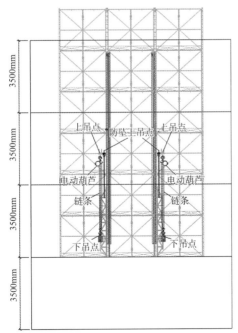

步骤二：
架体提升：启动电动葫芦，整体或部分分组提升架体，过程中应通过传感器注意各吊点受力情况

续表

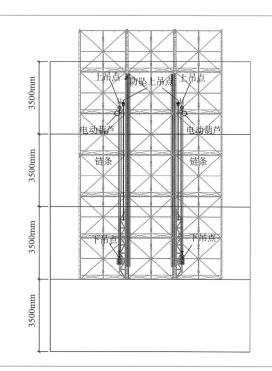

步骤三：
提升就位：提升至快就位时，安装上部附墙支座，将密封板全数封闭好后再及时全数上好定位扣件，当部分扣件位置过高时，应在其下加上垫高件。定位扣件全数固定上紧后，便可进行卸荷工作

节约情况表 表2.12

人工数（人/日）	节省工期（天）	设备（万/天）	
		塔式起重机	其他
10	10	2	1

合计＝节省天数×（人工数×日工资+日工期赔偿额+设备）
合计：150天×（10人×200元/天+10万元+3万元）=1980万元

4）技术先进性

巨型柱超厚壁板多采用多板焊接的形式进行组拼，大大增加了制作过程中焊接工作量及构件翻位次数，且难以保证因焊接变形导致的构件精度符合规范要求。

中信大厦巨柱制作过程中采用大尺寸60mm厚壁板冷弯成型技术，通过多组变量试验，掌握压弯线倒数、动模进给速度对冷弯成型内圆半径及弧长的影响规律，并通过多组复验，确定加工参数对成型结果的可复制性和一致性，确保成型圆弧尺寸误差在2%以内，保证巨柱对接冷弯成型圆弧处对接错口在1mm以内。

焊接施工中利用专业软件结合"局部–整体"思想有效对异形多腔体巨柱进行装配焊接模拟，通过修改整体模型焊接顺序进行模拟并结合现场实测数据，总结出一套"横立结合"的施焊顺序，有效降低了巨型柱的焊接变形，使得焊接错边满足规范要求，避免了焊后校正时间，节省了8.3%安装时间，可为同类型超高层异形多腔体巨柱焊接变形控制提供参考。

巨型柱截面巨大而且存在多次变截面，给施工中的安装、焊接带来了很大的困难。项目提出一种适用于不同阶段的施工爬架，该方法具有如下优点：

第一：爬升过程中对施工基本没有影响，只有在巨柱截面类型发生变化时或者巨柱截面尺寸渐变积累到单元爬架尺寸时需要使用塔式起重机改变爬架布置，很少占用塔式起重机，有助于加快工期的总体进度。

第二：与传统爬架相比，由于全系统均采用钢制材料，不再使用扣件、木走道、塑料安全网等易损材料，从而减轻了施工过程的维修用功，也杜绝了采用易损件带来的安全隐患。

第三：与传统爬架相比，由于走道板和外立面防护网均采用钢制材料模块化拼装，具有防火绝火的安全优势，杜绝了高空架体发生火灾的隐患。

第四：集成操作平台具有在地面快速组拼成模块、实现模块化吊装拆除的优点，不但可以加快防护进度，而且避免了高空拆搭的安全危险。

第五：走道板、防护翻板采用防滑花纹钢板，具有高强度、绝燃、耐冲击、经久耐用的特点，适用于超高层大型建筑巨柱及外墙的施工防护。使用一块钢跳板和钢跳板前沿安装活动翻板封闭集成架和巨柱之间的空隙，防止焊渣坠落，以利于安全施工。

3.混凝土内灌外包多腔巨型柱施工及监测研究

1）研究背景

本工程多腔体巨型柱结构特点：

（1）柱脚板超厚、面积大、形状复杂。

（2）巨柱腔体多（13个腔体）、截面大，腔体形状各异。

（3）巨柱腔体内构造复杂，隔板多孔，劲板隔板纵横交错。

（4）巨柱翼墙为双腔体，腔体净空小，与巨柱连接紧凑。

（5）巨型柱内设有穿水平隔板的竖向构造钢筋及箍筋网、钢筋混凝土圆形芯柱。

（6）外包及内灌C70高强无收缩自密实混凝土。

综合上述特点，本工程多腔体巨柱内部纵横隔板交错，钢筋排列密集，混凝土浇筑困难大。为有效保证巨型柱的施工质量，控制钢结构现场焊接应力，控制大体积高强自密实混凝土的温度裂缝和收缩裂缝，必须对混凝土内灌外包多腔体巨型柱的施工技术进行系统和深入的研究。

2）主要技术措施

（1）C70高强自密实高性能大体积无收缩混凝土制备技术

中信大厦项目采用复杂多腔体巨型钢管柱，柱内存在大量构造钢筋、栓钉以及纵横交错的隔板、加劲板、分腔板（图2.17）。巨型钢管柱内因此结构受力更加合理，但增加了施工过程中实现混凝土密实的难度，且巨柱内腔混凝土浇筑时高度较大，不能完全保证振捣棒达到满意的振捣效果。因此，采用自密实混凝土进行浇筑以保证混凝土的密实度。另外，复杂多腔体巨型钢管柱截面巨大，不仅存在混凝土浇筑后内部温度较高，里表温差较大时易出现温度裂缝的状况，还存在高强度等级混凝土的自收缩较大，造成混凝土开裂或与钢管内壁脱开的情况。因此，C70高强自密实高性能大体积无收缩混凝土制备技术和品质，直接决定了复杂多腔体巨型柱施工质量，其重要性不言而喻。

图2.17　大厦塔楼钢结构全景图

中信大厦复杂多腔体巨柱混凝土配合比设计：

①在试配工作中，结合华北地区水泥等材料特点，采用"普通硅酸盐水泥+超细矿物掺合料+高效减水剂+优质骨料+内养护材料"的技术路线进行了各种组合的配合比设计分析。通过合理控制混凝土自收缩值，保证组合结构工作性能良好。

②为了降低混凝土内部温升，在满足混凝土强度、耐久性的前提下，把水泥用量降低，采用大掺量活性掺合料技术，混凝土强度按照60天强度为依据评定。

③采用双级配，选用5～16mm连续级配碎石以及10～20mm连续级配碎石，掺用比例为3:7，以达到最低孔隙率，充分增强混凝土的密实度，增加强度，同时提高混凝土耐久性。

④利用正交试验通过粉煤灰对塑性粘度和分层度的影响确定采用微珠含量较

高的Ⅰ级粉煤灰。微珠可以减少毛细孔隙率和毛细孔尺寸，以改善过渡区的界面结构，增加混凝土的流变性，减小混凝土与泵管的摩擦阻力，提高泵送性能。

⑤为降低高标号混凝土水化热，在配比设计上采用P.O42.5水泥，且在保证强度的基础上尽量降低水泥用量。同时，选用优质矿物掺合料，使用Ⅰ级粉煤灰、硅粉等，混凝土28天强度不低于100%，充分利用矿物掺合料后期强度高的特点，在提高强度保证率的同时也提高了混凝土的体积稳定性。试配过程中，利用高吸水性树脂（SAP）作为内养护材料，在缓解混凝土自干燥、减小自收缩方面具有较好的效果，使得混凝土体积稳定性控制在400×10^{-6}m左右。

⑥使用缓凝型高性能外加剂，延缓混凝土凝结时间，减小坍落度、扩展度的损失，推迟水泥水化热峰值时间，使混凝土具有高流动性、高抗分离性和体积稳定性。控制混凝土的初凝时间控制在12～14小时，终凝控制在16～18小时，一方面延长了施工工艺的可操作性；另一方面，使水泥水化热的释放时间加长，达到水化热不能集中释放以降低混凝土内外温差的目的。

⑦根据配合比设计及混凝土技术要求，结合《自密实混凝土应用技术规程》JGJ/T 283—2012、《高强混凝土应用技术规程》JGJ/T 281—2012和《混凝土泵送施工技术规程》JGJ/T 10—2011等相关标准，从混凝土工作性能、力学性能等指标出发，通过调整胶凝材料总量、粉煤灰、矿渣粉用量，选用不同砂率、不同粒型级配碎石，进行一系列的原材料和混凝土配合比筛选试验，并根据各试验指标分析的结果，最终确定表2.13所示C70自密实混凝土基准配合比。

C70自密实混凝土基准配合比　　　　　表2.13

混凝土配合比（kg/m³）								
水	水泥	粉煤灰	矿渣粉	硅粉	砂	碎石	外加剂	SAP
160	360	180	0	35	760	850	1.70%	0.58

⑧利用"三一HBT9050CH-5拖泵"、380根3m长150A泵管、WIKA压力传感器、ICAR流变仪进行了1590m的盘管泵送试验（图2.18）。入泵坍落扩展度≥700mm，扩展时间T500≤5s，V漏斗试验≤12s，倒置坍落度筒排空时间＜4s，粘度控制在20～80Pa·s，含气量控制在1.0%～2.0%。最终通过1590m盘管泵送试验印证了C70混凝土的性能优良，同时发现并提出混凝土泵送过程中主要指标的变化趋势，积累了泵送经验。

（2）大截面多腔体巨型钢管柱自密实混凝土导管导入法施工方法

多腔体巨型钢管柱腔体内混凝土浇筑采用泵送导管导入、分腔对称下料、分层

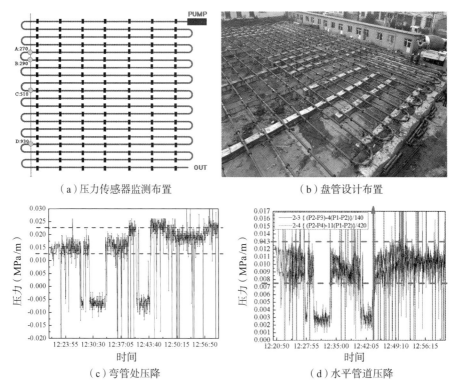

（a）压力传感器监测布置 　　　　　　　（b）盘管设计布置

（c）弯管处压降 　　　　　　　（d）水平管道压降

图2.18　盘管设计及监测图

浇筑、辅助人工观察、辅助振捣，保证混凝土浇筑密实。

柱内混凝土利用两台液压布料机采用导管导入对称交叉下料的方法，如图2.19所示。每段混凝土浇筑0.5～1m高后顺次交换浇筑点（表2.14）。

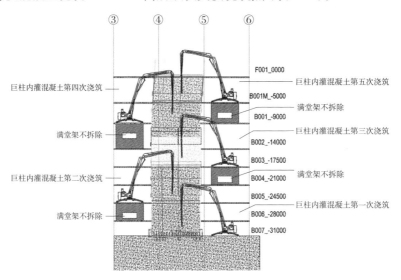

图2.19　巨柱腔内混凝土用液压式布料机浇筑示意图

浇筑顺序表 表2.14

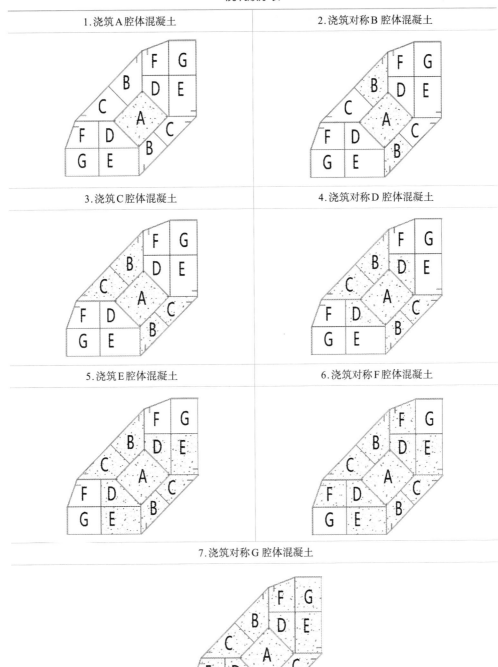

（3）多腔体巨型柱混凝土试验及检测技术

钢管混凝土柱由于构件构造原因，其混凝土浇筑质量很难进行准确检验。传统的声波法和压电陶瓷法均由于其检测准确性备受诟病，模拟试验柱无法准确模拟现场实际实施过程中的工况，另外成本较高。中信大厦项目外框筒采用复杂多腔体巨型钢管柱，内灌高强自密实混凝土，采用传统试验检验方法无法证明施工质量。需要设计出一套较为严谨的试验及检测方法，以获得更为准确的检验结论。

3）实施效果

中信大厦项目巨型柱内灌C70自密实混凝土采用导管导入法浇筑，从巨型柱检测成果证明柱内混凝土浇筑密实度良好，导管导入法提高了浇筑速度，保证了浇筑质量，取得了较高的创新价值，为类似工程起到了良好的参考意义。

4）技术先进性

中信大厦项目在工程实体进行试验，直观地检测出混凝土浇筑质量、混凝土与钢结构协调工作情况，同时动态监控了复杂多墙体巨型钢管柱内灌混凝土施工前后浇筑部位的结构安全性。作为一种对于钢管柱尤其是复杂多腔体钢管柱混凝土浇筑质量的有效试验及检测方法，解决了钢管混凝土柱浇筑质量检验评定困难的局面。

依托北京中信大厦项目，通过对其钢结构、混凝土、结构监测等方面的探索及研究，得出一套适用于超高层复杂多腔体巨型钢管柱的综合施工技术，在提高施工质量的同时，加快了施工速度。其主要经济效益体现在工效的提升，与传统施工方案相比，施工效率提升了10%。

4.封闭核心筒内钢结构安全高效施工技术

1）研究背景

本工程是世界8度抗震区唯一一座超过500m的超高层建筑，结构形式为巨型框架（巨柱、转换桁架、巨型斜撑组成）+混凝土核心筒（型钢柱、钢板剪力墙）结构体系。核心筒内构件由钢楼梯、水平钢梁、电梯井道钢梁钢柱等组成。该项目结构形式复杂，涉及较多专业交叉施工问题，为了确保工期目标和结构施工安全，采用了多支点智能顶升钢平台，并且附着两台M900D塔式起重机和两台自爬升M1280D塔式起重机。智能顶升钢平台的使用解决了超高层塔楼核心筒施工中常见墙体内收、空间不足、吊装需求空间大、安全要求高等施工难题，但同时带来了新的施工难点：

第一，本项目首次采用"塔机平台一体化"的新型智能顶升钢平台系统，虽然提供了一个安全便捷的施工空间。但是构成顶升模架的钢结构桁架、平台钢板、挂架、兜底形成较为密闭的体系覆盖于核心筒顶部，导致核心筒顶部空间完全封闭。

而核心筒内钢构件数量大、种类多，施工作业条件异常复杂。因此核心筒内钢构件的安装、焊接、校正等施工无法按照传统的塔式起重机吊装方式进行。

第二，根据以往采用顶升钢平台系统的超高层建筑施工经验，核心筒内构件通常采用"拔杆"等方法进行吊装。传统方法的吊装给项目施工带来很多困难：（1）由于核心筒内水平结构与竖向结构分开施工，在其内部形成上下通透空间，考虑上方坠物隐患，传统施工方法无法为工人提供一个较为安全的施工环境。（2）吊装人工需求量大且吊装效率较低，施工一层筒内钢梁需要10天左右，大大影响内筒施工进度。（3）核心筒水平钢梁进度无法保证，导致核心筒内外高差较大，影响整体结构稳定性。

2）主要技术措施

本工程由于智能顶升钢平台系统的应用，使得核心筒顶部完全封闭，核心筒内钢梁、钢楼梯等钢构件无法直接用塔式起重机吊装，因此本方案设计了一种自爬升式的硬质防护与行车吊系统集成一体的体系，用于核心筒区域施工的顶部防护和核心筒钢构件的吊装。硬质防护作为整个体系的承力结构支撑于核心筒墙体上，行车吊系统悬挂于硬质防护底部。

硬质防护与行车吊系统的提升采用设置于硬质防护下层的同步卷扬机进行，系统每次提升五个楼层的高度，最大提升高度为24.5m。硬质防护与行车吊系统首次安装于F003层钢梁位置，吊装完成下层钢构件后向上提升五个楼层的高度，即F007层，提升就位后，将硬质防护支撑主梁与核心筒钢梁埋件固定，然后进行下面楼层钢构件的吊装。

3）实施效果

中信大厦利用研发的一整套超高层建筑中核心筒内智能吊装设备和系统的核心筒内构件吊装施工方法，创新性地将硬质防护与行车吊系统进行组合，创造了三大经济效益：在安防措施方面，节约材料费46.08万元和人工费72万元；在机电预制立管施工方面，考虑人工和机械的综合成本，节省合同额409.5万元；同时，利用智能吊装设备和施工方法，相较于常规的拔杆方法，减少工期110天，节省约1463万元，为公司创造了巨大的经济效益（表2.15）。

4）技术先进性

整体顶升钢平台体系是专门对于高层建筑施工而开发设计的，最显著的特点是顶升速度快、操作方便、设计结构简单、整体稳定性高、高空作业的安全系数高、顶升平稳同步、纠偏简单、施工误差可逐层消除，使工程安全与质量得到了进一步保证。

经济效益统计表　　　　　　　　　　　　　表2.15

安防措施材料费		机电吊装合同额	人工费		
材料费（万元/吨）	1		人工数（人/日）		15
材料重量（吨）	2.56		节省工期（天）		110
组数（组）	18	409.5万元	设备（万元/天）	塔式起重机	2
人工数（人/日）	20				
提升次数（次）	20			其他	1
筒数（筒）	9				
合计=材料费×吨数×组数+人工费×人工数×提升次数×筒数 合计=1×2.56×18+20×20×20×9=46.08万元+72万元=118.08万元			合计=节省天数 （人工数×日工资+日工期赔偿额+设备） 合计：110天×（15人×200元/天+10万元+3万元）=1463万元		
总计			1990.58万元		

5.窗边风机盘管一体化装配技术

1）研究背景

近年来国家愈发重视超高层建筑绿色低碳及创新技术的应用，对于建筑施工的模块化提出了更高的要求。以往在建筑中使用的窗边风机盘管存在空间占用率大、机电与装饰界面施工工序繁琐等问题，亟须对窗边风机盘管进行更经济、合理的创新研究。

2）主要技术措施

采用风盘宽度为190mm，窗台板宽度由原设计的500mm缩减至288mm，可节省建筑面积约4770m²（表2.16）。

建筑面积节省表　　　　　　　　　　　　表2.16

安装空间	平均周长	标准办公层数	节省建筑面积
288mm	250m	90	$S=(500-288)/1000×250×90=4770m^2$

回风形式由侧回改为下回，回风过滤网从下端侧面抽出（图2.20～图2.22）。回风口对比见表2.17。

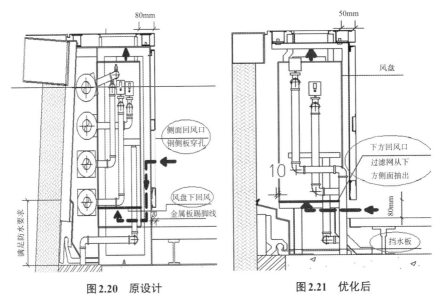

图 2.20 原设计   图 2.21 优化后

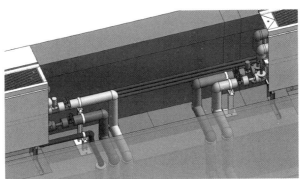

图 2.22 优化效果图

回风口对比表   表2.17

回风形式	需回风段的空间 （占用窗台板距离）	过滤网检修 形式	每台过滤网 个数	优缺点	过滤效果
装饰侧板回风	80～100mm	侧面抽取	2个	占用窗台空间大；过滤网检修需拆除窗台板后再检修	较好
下抽式回风	50mm	侧面抽取	2个	占用窗台空间小；过滤网检修时直接从下方抽出即可	较好

根据窗台风盘与窗台板设计方案，建议窗台板与窗台风盘采用一体化施工：

（1）责任主体单一，不存在责任交叉。

（2）以后维修，窗台板需承受上人的重量，且本大楼窗台板的跨度较大，使其施工难度增加，中间需要加支撑支架，如图2.23所示。

（3）窗台板安装与风盘安装施工交叉较多，施工过程中需要大量配合工作，采用一体化施工，由同一家单位进行施工，可以减少施工配合，从而节省施工期，减少工序交叉，增加工作效率，以达到节省工期的效果。

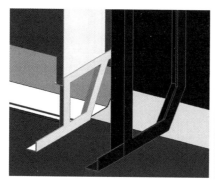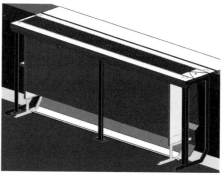

图2.23　效果图

3）实施效果

以往工程往往是窗台板与窗边风机盘管单独责任单位进行施工，使用厚度较宽的风机盘管，导致窗台板厚度增加。一体化窗台系统优化技术与之相比具有以下优点：

（1）节约成本。由原设计230mm的风机盘管在不影响性能的情况下，压缩至190mm，并将窗台板压缩至288mm，节约一体化窗台系统的占用面积，提高使用率。

（2）缩短工期。窗台板安装与风盘安装施工交叉较多，施工过程中需要大量配合工作，采用一体化施工，由同一家单位进行施工，可以减少施工配合，减少工序交叉，增加工作效率，以达到节省工期的效果。

6.核心内筒预制立管成套施工技术

1）研究背景

中信大厦项目位于北京市CBD核心区Z15地块，地上108层、地下7层，地上高度528m。在施工过程中，机电立管施工的工效以及质量难以保证，本工程部分竖井内管道（空调水管道、给排水管道、消防水管道等）采用预制立管施工技术。但由于预制立管施工与结构施工的交叉，会导致整体施工工期延长。

2）主要技术措施

本工程为首幢在抗震8度高设防烈度地区超过500m的超高层建筑，建成后作为北京市新的地标性建筑，社会影响大，施工技术复杂，技术先进性较强，科技含量较高，质量和安全管理要求极高。

项目竖向管线多集中于巨柱管井与核心筒管井内，由于巨柱管井建筑造型原因存在斜向角度，不适宜应用预制立管施工技术。核心筒内管井应考虑管井内管线种类、数量、连接类型及空间排布等多项因素，综合考虑后选用设01、设02、空调机房01、空调机房02四个管井采用预制立管施工技术。

3）实施效果

合同中原预制立管的管道安装共计约665.2万元。

预制立管施工补充管组支架、保温、阀部件安装等，共增加产值约1450万元。

技术进步取得的经济效益总额为87.8万元，其中：

（1）人工费用：工厂化预制保障了施工质量，大大地减少了返工率，减少人工投入13365/6×（6%-2%）×200×6=10.7万元。

（2）材料费用：预制立管涉及主材费用共计450万元，增加产值部分主材费为1120万元，采用工厂化预制，将材料损耗由原来的4%降低至1%，共节省材料费（450+1120）×（4%-1%）=47.1万元。

（3）机械费用：传统施工工艺须将材料吊运至楼层，采用施工电梯或者人工方式将管材运至安装楼层。采用预制立管施工将不占用施工电梯且基本上无人工材料运输。此部分节约垂直运输及机械费用约为30万元。

以上技术进步效益总计：10.7+47.1+30=87.8万元。

4）技术先进性

预制立管施工技术在国外已有多年的实际应用，但在国内却应用贫乏。中信大厦项目核心内筒预制立管成套施工技术在借鉴了上海环球金融中心项目做法的同时，做了相当大的改进。

上海环球金融中心项目预制立管位于外框，施工与结构施工同时进行。本项目预制立管位于核心内筒，结合项目实际情况，颠覆性地采用预制立管后于结构施工的工序安排。结构施工至上部后，预制管组通过塔式起重机及卸料平台倒运至相应楼层，通过楼层能水平转运至管井位置，然后通过行车吊完成预制立管的垂直吊装。采用此种施工工艺，避免了预制立管施工与结构施工的交叉，最大限度地缩短了整体施工工期。

本项目预制立管施工高度为国内最高，施工难度巨大，涉及相关专业多。中信大厦项目核心内筒预制立管成套施工技术可作为超高层预制立管施工的标杆，具有非常好的推广前景。

（二）智慧建造关键技术应用

1.超高层建筑智能化施工装备集成平台系统应用技术

1）研究背景

超高层建筑施工主要依赖模板、脚手架、塔机、施工电梯、混凝土布料机等设备、设施。近三十年来研发人员将模板与脚手架进行整合，先后形成了滑膜、爬模、提模、顶模等多种模架装置。同时，以模架为核心配合相关设备、设施形成了不同的超高层建筑综合施工技术，使施工的速度、安全、适应性、机械化程度大幅提升。然而随着施工实践的不断积累，上述综合技术仍存在很多亟待解决的问题：

首先，垂直运输的问题仍然是困扰超高层施工的主要问题，材料、设备、人员的运力不足依然是施工降效的主因。

其次，各类设备设施在选型、布置、协同施工仍存在较多冲突，一方面降低了设备能力发挥，同时还为施工带来很多安全隐患。

再次，目前的装备尚不足以提供充足的作业面与交通，降低了超高层建筑多工序同步流水施工功效。

然后，超高层建筑需要在数百米的高空作业，强风作用下，设备的承载力及抗侧刚度面临极大的挑战。

最后，随着超高层建筑结构日趋复杂，变化不断增多，各类设备、设施在应对结构变化时仍存在较大不足，有时甚至危及结构安全。

2）主要技术措施

（1）发明了一种利用2～3cm的约束素混凝土凸起抵抗上百吨竖向剪力的新型构造——承力件。通过在承力件上引入对拉螺杆，形成可同时承受数百吨剪力、拉力及数百吨米弯矩的微凸支点。

（2）发明了一种利用核心筒外围墙体支承的巨型空间框架平台结构，空间钢框架作为平台受力骨架，配合微凸支点平台可承受上千吨荷载、抵抗14级大风。

（3）发明了一种可以适应墙体内收、外扩、倾斜等复杂情况的新型自适应支承系统，从而使平台对结构变化的适应性大幅提升。

（4）发明了平台角部开合机构、伸缩机构等可变机构满足了核心筒结构变化及劲性构件整体吊装需求，从而使平台更好地满足结构变化及劲性构件施工的需求。

（5）全球首次实现了塔机与平台集成，较传统自爬塔机减少了埋件预埋、牛腿高空焊接、支承系统转运安装、塔机自爬升等工序，施工安全与塔机有效使用时间大幅提升，塔机投入大幅降低，建筑垃圾及施工污染有效减少。

（6）利用集成平台堆场、作业面及垂直运输优势，实现核心筒竖向结构各工序空间同步流水施工，无缝对接。实现水平与竖向结构快速同步施工。显著缩短施工工期，大幅提升施工工效。

（7）开发集成平台智能综合监控系统，实时监控平台应力、应变、平整度、立柱垂直度、风速、温度等信息，确保平台安全，可实现信息展示、查询、预警等功能。

3）实施效果

中信大厦核心筒平均面积为1250m²，根据地方定额及项目特点，每平方米建筑需消耗约6个工日，则每层消耗定额7500个工日，而在应用集成平台后，现场核心筒竖向结构施工投入土建（1班）300人、钢构（3班）180人共480个工人，实际每层消耗工日6720个工日，则每层可减少780个工日，总共可节省约92040个工日，折算成工期82天（平均每层施工周期6天）。另外，本项目将2台M900D塔式起重机同模架一体化集成，其爬升与模架顶升同步完成，根据施工安排可减少自爬升28次，折算节约工期56天。综合计算，可节约工期共138天。

采用该平台施工平均4天/层，与普通爬模相比（爬模施工平均5天/层），每层可节约1天工期，为满足施工要求一般选用3台塔式起重机（以M900D为例）、4台施工电梯（以SC200/200为例），每天可节约大型设备租赁费用4万元；可节约项目管理费用、场地、房屋租赁费用、水、电费用等共计8万元，每天共节约12万元。北京中信大厦项目（108层），共计节约108×12=1296万元，集成两台M900D塔式起重机在平台上，避免了塔式起重机附着预埋，节省了塔式起重机顶升等工期，可节约400万元，产生效益约1696万元。

4）技术先进性

通过施工智能集成平台的应用，中信大厦项目可实现6天一结构层的施工速度。塔式起重机一体化集成后可减少塔式起重机自顶升次数、降低钢埋件数量；模板、挂架均可周转使用。该技术的应用节约了原材料消耗，提高了施工质量和劳动生产率，减少了人力消耗，从而提高了能源的利用效率。平台操作面积约1800m²，将塔式起重机、施工电梯、布料机等大型设备集于一体，并设置材料堆场及周转场地、临时办公室、休息室、移动厕所、医务室、茶水间等办公及生活设施，大大减少施工场地的占用，减轻对施工场地周边环境的影响、降低施工污染。综上所述，该技术的应用具有良好的社会效益。

2.项目全生命周期BIM综合应用

1）施工难点及技术应用

中信大厦是国内首个采用全生命周期BIM应用的项目，其按照设计阶段全面介入、施工阶段深度应用、运维阶段增值创效的理念，减少规划、设计、施工、运营等各个环节之间的沟通。针对大厦造型独特、结构复杂、系统繁多、各专业深化设计重难点多、专业间协调要求高的特点，项目以BIM为平台将建筑规划、设计、施工、运营全生命期内的所需要各类信息数据整合到一起，采用这种三维模型为载体的高效而全面的信息化数据传递方式，加快了项目进度、缩短了项目工期，也为运维阶段的信息化、数字化建筑管理建立了良好的技术基础。

同时，中信大厦是国内第一个完全依据BIM信息同步设计管理并指导施工的智慧建造项目。在常规BIM应用基础之上，施工中利用BIM技术实现了大厦超精度的深化设计、超难度的施工模拟、超体量的预制加工、全方位的三维扫描等深度应用。大大减少了现场的拆改、返工，降低了成本，完美地诠释了节能减排、绿色建造的理念。

2）实施路线

BIM实施总体思路：拒绝重复建模，力争模型的复用和传递。以BIM促管理，最大限度提升大楼品质。实施路线如图2.24所示。

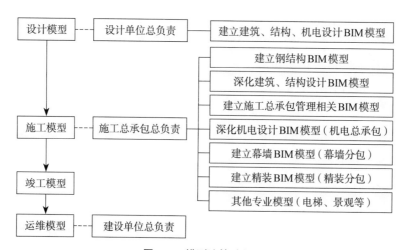

图2.24　模型流转过程图

3）实施效果及先进性

中信大厦造型独特、结构复杂、系统繁多，各专业深化设计重难点多，专业间协调要求高。项目以BIM为平台将建筑规划、设计、施工、运营全生命期内所需要的各类信息数据整合到一起，这种以三维模型为载体的高效而全面的信息化数据传递方式，加快了项目进度、缩短了项目工期、降低了项目成本，在诠释节能减排、主要应用点概念的同时，也为未来运维阶段的信息化和数字化建筑管理提供了借鉴。

项目各参与方全面应用BIM技术，完成了中信大厦建设全过程应用中BIM信息交换连续性的要求，在国内首次实现了BIM模型从设计到施工再到运营的流转和传递，避免了多次建模的资源浪费。采用BIM进行设计，在设计阶段及施工阶段累计发现12500余个问题，大量减少了可能发生的拆改和返工。据初步统计，现场变更数量较同类超高层降低了70%～80%（被动变更占比更低）。

在实施过程中，各参建方利用BIM技术在可视、协调、模拟的优势，有效地提高了设计质量和效率，提升了施工管理水平，促进了项目节能减排、绿色环保工作的开展。大量构件为场外加工或预制生产，有效减少了现场扬尘及污染，产生的建筑垃圾仅为LEED金级评定标准的10%。

3. 基于BIM+技术机电智慧建造实践

1）施工难点及技术应用

在应用初期，主要对工程各专业进行管线综合及碰撞检查，消除由于设计错漏碰缺产生的隐患，同时对重难点区域进行施工模拟，预先解决部分技术问题。随着应用的深入推进，BIM与项目管理的集成应用实现了对工程进度、质量安全、成本和物资的多方位管理。科学技术的创新与信息技术的高速发展，使得业主对建筑工程的设计、施工、管理、运营的要求越来越高。中信大厦项目在前期应用的基础上，中建安装针对超高层机电安装工程中管道安装工程量大、结构复杂等特点，进一步拓展创新，融合BIM+技术，解决了工程实际需求，形成了具有企业特色的BIM应用体系。

2）实施效果

巨柱边管井优化，首层大堂与复杂幕墙系统结合，大型冷却塔配合产品选型，分别节省组织专家论证、设计交底费共计：65万元。

BIM技术在设计及施工阶段合理化运用，节省人工投入共计：120万元。

中信大厦项目利用BIM综合协调管线，合理优化管井空间，节省办公面积3150m^2，为业主创造价值空间；中信大厦项目楼面价按10万元/m^2计算，实际为业主创造价值：3150m^2×10万元/m^2=3.15亿元。

中信大厦项目空调机房及弱电间工厂化定制及安装利用BIM模型，安装模拟技术交底，共计节省人工费、材料费、机械费共计：154万元。

中信大厦项目利用BIM建模，将窗台板安装方式向工人提前交底，节约安装时间，提高安装进度，共计节省人工费共计：146万元。

窗台板管径路由优化，将原先同层接管，改为下层接管，节省人工费、材料费、机械费共计：100万元。

累计经济效益为：120万元+154万元+146万元+100万元-65万元=455万元。

3）技术先进性

在以往项目中，对二维图纸中进行图纸审查，难以发现空间上的问题，基于BIM的图纸会审是在三维模型中进行，各工程构件之间的空间关系一目了然，通过软件的碰撞检查功能进行检查，可以快速发现错漏碰缺。在BIM技术对复杂空间方案优化方面，超高层建筑结构复杂，重难点区域是机电安装中的重中之重，利用三维可视化的优势，对模型方案预先调整，将空间紧张的区域合理排布以满足规范及检修要求，对宽松区域优化，增加建筑使用面积，为业主创造更多价值空间。

以往图纸精度无法满足预制加工要求、模块切分难度大、效率低下等问题难以推广应用。通过利用精确的BIM模型作为预制加工设计的基础模型，在提高预制加工精确度的同时，减少了现场测绘工作量，为加快施工进度、提高施工的质量提供了有力保证。

通过与BIM技术相结合，实现在施工单位进场前完成综合调整、所需管段提前加工完毕、方案预演等前期准备，在精确施工、精确计划、提升效益方面发挥着巨大作用。

在机电安装之前，传统的做法会先对现场土建结构实测实量，以免土建偏差造成机电安装的返工，但这种方式随机性大、容易遗漏、人工复核精度不高、复核所需的周期较长。中信大厦采用3D激光扫描技术进行现场扫描，该技术具有数据信息完整、无遗漏、精度高的优点，软件分析还可以生成各种可视化的图表，方便管理者迅速发现问题，及时制定应对策略。

4. 三维扫描点云技术与三维模型放样技术应用研究

1）研究背景

目前，施工现场的误差复测和现场放样还停留在传统的"尺量"阶段，大多以墙边、柱边为基准进行现场复测和放样，容易因为误差积累导致复测结果及放样工作偏差巨大，极易造成施工偏差及工程返工，影响施工质量和整体工期。

超高层建筑由于占地面积小、楼层高，施工作业面尤其是设备机房空间狭小，无法大面积展开施工。在机电工程施工前进行现场三维扫描，复核现场土建施工误差，及时调整设计、施工方案，避免施工交叉及反复拆改。施工过程中应用三维模型放样技术，精准地进行现场放样，从源头最大限度地减少施工误差。施工过程中应用三维扫描点云技术，对关键工序和施工过程进行施工误差的校核，及时调整施工误差，避免误差的积累造成管线交叉及返工。

2）主要技术措施

（1）现场扫描及放样前进行现场勘察，提前确认好控制轴线，考虑好扫描站点的架设。在进行扫描工作前，将标靶在可视条件良好的区域布设好。保障点云数据和BIM模型的叠加精度。

（2）三维激光扫描仪采集到的原始点云数据，通过扫描过程中布设的人工参考或自然参考自动进行整体拼接，完成之后对整体的点云数据进行去噪，剔除冗余数据，并和施工坐标系或现场轴网进行配准。

（3）现场真实的三维点云数据与设计BIM模型进行精确的配准后，利用专业的检测分析软件分析基础结构的整体偏差，色谱图通过颜色的深浅直观地显示出了具体偏差值。三维扫描仪的数据可以输出为RCP格式，把转换成的RCP点云数据直接导入Navisworks或Revit软件，局部点云数据与局部模型数据精确配准后，进行碰撞分析和施工错误查找。

（4）厂家与国内行业知名软件企业合作进行软件的开发和研究，及时解决软件中存在的问题，调整软件程序，以适应本课题的研究和开发工作。

（5）根据放样任务，选取合适的若干控制点，通过软件设置进行控制点、控制线或控制网的建立，复核后进行现场放样工作。

3）实施效果

通过前期厂家调研和现场实施对比，选择技术过硬、性价比高的设备厂家，协调厂家共同编制三维扫描点云技术与三维模型放样技术实施方案，做好课题的策划工作。实施过程中加强与厂家的密切协作，积极进行设备应用的研究、探索和开发，给工程项目带来直接的经济和工期效益。通过本课题的研究，克服现场传统复测模式和放样模式耗时长、精度差等弊端，提高复测的精度和效率。

4）技术先进性

与传统方法相比其技术先进性见表2.18。

技术先进性对比表　　　　　　　　　表2.18

BIM机器人放样	传统方法
1人即可完成	一般需要2~3人
自动整平，设站方便快捷	手动调节，受环境限制大
基于BIM模型，操作直观	需要图纸进行计算，抽象，易出错
一次操作锁定放样点	多次选择方可确定
操作简单，无需计算，无需专业测绘背景	手工计算轴线和距离，需要专业测绘人员才能操作

续表

BIM机器人放样	传统方法
同步实测，自动记录	人工记录数据
自动检查放样结果	再次放样复查

总结：使用放样机器人，结合BIM模型，进行高精度、快速的施工放样，解放了传统需要2~3人的人力。放样结果实时自动记录，并回传至云端，保证了施工能够与设计符合。应用BIM结合机器人，实现了BIM的落地，体现了它的价值。

（三）新型建造管理技术

1.超高层跃层电梯的应用技术及管理

1）研究背景

在国内传统工程施工模式下，超高层建筑基本采用附墙型临时施工电梯作为人员运输的主要工具。临时施工电梯运行速度慢、运输效率低，且现场临时施工电梯位置有限，不能保证解决超高层建筑施工现场的运力需求。因其占用正式电梯的井道时间长，影响后期正式电梯的安装，会对工程整体工期造成不利的影响。

中信大厦结构高、体量大、垂直运输压力大、工期短。随着工程的施工，现场高峰时段的施工工人可以达到几千人，人员的运输全部依靠施工电梯，施工电梯的速度及承载能力远不及跃层电梯。上下班高峰期间，施工人员不能及时达到工作岗位或离开作业区域，会大大降低施工的效率。

2）技术要点

中信大厦施工中运用跃层电梯技术。跃层电梯是在核心筒结构施工处于低楼层阶段时，在井道内安装正式电梯，作为运输施工人员及货物的施工电梯，其机房是可自行爬升的临时机房，通过自爬升机构上的可伸缩支撑梁，将机房临时固定于核心筒墙体上。随着上部井道的施工，逐步向上跃升，在结构封顶前将最终电梯使用的曳引机和控制柜运输至正式机房内，更换电气部件和损耗部件，电梯重新调试验收后即可投入使用，大大缩短了正式电梯的安装时间。

3）实施效果

工程在施工前期，核心筒水平结构施工处于低楼层阶段时，在核心筒内启用4台跃层电梯，大大提高了施工阶段人员运输的效率；故障率低，减少由于电梯故障导致的停工时间；安装于电梯井道内，不影响后期幕墙安装，大大节省施工工期，发挥了其环保、节能、降低成本方面的优势。

中信大厦项目使用4台跃层电梯，设备费及安装费约3000万元，运行2年的费用约为300万元，4台临时施工电梯运行2年的租赁费约为640万元，使用跃层电梯节省工期费用约为50×122=6100万元，故节省总费用为：6100-3000-640-300=2160万元。

从工期考虑，根据项目实际经验，跃层电梯的运行速度（4m/s）约是普通施工电梯的4倍，单台跃层电梯的运力约是同规格施工电梯的12倍，跃层电梯每天运行12小时，按节省4小时/天，跃层电梯总共使用730天，节省工期：4×730÷24=122天。

4）技术先进性

跃层电梯的运行速度更快（4m/s），其运行速度约是普通施工电梯的4倍，单台跃层电梯的乘客运力理论上约是同规格施工电梯的12倍，大大提高了施工阶段人员运输的效率；故障率低，减少由于电梯故障导致的停工时间；安装于电梯井道内，不影响后期幕墙安装；各种天气条件下均可使用，全天候24小时运行；与正常电梯安全措施一致并通过政府验收，安全性更高；采用永磁同步无齿轮曳引机和变频控制，能耗更低；相比常规电梯安装方法，验收时间提前约120天，发挥了其环保、节能、降低成本方面的优势，有极高的社会效益和影响力。

2. 施工现场"永临结合"排水及排污应用技术

1）研究背景

近年来国家愈发重视城市地下空间的开发，建设项目呈现地下室面积大、地下层数多的趋势，这对建筑施工阶段的排水及排污提出了更高的需求。以往在建工程采用临时排水、排污系统的做法在实用性、经济性等方面存在不足，亟须开发更经济、合理的排水及排污技术。

2）地下室排水方案

根据工期安排，将本工程地下室排水方案分为三个阶段：

第一阶段：市政开通前利用正式排水系统（管道及地漏）汇水至相应集水坑，再通过集水坑内临时泵及正式压力排水管道排至B1M层，B1M层局部设置临时管道与室外东侧临时管道相连（设置防倒流措施）（图2.25）。

本阶段在B1M层使用的临时排水管道，在室外排水接口处使用三通连接，需要设置止回阀或阀门进行控制。正式管道切换时为避免影响使用可以采用三通和阀门进行控制，也可以避免在室外排水井突然出现满溢，通过管道回灌至系统的特殊情况发生。根据现场情况在管道上安装电伴热进行保温措施，避免在冬季发生管道结冰堵塞影响使用（原则上在B1M及B1层设置电伴热及橡塑保温）。另外备用临时潜水泵加消防水带接临时电的方式，对没有设置固定潜水泵的集水坑或其他的积水区域采取临时排水措施。

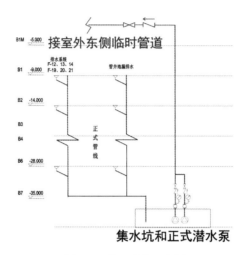

图2.25　第一阶段示意图

第二阶段：市政开通后，拆除B1M层局部临时管道，安装正式出户管道排至室外，临时管道拆除（图2.26）。

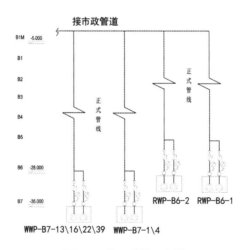

图2.26　第二阶段示意图

第三阶段：竣工交付前，将临时潜水泵替换为正式潜水泵，为竣工验收做准备（图2.27）。

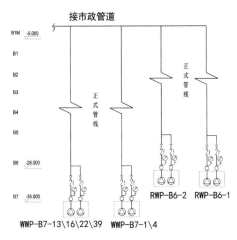

图2.27 第三阶段示意图

3）地下室排污技术方案

施工总承包单位在B1M～B6层东南侧已设置临时卫生间，B1M层临时卫生间男厕10个蹲位、2个小便池，女厕2个蹲位；B1～B6层临时卫生间男厕3个蹲位、1个小便池，女厕1个蹲位。各层临时卫生间的污水通过临时排污管道排至B7层临时密闭污水水箱，经临时排污泵由B1M层出户，排至室外东南侧化粪池（图2.28）。

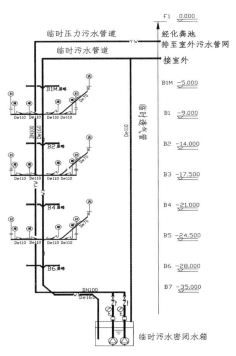

图2.28 中信大厦地下室施工总承包单位临时排污系统原理图

4）实施效果

（1）中信大厦项目地下室未采用临时排水及排污技术节约投入：150.8万元。

（2）中信大厦项目地下室采用"永临结合"排水及排污技术需投入：201.7万元。

（3）"永临结合"排水及排污技术中永久系统节约费用：168.5万元。

（4）"永临结合"排水及排污技术中临时管道拆除费用：2万元。

（5）"永临结合"排水及排污技术中正式材料延长质保费用：10.1万元。

经济效益为：150.8-201.7+168.5-2-10.1=105.5万元。

5）技术先进性

以往工程往往使用两套不同的排水及排污系统来满足项目施工阶段和投入使用阶段的排水及排污需求。"永临结合"排水及排污技术与之相比具有以下优点：

（1）节约成本。"永临结合"排水及排污技术大大减少了临时材料的使用量以及安装、拆除所需的人工，取得的经济效益显著。

（2）缩短工期。"永临结合"排水及排污技术中大量的正式管线、阀门等提前施工，既节省了后续的安装时间，又可以有效地解决传统技术中临时系统与永久系统交叉的影响，从而避免延误工期的情况出现。

（3）质量可控。以往项目采用的临时排水及排污系统，因其仅服务于项目的施工阶段，后续拆除的特点，导致使用的材料品质不高、施工过程管控不严、无须经过验收手续等弊端，往往要经过反复修理、拆改，耗费人力、物力并影响了施工进度。"永临结合"排水及排污技术采用的是正式材料，施工过程受到各方监督检查并执行严格的验收流程，质量可以得到保障。

3.超高层建筑"永临结合"消防水系统施工技术

1）研究背景

以往工程在施工阶段采用一套临时消防系统，竣工后使用另一套正式消防系统，应用这两套不同的系统来满足项目不同阶段的消防保护需求。其中临时系统需投入大量的人力物力，在正式系统投入使用时又要全部拆除，并且在施工阶段临时管线往往占据正式机电专业的安装空间，影响机电及装修单位的施工进度。

2）技术要点

为解决以上问题，中信大厦施工中采用了一种新型的消防系统，即临时永久相结合消防系统（图2.29）。该系统是利用大厦位于B001、F018、F044、F074层有效容积为$60m^3$的正式转输水箱以及大厦正式消火栓系统的管道等，结合少量的临时管道及设备组成施工阶段的消防水系统，实现水箱以下为常高压消防系统、水箱以上为临时高压系统。随着工程逐步拆除或更换临时设施，逐步转换为正式消防系统。

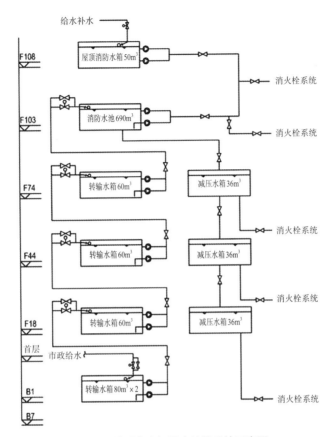

图 2.29　临时永久相结合消防系统示意图

根据整体施工进度，整个方案的实施大致分为六个阶段：

第一阶段，F018层消防转输水箱投入使用前，B1M层以下采用市政压力供水，F001至F022层采用临时高压系统供水，同时在B001层设置临时转输水箱及临时消防水泵，保证F001至F022层临时高压系统的运行和F018层永久消防转输水箱的供水。

第二阶段，F018层消防转输水箱投入使用后，F001至F006层采用常高压系统供水，F007至F052层采用临时高压系统供水。

第三阶段，F044层消防转输水箱投入使用后，F001至F036层采用常高压系统供水，F037至F082层采用临时高压系统供水。

第四阶段，F074层消防转输水箱投入使用后，F001至F066层采用常高压系统供水，F067至F108层采用临时高压系统供水。

第五阶段，F103层消防水箱投入使用后，水箱向F074、F044、F018层减压水箱供水，F096层及以下采用常高压系统供水，F097层至屋顶层采用临时高压系统供水。

第六阶段，在生活补水满足向屋顶水箱供水的条件后，F097层至屋顶层采用消防贮水池、消防水泵和屋顶消防水箱联合供水方式，将另一台临时水泵替换为永久转输水泵。此时可将临时水泵全部拆除，并倒运出场。

3）实施效果

在超高层建筑施工阶段采用"临时/永久"相结合消防系统施工工艺，避免了施工阶段常规"临时消防系统"向"正式消防系统"转换时的消防保护空档期，有效提升了施工现场安全保障系数；大量减少了临时管道安装和拆改任务，经济节约，践行了绿色施工的要求，同时为机电及精装修工程提供了便利条件，减少精装修对临时设备与管道的收口工作量，节约了工期。

北京市朝阳区CBD核心区Z15地块暨中信大厦项目采用的是临时永久相结合消防系统，相关主要工程量见表2.19，如果以该项目为基础采用纯临时消防系统，相关主要工程量见表2.20。

中信大厦临时永久相结合消防系统主要工程量　　　　　　　　表2.19

序号	内容	规格	单位	数量
1	镀锌钢管	DN150	m	450
2	镀锌钢管	DN65	m	256
3	闸阀	DN150	个	6
4	消防水泵	流量15L/s，扬程200m	台	10
5	成套消火栓	一个水枪、25m长水龙带两盘、DN65栓头一个	套	149（回用40%）

纯临时消防系统工程量　　　　　　　　表2.20

序号	内容	规格	单位	数量
1	焊接钢管	DN200	m	1600
2	焊接钢管	DN150	m	4500
3	焊接钢管	DN100	m	1400
4	闸阀	DN200	个	20
5	闸阀	DN150	个	40
6	闸阀	DN100	个	80
7	转输水箱	10000mm×3000mm×2500mm	座	5
8	消防水泵	流量15L/s，扬程200m	台	10
9	成套消火栓	一个水枪、25m长水龙带两盘、DN65栓头一个	套	248

上述工程量为一次施工工程量，不包含后期维护和拆改工程量，经商务测算，临时永久相结合消防系统总费用约70万元，纯临时系统总费用约300万元，总的

实施下来中信大厦项目临时永久相结合消防系统直接费用节约230万元。

从临时设施拆改量考虑，以中信大厦项目为例，为满足结构施工消防安全保障，在正式设施无法安装的情况下，B007～F006层为纯临时消防系统，该部分临时消防系统于2018年9月20日转换成正式消防系统，在此期间据不完全统计，此部分临时消防共拆改28处计42次，其中因机电单位无法一次提资到位存在多次拆改。部分拆改还导致了消防点位出现变化给现场安全带来隐患。临时永久相结合消防系统拆改工程量极小，相对比而言效益明显。

从工期角度看，由临时永久相结合消防系统引发的防水变更（由一道4mmSBS+1.5mmJS防水变更为3mm+3mmSBS）单次单项工序节约工期5天；F103层原混凝土消防水池优化成为不锈钢水箱，工期节约25天。整体看截至2018年10月1日，中信大厦项目"永临结合"消防系统已全部转换成正式消防系统，有效保障了精装修收口进度，但诸如临时卫生间系统还未拆完和收口完成，严重影响装饰收口进度，对比效果明显。

4）技术先进性

经查新，中信大厦临时永久相结合消防系统为工程建设中首次成功设计与应用的范例，切实保障了施工全周期安全，践行了绿色施工理念，同时大大减少了临时设施安装、拆改、收口工作量，全力阐释了施工消防新模式。

第三部分　总结

一、技术成果的先进性及技术示范效应

针对高烈度区超高层建筑的特点，以北京中信大厦项目为依托，提出了高烈度区超高层巨型组合结构新的结构形式和设计方法，形成了设计关键技术；研发了变刚度调平无缝大体积混凝土基础设计施工、多腔钢管混凝土巨型柱施工、核心筒组合墙混凝土裂缝控制等关键技术，解决了高烈度区超高层巨型组合结构施工技术难题；研究形成了基于工业化的超高层智能化施工装备集成平台、"永临结合"的超高层跃层电梯和消防排水系统、窗边风机盘管一体化装配技术等，实现了超高层建筑绿色施工；立足于工程全生命周期智能建造的施工管理，形成了基于BIM的超高层智能化施工、数字化协同设计等技术。

项目的整体成果经评价达到国际领先水平，研究成果斐然，获授权专利32项

（包括发明专利13项、实用新型专利19项），发表论文32篇，形成省部级工法2项。参编国家标准12项、行业标准3项，主参编著作6本，获科技、质量、安全奖励共26项。项目成果已在多个超高层项目中成功应用，综合效益显著，具有广泛的应用前景。

1. 专利

专利成果详见表2.21：

专利成果表

表2.21

序号	专利类型	专利名称	专利号
1	发明专利	一种集垂直运输设备及模板为一体的自顶升施工平台	ZL201110032815.4
2	发明专利	一种用于超高层建筑施工的智能型施工平台	ZL201210338024.9
3	发明专利	可调节式挂架体系	ZL201010191405.X
4	发明专利	大钢模板的退模和合模装置及其安装方法	ZL201110032819.2
5	发明专利	具有模板功能的凸起式可周转混凝土承力件及其施工方法	ZL201210047627.3
6	发明专利	异形多腔体巨型钢结构的焊接方法	ZL201310500262.X
7	发明专利	适用于巨型柱的自爬式操作平台	ZL201310526959.1
8	发明专利	一种可移动式动臂塔吊大梁端头约束结构及其拆装方法	ZL201610622890.9
9	发明专利	锚栓套架的设计方法	ZL201410093817.8
10	发明专利	锚栓套架的安装方法	ZL201410090628.5
11	发明专利	梁吊装紧固式专用夹具	ZL201410138740.1
12	发明专利	异形多腔体巨型柱焊接变形控制方法	ZL201610044795.5
13	发明专利	钢梁吊装紧固式专用夹具	ZL201410138738.4
14	实用新型专利	拆卸式防风棚	ZL201520290965.9
15	实用新型专利	收缩式钢梁焊接火盆	ZL201520291511.3
16	实用新型专利	锚栓套架	ZL201520290835.5
17	实用新型专利	移动式防护结构	ZL201520291513.2
18	实用新型专利	零件板坡口加工设备	ZL201620064928.0
19	实用新型专利	一种中厚板坡口加工设备	ZL201620065259.9
20	实用新型专利	智能顶升钢平台桁架影响下钢板墙吊装滑梁	ZL201620069297.1
21	实用新型专利	智能顶升钢平台桁架影响下钢板墙分段分节结构	ZL201620100408.0
22	实用新型专利	超高层建筑核心筒构件新型智能吊装系统	ZL201620067525.1
23	实用新型专利	一种可拼接式焊接机器人轨道	ZL201320499209.8
24	实用新型专利	一种型钢混凝土剪力墙结构拉结模板的工具	ZL201521056346.X
25	实用新型专利	用于深基坑混凝土浇筑的串管、溜槽组合体系	ZL201521056339.X

序号	专利类型	专利名称	专利号
26	实用新型专利	多功能测量仪器基座	ZL201721485279.2
27	实用新型专利	一种超高层核心筒墙体施工人员逃生爬笼	ZL201721485277.3
28	实用新型专利	一种用于超高层施工时的楼层截水排水装置	ZL201721485857.2
29	实用新型专利	一种用于超高层建筑跃层电梯垂直运输的工具	ZL201822892412.0
30	实用新型专利	一种超高层用楼层内倒运小车	ZL201621284601.1
31	实用新型专利	钢筋接地跨接线机械加工装置	ZL201621288843.7
32	实用新型专利	一种点式激光抄平笔	ZL201720090614.2

2.论文

具体论文详见表2.22：

发表论文情况表　　　　　表2.22

序号	名称	发表期刊
1	BIM技术在中国尊建筑工程施工中的应用研究	施工技术
2	超大尺寸钢结构钢板墙二次灌浆施工技术	施工技术
3	超大型结构底板大体量灌浆施工关键技术研究	施工技术
4	超高层建筑中巨型转换桁架高空原位拼装施工技术	施工技术
5	超高层深基坑塔式起重机支撑转换结构设计及安装技术	施工技术
6	多腔体异形巨柱焊接装配模拟分析	施工技术
7	高层建筑外框巨柱施工中可拼装钢连桥的开发	钢结构
8	钢平台设计与施工一体化分析	工业建筑
9	塔机与集成平台一体化设计	施工技术
10	巨型框架结构地脚锚栓群装配整体式安装技术	施工技术
11	中国尊大厦多腔体异形巨柱关键施工技术	建筑技术
12	中国尊大厦超深基坑后注浆钻孔灌注桩施工技术	施工技术
13	中国尊大厦深基坑降水及土方施工技术	施工技术
14	中国尊大厦坑中坑复杂支护结构中角撑体系施工技术	施工技术
15	中国尊大厦底板大体积混凝土综合施工技术	施工技术
16	中国尊大厦底板高性能钢筋综合施工技术	施工技术
17	折点坐标算法在中国尊项目同心（轴）度测量控制中的应用	施工技术
18	六边形钢管混凝土柱在往复荷载作用下的受弯性能	国际论文
19	内嵌钢支撑—复合墙体的循环剪切特性	国际论文
20	临/永结合消防技术在超高层建筑施工现场的应用	安装杂志

续表

序号	名称	发表期刊
21	浅谈中国尊大厦空调系统施工技术	安装杂志
22	挑战京城最高建筑，引领超高层智慧高度	安装杂志
23	创新引领高度，技术创造价值	安装杂志
24	二维码技术在机电设备安装全寿命管理周期中的应用	安装杂志
25	三维激光扫描技术和自动放样机器人在超高层建筑机电安装中的应用	安装杂志
26	中国尊的"核舟记"	安装杂志
27	中国尊的心脏，冰蓄冷冷源系统设计综述	安装杂志
28	中国尊高区空调之预制立管系统综述	安装杂志
29	BIM+物联网技术在中国尊项目运维管理中的应用	安装杂志
30	中国尊的呼吸系统，中国尊空调系统综述	安装杂志
31	空调智慧控制节能技术在中国尊工程中的应用	安装杂志
32	超高层建筑正式机电系统在施工阶段的应用	安装杂志

3. 工法

具体工法详见表2.23：

工法信息表   表2.23

序号	工法名称	等级
1	超高层可拆装式锚栓套架施工工法	省部级
2	超高层结构复杂多腔体异形巨柱柱脚大体量灌浆施工工法	省部级

二、工程节能减排综合效果

1. 环保成效

扬尘控制：本项目通过绿色施工的策划与管理，扬尘控制达到绿色施工要求，三级风以下的天气场地无扬尘，四～五级风扬尘符合绿色施工目标值的要求，六级及以上大风扬尘超过绿色施工的目标值。

废气控制：废气控制基本达到绿色施工要求。制定废气排放控制制度，配备相应的设置，预防废气污染，严格遵守当地行政主管部门关于有害气体排放治理的有关要求，建立有效的管理制度，使有害气体排放治理工作制度化、规范化。

建筑垃圾：建筑垃圾控制达到绿色施工要求。及时检查并清理垃圾，记录并保存垃圾的运出车辆台账,保证了施工现场的干净整洁,创造了良好的生活生产环境。加强垃圾的回收再利用,制定垃圾回收再利用具体实施细则,提高了资源的利用效率。

污水排放:水土污染控制基本达到绿色施工要求。按照施工组织设计,为有效预防现场水土污染,施工现场设置了沉淀池、隔油池等污水处理设施,并派专人定时定点进行检查与清理。

光污染:光污染控制基本达到绿色施工要求。夜间施工采用有定向灯罩的照明灯,减少对附近居民的光污染,电焊作业采取遮挡措施,加强对施工现场光污染源的监督与控制,确保施工现场的灯光辐射不影响到周边居民楼,营造了良好的夜间生活环境,从开工至今达到"零投诉"效果。

噪声控制:从开工至今,本工程噪声控制基本符合绿色施工要求,本项目未接到任何有关噪声污染的投诉。

2.节材与材料资源利用

节材情况统计见表2.24:

节材情况统计表   表2.24

序号	主材名称	预算损耗值	实际损耗值	实际损耗值/总建筑面积
1	钢材	3552t	223.32t	0.00051
2	商品混凝土	3549m³	1671m³	0.00382
3	木材	91.5m³	55m³	0.00013
4	模板	平均周转次数为3次	平均周转次数为3次	—
5	围挡等周转设备(料)	重复使用率100%	重复使用率100%	—
6	其他主要建筑材料	无	无	无
7	就地取材≤500km以内的占总量的85%			
8	回收利用率为52% 回收利用率=施工废弃物实际回收利用量(t)/施工废弃物总量(t)×100%			

3.节水与水资源利用

节水情况统计见表2.25:

节水情况统计表   表2.25

序号	施工阶段及区域	目标耗水量	实际耗水量	实际耗水量/总建筑面积
1	办公、生活区	3322275m³	474983m³	1.09
2	生产作业区	369141m³	47127m³	0.11

续表

序号	施工阶段及区域	目标耗水量	实际耗水量	实际耗水量/总建筑面积
3	整个施工区	3691416m³	522110m³	1.20
4	节水设备（设施）配制率	95%	100%	—
5	非市政自来水利用量占总用水量	10%	12%	—

4. 节能与能源利用

节能情况统计见表2.26：

节能情况统计表 表2.26

序号	施工阶段及区域	目标耗电量	实际耗电量	实际耗电量/总建筑面积
1	办公、生活区	15902300kW·h	1827261kW·h	4.18
2	生产作业区	95413824kW·h	6904330kW·h	15.80
3	整个施工区	111316128kW·h	8731591kW·h	19.98
4	节电设备（设施）配制率	95%	100%	—

5. 节地及土地资源利用

节地情况统计见表2.27：

节地情况统计表 表2.27

序号	项目	目标值	实际值
1	办公、生活区面积	利用率100%	7700m²
2	生产作业区面积	利用率100%	11478m²
3	办公、生活区面积与生产作业区面积比率	利用率100%	0.67
4	施工绿化面积与占地面积比率	利用率100%	0.0044
5	原有建筑物、构筑物、道路和管线的利用情况	利用率100%	北管廊首层局部区域借用及管廊道路借用
6	场地道路布置情况	双车道宽度≤8m，单车道宽度≤4m，转弯半径≤12m	双车道宽度≤8m，单车道宽度≤4m，转弯半径≤12m

三、社会、环境效益

中信大厦于2013年7月29日正式开工建设，主体结构于2017年8月18日封顶，整个工程于2018年12月28日初步移交，施工总工期为65个月，是中国国内500m以上的超高层建筑中工期最短的项目，建造速度超出同类型超高层建筑

30%。大厦的施工经验现已应用于其他同类工程，并取得了良好的效果。大厦的建筑施工秉承绿色建筑的理念，采用建筑业十项新技术（2014年版）中的十大项中的21小项，以及十余项创新技术，践行"四节一环保"的理念。大厦在建造过程中受到多方瞩目，央视新闻、人民日报多次报道，接待过千余次大小规模的观摩，成为超高层建造的典范项目。

本工程的研究采用产学研一体的研究方式，旨在提升我国超高层建筑施工技术水平，为我国工程建造的工业化进程、主要施工机械装备国产化的应用做出积极的贡献。在未来一段时间，超高层建筑将在中国以及亚洲地区持续快速发展，本项目的研究，也将对施工技术的发展提出宝贵的经验。

四、经济效益

项目设计中充分考虑绿色建筑的评价标准，选用了多种节能技术及环保材料。在施工过程中，大量使用建筑业十项新技术及施工技术，践行"四节一环保"的绿色施工指导方针，累计节约施工成本约5.77亿元，详见表2.28。

经济效益情况表　　　　　　　　　　　　　　表2.28

序号	技术名称	经济效益情况
一	超高层建筑建造关键技术应用	
1	中信大厦超深超厚大体积混凝土底板综合施工技术	1628.6万元
2	多腔体大截面异形钢结构制作安装施工技术	1980万元
3	混凝土内灌外包多腔巨型柱施工及监测研究	施工效率提升10%
4	封闭核心筒内钢结构安全高效施工技术	1990.54万元，节约工期110天
5	大型悬挑曲面结构安装施工技术	—
6	窗边风机盘管一体化装配技术	45000万元
7	超高层建筑悬垂式特殊10kV高压电缆敷设技术	1526.13万元
8	核心内筒预制立管成套施工技术	87.8万元
9	小计	5.22亿元
二	智慧建造关键技术应用	
10	超高层建筑智能化施工装备集成平台系统应用技术	1696万元，节约工期138天
11	项目全生命周期BIM综合应用	
12	基于BIM+技术机电智慧建造实践	455万元
13	三维扫描点云技术与三维模型放样技术应用研究	—
14	超高层建筑一体式动态飞轮UPS系统智慧供电技术	338.2万元

续表

序号	技术名称	经济效益情况
二	智慧建造关键技术应用	
15	智慧物联云平台建筑能源管理系统技术研究	单位面积能耗节约20%，设备寿命提高35%，人员数量降低40%
16	小计	0.25亿元
三	新型建造管理技术	
17	超高层建筑低压配电智能监控技术	503.7万元
18	超高层跃层电梯的应用技术及管理	2160万元，节约工期122天
19	施工现场"永临结合"排水及排污应用技术及管理方式	105.5万元
20	超高层建筑临时永久相结合消防系统施工技术及管理方式	230万元
21	数字资料管理PW平台应用管理	—
22	小计	0.3亿元
23	合计	5.77亿元

专家点评

　　北京中信大厦工程是北京市CBD核心区的地标建筑，是全球第一座在地震8度设防区建设的高度超过500m的超高层建筑，总建筑面积43.7万 m²，总投资额达240亿元。建筑平面为方形，立面以中国古代传统酒器"樽"为意象。项目主体结构类型为核心筒巨柱，同时还使用了超高层常见的巨型斜撑、带状桁架、水平伸臂桁架等结构设计形式，核心筒结构采用了混凝土-钢板剪力墙形式，其余构件以钢-混凝土组合结构形式为主。本项目地下7层，基坑超深且与周边管廊交叉施工，主体结构受力及体系极为复杂，变化丰富，建筑系统复杂，加之地处首都，场地极度狭小，施工环境复杂，工期紧，在项目的复杂性、建设难度、管理难度上均属世界前列。

　　在本案例中，创新的管理体系保证了项目的多方协同及项目管理的完备，技术研发、BIM技术、设计协调、深化设计在作业前解决了大量图纸问题、施工难点以及碰撞问题，极大地减少了施工过程中纠错、重复投入的资源与成本。项目特有的超深超厚大体积混凝土底板施工技术、混凝土内灌外包钢结构多腔巨型柱施工技术、封闭核心筒内钢结构安全高效安装技术、风机盘管一体化装配技术体现了企业的技术攻关能力与整合能力，解决了施工难点，提高了施工效率和质量，降低了资源投入和成本，减少了碳排放。BIM技术、三维模型放样技术、基于BIM的机电工厂化加工与成套安装技术提高了项目的精细化建造水平，促使传统施工技术在精细建造上提高了一个台阶。超高层建筑智能化施工装备集成平台系统应用技术集中体现了我国在超高层施工技术方面的成就，钢平台、防护体系、作业面、设备、工具等的高度集成以及智能综合监控系统的应用大幅提高了超高层施工的安全性及效率，减少了资源消耗且经济效益显著。永临结合的跃层电梯应用、排水系统、排污系统、消防系统技术，在保证建设单位利益及项目质量的前提下，解决了临时系统向永久系统转换的技术问题，大幅降低了资源的投入与消耗，具有极佳的节能减排意义。

本项目体量巨大、投资巨大、资源消耗巨大，建设周期相对较长，工期成本高。项目本身具有功能繁多、系统复杂、结构超高（超长、超深）、施工困难等特点，对整个社会经济及环境的影响更大，影响周期更长，项目管理团队对项目特点与建设难点分析准确，制定了明确的施工技术要点和有针对性的施工技术路线，广泛采用了我国建筑业内先进适用的新技术，企业的技术优势、科技研发能力、创新能力在本项目得到了充分体现，通过绿色创新技术的开发与应用，大幅降低了资源消耗及建筑垃圾，经核算累计节约综合施工成本5.77亿元，达总投资额的2.4%，经济效益与社会效益卓著。

本案例当中施工技术优化、（深化）设计管理与优化、超高层建筑建造关键技术、智慧建造关键技术、永临结合技术、科技创新在绿色创新技术方面得到了充分展现，为建筑业绿色技术应用起到了示范作用。整个项目的建设体现了标准化设计、工厂化生产、装配化施工、一体化装修、信息化管理、智能化应用的理念，在精细建造与科技创新方面表现更为突出，为绿色建造提供了典型案例，能积极促进我国建筑行业的高质量发展。

3

富阳市博物馆、美术馆、档案馆
"三馆合一"工程

第一部分　工程综述

一、工程概况

工程地点位于杭州市富阳区江滨西大道，建筑周边环境复杂，东临富春江，西近山水御园住宅区，南交依江路，北靠鹿山泄洪渠及东吴文化公园（图3.1）。

图3.1　工程全景鸟瞰图

工程总用地面积45935m²，总建筑面积39878m²，其中地下建筑面积5927m²，地上建筑面积33951m²。建筑最大高度23.9m，框架结构，最大基坑深度3.5m。地下1层为平战结合的停车库和临展展馆；主体建筑为2～5层，内含博物馆和美术馆展览与库藏，档案馆对外服务、库藏、办公等功能。工程总投资5亿元。

（1）地理情况：富阳区属于亚热带季风气候，夏季炎热多雨，冬季温和少雨，场区地下浅部填土、粉质黏土、黏质粉土层内，其富水性和透水性具有各向异性。孔隙潜水受大气降水竖向入渗补给及地表水体下渗补给为主，径流缓慢，以蒸发方式排泄和向附近河、塘侧向径流排泄为主，水位随季节气候动态变化明显。

（2）地质构造情况：由浅部填土、粉质黏土、粉土夹粉质黏土层、细砂层、圆砾层、卵石层、强风化砂岩夹泥岩、中风化砂岩夹泥岩组成。

（3）工程自2013年8月23日开工，2017年5月22日竣工。

（4）工程相关方：

建设单位：杭州富阳工贸资产经营投资集团有限公司

施工单位：浙江省二建建设集团有限公司

监理单位：宁波高专建设监理有限公司

设计单位：中国美术学院风景建筑设计研究总院有限公司

勘察单位：浙江创越建设工程有限公司

二、工程难点

1.设计理念

落实以人为本，全面、协调、可持续的科学发展观，减轻环境污染，实现人与自然和谐发展；按照减量化、再利用、资源化的原则，促进资源综合利用，建设节约型社会，发展循环经济。充分保护和利用以维护当地自然资源基地的地脉、文脉，最大限度地利用基地内的自然水体、周边的生态环境因素，营造自然生态平衡与城市文化平衡的总体环境。通过大力发展绿色建筑施工理念，倡导新时代社会主义环保的新概念。一系列仿古特殊工艺的实施，老旧材料与现代化技术的结合应用创造了全新的绿色施工技术。

富阳市博物馆、美术馆、档案馆"三馆合一"工程由获2012年普利兹克奖的中国美术学院王澍大师以《富春山居图》为背景和主题设计。

工程设计融合现实的城市山水环境，将建筑以主山、次山、远山的方式布局，形成可望、可行、可游、可居的意象和想象，巧妙地融合了城市山水文化，体现了地域文化内涵，实现了功能上的互补、环境上的协调、文化上的传承，是富阳市的新名片和新标志（图3.2）。

2.绿色设计情况

（1）屋盖采用芯模及空心设计的楼盖体系。

（2）外墙采用杭灰石、废旧砖瓦组合砌筑的乡土砖墙（图3.3）。

图3.2　工程全景图

图3.3　工程外墙北立面图

（3）内外墙设计采用装饰清水混凝土（毛竹肌理清水、光面清水、席纹理肌理）。

（4）室内隔墙采用夯土墙装饰技术。

（5）市政设计采用海绵城市理念，诠释绿色建筑。

（6）建筑物内的主要照明光源采用节能型灯具。

（7）照明采用智能照明控制系统，对本项目的建筑底层入口、门卫值班、楼层走道、值班等环境进行照明控制。

（8）动力设备采用节能型风机和水泵。

3.施工难点

（1）地下室建筑面积5927m²，剪力墙最长103m，高5.5m，为了控制地下室裂缝，采用"纯内核切断原理"裂缝控制新技术。

（2）主体结构屋檐外挑长度3.5m，单层最大高度19.5m，屋面梁、板最大跨度达91m，最大坡度达49°。

（3）39500m² 特殊竹肌理混凝土饰面墙体（其中毛竹肌理清水混凝土23500m²、光面清水混凝土16000m²）体量大、墙体高、墙体薄（最大墙高23.9m、最小墙厚8cm）。

（4）15000m² 饰面瓦爿墙施工，采用回收的各种旧砖、旧瓦等废旧建筑材料以及当地杭灰岩石材为主材，难点是墙体砌筑高度达到23.9m的结构安全稳定性，砌筑废旧材料需现场人工加工，实施工艺复杂。

（5）双曲空心楼盖、屋盖厚度最大为1000mm，2800多个喷淋、报警点位、灯具及轨道承重点位等预埋需一次成型，预埋准确率及利用率要求100%，施工难度大，要求高。

（6）13500m² 双曲空心屋面楼盖施工，屋盖厚度最大为1000mm，内设芯模、空腔，要求竹席及清水混凝土施工不得出现蜂窝麻面，一次成型，同时施工过程中遇到混凝土振捣困难的问题。

（7）13500m² 异形屋面饰面采用小型砌块（如黄锈石、缸瓦片、鹅卵石），排版难度大，材料加工量大，砌筑工作量大。

（8）1400m³ 夯土墙材料有遇水软化、强度低、易老化的难题（图3.4）。

图3.4　接待用房夯土墙效果图

（9）项目施工阶段需提供大量的生产物资，并产生大量建筑垃圾，如何降低能源的消耗和减少建筑垃圾的排放是本项目节能减排降耗重点目标。

（10）环境保护：①工程紧靠的道路均为富阳城区主要交通干道，车辆密集、行人流量大，交通状况对施工影响较大；②西侧与居民区仅相隔20m，对施工振动及噪声控制要求高；③邻近富春江，地下水位因江水影响变化较大，对地下施工造成一定影响；④工程桩采用钻孔灌注桩，施工时会产生噪声以及泥浆和废水的排放；⑤项目地处居民区和富春江畔，施工时对扬尘排放、光污染、水土污染和噪声等控制要求高。

第二部分　工程创新实践

一、管理篇

1.组织机构

1）机构设置

公司组建以集团公司总工程师为组长，技术质量、工程管理、安全生产等部门负责人为主的领导小组，并邀请当地主管部门负责人指导项目绿色施工与科技创新管理。

项目部成立了以项目经理为核心的绿色施工与科技创新管理小组；业主、监理、设计等相关人员为绿色施工与科技创新管理提供技术支持；公司、分公司的技术指导、方案策划及审核督查保证项目绿色施工与科技创新工作的顺利开展，共同促进项目绿色施工实施与科技研发。具体的管理体系详见图3.5。

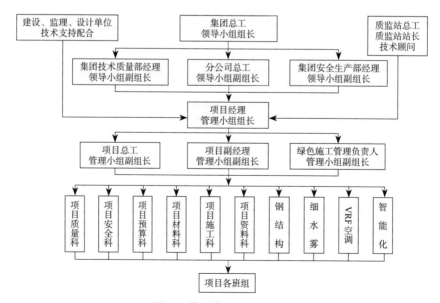

图3.5　管理体系组织机构图

2）管理体系组织机构职责

管理体系组织机构的职责见表3.1。

管理体系组织机构职责 表3.1

序号	负责人	职责
1	集团公司总工	（1）负责对项目绿色施工与科技创新实施计划方案的审批和实施过程进行检查和指导。 （2）负责审批项目质量（创优）策划、工法、科研课题及各项施工方案。 （3）负责项目绿色施工与科技创新实施结果情况总结报告的审批，参加绿色施工各阶段性评审活动，对绿色施工各阶段性实施情况提出评价意见、改进和创新要求
2	集团技术质量部经理	（1）负责课题的立项申报、课题组建及监督实施；贯彻执行国家有关绿色施工与科技创新管理工作的方针、政策、法规和公司各项制度要求。 （2）负责组织和指导项目开展深化设计工作，负责指导、监督和做好设计优化工作。 （3）负责监督科技项目执行情况，协调处理项目执行中的主要问题。 （4）负责组织科技项目验收并按规定管理项目成果的知识产权
3	集团安全生产部经理	（1）参与对超过一定规模的危险性较大的分部分项工程施工方案的审核。 （2）参与绿色施工的实施检查
4	分公司总工	（1）负责拟定项目部年度科技工作计划，并与项目签订年度科技工作目标责任书，推动和执行年度考核、奖罚制度。 （2）负责向集团公司申报科技项目；负责承担集团公司科技项目的实施等工作；指导项目课题组开展科技活动。 （3）负责项目技术文件、各类技术标准、法规、规范及科技成果、QC成果、专利、工法、优秀论文、项目总结等技术类版块知识的管理及信息成果的上报传递
5	质监站总工	监督、检查和指导项目绿色施工与科技创新实施工作
6	项目经理	（1）负责提出科研课题；负责组织编制实施计划方案，并按计划组织实施。 （2）负责做好绿色施工与科技创新的实施工作。 （3）负责项目绿色施工管理策划结果的实施情况，并编制项目阶段性总结报告
7	项目技术负责人	（1）在项目经理的领导下，负责项目的技术工作，协助项目经理实施本项目的绿色施工与科技创新工作。 （2）负责对项目管理人员进行施工技术交底，并组织技术人员按不同工种组织安全技术交底工作；加强现场施工技术指导工作，对关键工序、特殊过程的施工实施监督检查。 （3）负责监督项目有关人员对技术资料、质量记录等的收集、整理、汇编、归档，并对有关资料进行审核。 （4）做好项目技术及质量攻关、绿色施工、技术创新、"四新"推广应用等工作，及时安排项目部技术人员做好技术总结、各类成果、奖项的申报等工作
8	项目生产副经理	（1）督促施工作业班组按图、规范和作业指导书进行施工。负责施工现场施工技术问题的解决处理。 （2）指导、配合施工班组推广应用"新技术、新工艺、新材料、新设备"和QC攻关等活动

续表

序号	负责人	职责
9	项目商务副经理	（1）负责项目在技术、专利、工法、科研课题等的研究开发过程中发生的各种材料费用的审核。 （2）负责用于研发活动的仪器、设备的购买或租赁的审核。 （3）负责用于中间试验和模具、工艺装备开发及制造费用的审核。 （4）负责研发成果的论证、评审、验收费用的审核
10	班组长	（1）带领全班组人员认真贯彻各项规章制度和技术操作规程，对违规行为及时制止，并给以批评教育。 （2）指导并帮助操作工人正确地按工艺标准的要求进行操作

2.制度

为保证工程关键技术的绿色与科技示范效应，保证工程质量优质的同时节约资源，管理小组依据绿色施工与科技创新要求制定了以下制度（表3.2）。

绿色施工与科技创新制度　　　　表3.2

序号	创新制度	序号	创新制度
1	绿色施工与科技示范工程实施管理制度	9	限额领料制度
2	PDCA循环管理制度	10	科技教育培训制度
3	工序间的互检制度	11	科技项目实施检查制度
4	作业班组自检制度	12	科技攻关成果验收制度
5	操作交底制度	13	工程质量检验试验制度
6	样板先行制度	14	工程质量整改制度
7	成品保护管理制度	15	科技成果应用作业指导制度
8	关键部位制定质量管理细则制度	16	工程质量与科技进步奖罚制度

根据国家颁布的《住房城乡建设部绿色施工科技示范工程技术指标及实施与评价指南》《绿色施工导则》《建筑工程绿色施工评价标准》《建筑工程绿色施工规范》，参考中国建筑业协会下发的《全国建筑业绿色施工示范工程管理办法》《全国建筑业绿色施工示范工程申报与验收指南》以及集团公司的《项目管理手册》等内容，绿色施工管理小组结合工程实际情况编制了《绿色施工与科技创新实施方案》，从科技创新、施工管理、环境保护、节材与材料资源利用、节水与水资源利用、节能与能源利用、节地与施工用地保护七个方面建立了相应绿色施工的各项管理细则。主要细则有：《集体宿舍文明卫生管理细则》《（移动）厕所管理细则》《门卫管理细则》《临时用电细则》《茶水亭管理细则》《食堂管理细则》《危险品仓库管理细则》《宿舍空调管理细则》《医务室管理细则》《生活区卫生管理细则》《技术培训细则》《施工现场洒水清扫细则》《人员健康应急预案》《机械保养细则》《限额领料细则》《建筑垃圾管理

细则》《大型机械节能控制细则》《现场基础设施、地下管线保护细则》等。

3. 体制机制创新点

1）目标管理

（1）目标的制定

针对本项目的设计理念和建筑的地理环境和周边环境，项目部主要在工程施工难点、地理环境和周边环境、节能减排降耗和环境保护等方面加强管理措施，实现预先制定的目标。设定研究目标和计划，由项目经理审批，上报公司备案。

（2）目标的分解

根据量化指标、目标的要求，按岗位职责分解到管理人员、班组；实施过程中，对绿色施工的各项量化指标按阶段和区域进行分解。

（3）目标的过程管理

严格按照目标的要求编制实施方案，方案包含管理制度、岗位责任、控制措施、改进措施、监督和奖罚等，方案审批后实施，并对实施情况按审批后的实施方案进行监督和检查。

项目实施过程中，及时收集过程资料，分类建立统计台账，便于查找，制定纠正和预防措施，实现工程管理持续改进。

（4）目标的考核

项目对目标完成情况进行统计、分析，公司定期或不定期对项目目标实施效果进行检查、考核。

2）策划管理

（1）绿色施工与科技创新策划：本工程作为企业的绿色施工与科技创新样板工地，开工后项目部组织开展项目绿色施工与科技创新策划及住房和城乡建设部绿色施工科技示范工程立项工作；《绿色施工科技示范工程实施方案及推广计划》与技术方案同步编制，并制定相应的管理制度与目标，确保绿色施工方案顺利实施。

（2）创新技术策划：项目根据工程特点组织开展技术攻关和创新，并积极推广应用住房和建设部重点推广的建筑业10项新技术应用，从项目申报立项、实施与监督、验收与总结，形成科技成果。

（3）论文策划：积极在企业内部刊物、省市级刊物、国家级刊物发表。

（4）工法策划：以工程为对象、工艺为核心，运用系统工程原理，把先进的技术和科学管理结合起来，经工程实践形成综合配套的施工方法。根据工程设计特点和施工特点，形成能够代表工艺特点的工法。

（5）专利策划：利用工程设计特点和施工特点自主形成国家级发明专利、实用新型专利。

（6）QC成果策划：项目建立两个以上QC管理小组课题，应用PDCA循环的全面质量管理手段提高质量，向企业级、省部级、国家级逐步申报。

（7）科技成果策划：项目确定以超长地下室无缝钢筋施工、双曲屋面空心楼盖施工为科研课题，通过立项、科技查新、成果鉴定，需达到国内领先水平。

（8）软件应用策划：项目信息化办公管理、BIM成套软件。

3）评价管理

项目部每月对绿色施工实施效果进行评价，监理、建设单位共同参与评价，评价完后项目做月度小结，总结实施过程中存在的问题，并持续改进。

项目部对三阶段（地基与基础、主体、装饰装修与机电安装）自我评价，并邀请公司、分公司对项目实施效果进行评价（表3.3）。对比目标值和实际完成值，共同探讨其环境保护、节材、节水、节能、节地各项指标完成的突出之处和不足之处，制定合理的改进方案。

评价管理表 表3.3

序号	评价类别	资料内容	现场检查	责任人	完成时间
1	月度评价	月度"四节一环保"数据统计分析	"四节一环保"实施情况	技术负责人	次月5日前
2	地基与基础工程评价	实施工程检查用表	"四节一环保"实施情况	项目经理	基础完成后次月
3	主体工程评价	实施工程检查用表	"四节一环保"实施情况	项目经理	主体完成后次月
4	装饰装修与机电安装工程评价	实施工程检查用表	"四节一环保"实施情况	项目经理	竣工验收前
5	科技创新	科技创新检查用表	科技创新实施情况	技术负责人	次月5日前

4）示范观摩与交流学习

作为住房和城乡建设部绿色施工科技示范工程，集团公司和分公司相关责任人组织内部工程管理骨干人员到现场进行参观指导，进行企业内部的推广工作。项目部主要实施人员针对本项目绿色施工的相关管理、实施措施及控制目标进行了详细的分析与交流，对绿色施工的亮点进行集中的展示（图3.6、图3.7）。

4.重大管理措施

1）设计优化

（1）设计优化管理

①集团公司技术质量部和分公司总工负责设计优化的归口管理，项目技术负责人组织实施。项目部应做好设计优化的策划，明确优化的方向、目标、实施人员

图3.6 现场观摩

图3.7 现场培训

和完成期限并组织实施，需要时提请上级技术主管部门给予协助指导。

②集团公司技术质量部和分公司总工对项目部设计优化给予指导，重大优化事项应直接参与，确保优化结果满足质量、安全、环保等方面的要求。

③项目部建立完善设计优化的激励制度，推动设计优化工作有序开展。

（2）设计变更管理

设计变更因素是进度执行中最大的干扰因素，其中包括改变部分工程的功能引起大量变更施工工作量；以及因设计图纸本身欠缺而变更或补充造成增量、返工；打乱施工流水节奏，致使施工减速、延期甚至停顿。针对这些现象，项目部要通过理解图纸与设计大师的意图，组织专人对图纸事先进行自审、会审，多与设计院交流，采取主动姿态，最大限度地实现事前预控，把影响降低到最低。

（3）土建深化设计

各专业人员借助3D模型来发现结构与建筑的矛盾、图纸未标注、尺寸不合理等一系列图纸疑问，将所发现的图纸问题分专业、图纸号汇总，进行多方沟通。

（4）机电深化设计

利用已经搭建完成的机电模型和碰撞检查软件，对管线之间进行各种错漏碰缺的检查，并导出碰撞检查报告，提出设计优化建议。另外，项目部技术负责人利用Navisworks软件进行漫游等操作检查模型，并及时调整，保证工程质量。

（5）饰面瓦爿墙设计优化

15000m² 饰面瓦爿墙施工，采用回收各种旧砖、旧瓦等废旧建筑材料以及当地杭灰岩石材为主材，砌筑废旧材料需现场人工加工，实施工艺复杂（图3.8）。

设计中通过外墙增加暗托梁将墙体砌筑高度达到23.9m，外墙使用老砖空斗、卵石掺废砖废石以及杭灰石等多种材料砌筑，同时利用计算机三维模拟技术将外墙呈现出仿真立体效果，有利于指导现场施工。

图3.8　外墙外立面石材铺砌示意图

2）施工方案优化

针对工程特点对施工方案进行优化，提高工作效益、降低施工成本。

（1）双曲空心楼盖预埋件安装施工方案优化

双曲空心楼盖最大厚度达1m，2800多个喷淋、报警点位、灯具及轨道承重点位等预埋需一次成型，预埋准确率及利用率要求100%，施工难度大，要求高（图3.9）。项目通过成立"提高双曲面空心楼盖预埋套管的定位合格率"QC小组，来控制预埋准确率。

图3.9　屋面预埋件定位实景图

（2）双曲空心屋面高大支模架施工方案优化

基于BIM技术应用对双曲屋面复杂区域脚手架做深化设计，提取屋面空间点位数据，提高脚手架定位精准度，保证异性曲面成型质量（图3.10）；计算脚手架配件工程量辅助现场调运（图3.11）。

（3）双曲空心屋面楼盖施工方案优化

13500m²双曲空心屋面楼盖施工，屋盖厚度最大为1000mm，内设芯模、空腔，要求竹席及清水混凝土不得出现蜂窝麻面，一次成型，同时施工过程中遇到混凝土振捣困难的问题。通过BIM深化设计，控制支模架标高，同时混凝土采用"S形"顺序推进浇筑，最终形成良好的观感质量（图3.12、图3.13）。

3）样板引路与试验

（1）积极开展样板试验、工艺试验、效果试验工作，了解试验目标与要求，提

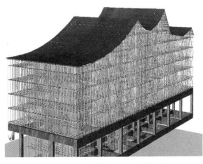

图3.10 支模架BIM模型

图3.11 支模架施工现场

图3.12 双曲空心楼盖屋面芯模安装

图3.13 博物馆屋顶席纹理成型效果

升班组施工能力，提前找漏洞，找缺陷。

（2）实行工程质量样板引路的工序、部位（含样板间），针对双曲屋面的施工难点，采取门卫小单体样板间引路、双曲屋面超重支模架荷载试验、席纹理样板试验等，通过样本引路与试验，有效地提高了工程施工质量整体水平（图3.14、图3.15）。

图3.14 席纹理样板试验

图3.15 门卫样板试验

4）十项新技术应用

在施工过程中推广应用住房和城乡建设部"建筑业10项新技术（2010年版）"中的灌注桩后注浆技术、清水混凝土模板技术、虚拟仿真BIM施工技术等9大项、19小项新技术。

（1）积极开展双曲空心屋面楼盖施工技术、基于BIM的优化设计成套技术、饰面瓦爿墙废旧材料再利用施工技术、夯土墙施工技术、特殊竹肌理混凝土饰面墙施工技术、超长地下室无缝钢筋混凝土结构成套技术等创新技术的应用。

（2）光面清水混凝土墙体推广应用新型三节式对拉螺杆加固施工工艺。

（3）推广应用承插式钢管脚手架技术。

5）绿色施工技术应用

（1）节材管理措施

围挡、临设围护设施采用定型化、工具化、标准化产品；对于钢筋等线材的使用，做好提前的测算，优化下料方案，减少材料损失；二次结构的砌体、清水混凝土及装修阶段的面材，都预先做好排布图，不仅保证效果美观，还节省材料。

（2）节水管理措施

施工过程中对水资源利用进行设表计量，在生活区、工作区、办公区分别安装水表，单独计量，按月抄表，对各部位的用水情况进行分析，进行考核；施工现场办公区、生活区的生活用水采用节水器材，节水器具配置率达到100%；设立循环用水装置，利用收集的基坑降水、天然雨水，对进出场车辆进行冲洗、绿化浇灌、洒水除尘、混凝土养护。

（3）节能减排降耗

建立健全的限额领料、机械保养、建筑垃圾再生利用等制度。现场临建设施采用可拆迁、可回收材料，建筑余料如旧模板、加气块碎块等均考虑了二次利用；建筑内、外墙立面大量利用当地杭灰石、卵石以及拆迁房屋中的旧砖等。

（4）节地管理措施

施工现场布置按照基坑工程、主体工程、装饰装修工程三大阶段的不同用地特点进行调整。施工总平面图布置紧凑，充分利用土地资源，减少占地。施工总平面布置充分利用和保护原有建筑物、构筑物、道路和管线等。

（5）生态环境保护

现场四周设置封闭式围挡，建筑物采用密目式安全网并在建筑周边设置喷淋系统控制现场扬尘；现场污水排放设置三级沉淀池，生活区设置隔油池、化粪池，并对排污水进行定期监测。

6）创新技术研发及应用

（1）工法

项目开工前确定以超长地下室外墙板混凝土裂缝控制关键技术、饰面肌理混凝土饰面墙施工技术、饰面瓦爿墙施工技术、现代生土夯土墙施工技术四个技术为研究对象，形成工法，通过科技成果鉴定申报国家级、省部级、企业级工法。

（2）专利

利用工程设计特点和施工特点自主形成国家级发明专利《超长混凝土墙体构造》，实用新型专利《超长混凝土墙体构造》《大面积清水混凝土墙体的支模机构》《脚手架连墙件》《超大混凝土框架梁及楼板的高大承重顶托式支模架》。

（3）QC成果

项目成立"强化过程控制-提升钻孔灌注桩优良品率"和"提高双曲面空心楼盖预埋套管的定位合格率"两个QC管理小组，应用PDCA循环的全面质量管理手段提高质量。

（4）科技成果

项目确定《超长地下室无缝钢筋混凝土结构成套技术》、《BIM技术在双曲屋面空心楼盖施工体系中的应用》、《超长地下室外墙板混凝土裂缝控制关键技术的研究与应用》三个科研课题，通过查新和专家鉴定均达到国内领先水平。

5.技术创新激励机制

为进一步提高项目部科技创新能力，完善科技创新激励机制，促进科技成果向生产力转化，充分调动广大科技工作人员的科技创新积极性。

项目部或个人取得集团公司以上管理机构颁发的科技进步成果，包括各级政府机构颁发的科技进步奖，通过各级政府科技主管部门、协会组织的示范工程验收、技术鉴定，省级以上工法，国家专利，国家、省、市或行业标准的主编、参编单位或个人。根据集团公司《科技进步成果奖励实施办法》，每年可以向公司提出申请奖励。

1）成就激励制度

取得集团公司科技进步奖的个人，集团公司予以奖励并通报表彰，同时也作为业绩考核和职称晋升的重要依据之一，在公司、项目优秀员工评审中具有优先推荐权。

2）机会激励

取得集团公司以上科技进步奖的个人，优先培养公司的后备干部。

二、技术篇

1.特殊竹肌理混凝土饰面墙施工技术

1）技术成果产生的背景、原因

"富春山馆"的设计建造不仅仅是在于给富阳增添一座建筑，而是寄希望它与

600年前黄公望所画的《富春山居图》交相辉映，彼此映衬，更是期盼在新时代的今天在富春江畔描绘一幅现代版的富春山居图。

作为博物馆、美术馆、档案馆三个集馆藏、展览、查档的功能性展馆来说，"富春山馆"如何在现代城市的钢铁丛林中一枝独秀；如何在现代都市的摩天大厦里保留一份江南文人隐士的情怀与理想；如何体现博物馆与生俱来的厚重、美术馆的清雅、档案馆的朴实无华、自然稳重。而清水混凝土则完美地将其中因素合而为一，用其材料本身所具有的柔软感、刚硬感、温暖感包裹着如今的行色匆匆。

清水混凝土是名副其实的绿色混凝土，因其极具装饰效果而得名（又名：装饰清水混凝土），属于一次性浇筑成型，不做任何外装饰，直接采用现浇混凝土的自然表面效果作为饰面，不同于普通混凝土，其表面平整光滑、色泽均匀、棱角分明、无破损和污染。故本工程内、外立面及顶棚均设计采用了装饰清水混凝土，其中内、外立面以毛竹肌理清水混凝土、光面清水混凝土为主、次基调的设计，双曲屋面顶棚则以席纹肌理清水混凝土来展现建筑的绿色节能。

2）技术对应的难点、特点或重点

（1）特殊肌理材料与基层板重组施工成肌理模板后自重大，不便安装。

（2）混凝土成型效果要求高，难以把控。

（3）肌理模板拼缝处理要求高。

（4）混凝土施工质量要求高（色泽统一，内实外光，无蜂窝麻面及气泡）。

3）主要的施工措施或施工方法

以毛竹肌理清水混凝土为例进行描述。

（1）施工工艺流程

施工工艺流程如图3.16所示。

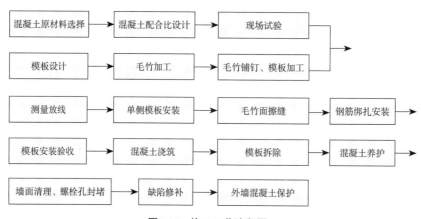

图3.16　施工工艺流程图

（2）模板工程核心技术

① 利用螺杆金属套管，将螺杆、杯口、模板、套管等构件进行有效组合，避免了毛竹肌理模板最薄弱部位漏浆的问题。

② 毛竹肌理模板的毛竹面采用与混凝土同级配的水泥砂浆擦缝，能很好地解决模板拆除后在清水墙面引起的起砂、麻面等问题（图3.17、图3.18）。

| 图3.17　毛竹肌理模板水泥砂浆擦缝 | 图3.18　门卫毛竹肌理样板 |

③ 利用毛竹肌理模板的优势，将上下层施工缝位置留设在二块毛竹缝之间，能有效地消除施工缝所带来的观感缺陷。

（3）模板的细部处理

模板阴阳角，模板拼缝处均贴上胶带纸封严，防止模板拼缝位置漏浆。方木与特殊模板的连接，宜采用钉子从背面固定，保证进入特殊模板有一定的有效深度，钉子间距宜控制在150mm×250mm以内。

（4）模板的支撑体系

采用普通钢管方木加固体系。经工程试验，该种加固体系完全可以满足毛竹肌理模板饰面混凝土墙要求。

（5）混凝土浇筑

① 墙柱浇筑前在底部先铺垫与混凝土同配比50mm水泥砂浆，应随铺砂浆随浇混凝土，砂浆投放点与混凝土浇筑点距离控制在3m左右为宜。墙柱混凝土浇筑至设计标高以上30mm处，1h后将表面的浮浆去掉，进行第二次浇筑，浇至明缝条上10mm处，保证两层混凝土的结合。

② 根据振捣棒作用深度，确定分层厚度。浇筑时，采用标尺杆控制分层厚度，分层下料、分层振捣，每层混凝土浇筑厚度严格控制在400mm，自由下料高度不

得超过2m。

③混凝土振捣应从中间向边缘振动，振捣棒采用"快插慢拔"，振点按"梅花形"布点，且布棒均匀、层层搭扣，并使振捣棒在振捣过程中上下略有抽动，上下混凝土振动均匀。振捣棒移动间距为400mm，在薄墙体和钢筋较密（采用30振捣棒）墙体的情况下移动间距可控制在300mm左右，并控制与模板的距离。

④混凝土振捣时间以混凝土表面呈水平并出现均匀的水泥浆，不再有显著下沉和大量气泡上冒时即可停止，墙体下层不宜观察处混凝土振捣时间一般控制在20～30s左右，避免过振，发生离析。

⑤控制好每层混凝土浇筑的间歇时间，保证不出现施工缝，做到连续而有序的作业。为使上下层混凝土结合成整体，上层混凝土振捣要在下层混凝土初凝前进行，并要求振捣棒插入下层混凝土50～100mm。

（6）模板拆除

①为保护墙体竹纹理的棱角，模板拆模时间在混凝土浇筑结束后不少于72h，冬期施工拆模时间不少于120h（图3.19、图3.20）。

图3.19　美术馆走廊竹纹理效果　　　图3.20　博物馆走廊竹纹理效果

②模板拆除要严格按照施工方案的拆除顺序进行，并加强对清水饰面混凝土成品和对拉螺栓孔眼的保护。

③模板拆除后应立即进行清理、修整，并均匀涂刷脱模剂备用（图3.21）。

图3.21　博物馆走廊毛竹肌理混凝土成型效果

（7）混凝土养护

①混凝土应尽早养护，以便使混凝土有充足的养护时间，尽量减少混凝土表面的色差。竹纹理饰面混凝土墙柱拆模后，立即用塑料薄膜包裹，外挂阻燃草帘，并洒水养护保持湿润，养护时间不少于7d。

②养护剂宜采用水乳性养护剂，避免混凝土表面变黄。

（8）质量控制

①外观质量要求

主控项目：竹纹理饰面混凝土的外观不应有现行国家标准《混凝土结构工程施工质量验收规范》GB 50204中规定的严重缺陷和一般缺陷。对于已经出现的严重缺陷和一般缺陷，应由施工单位提出技术处理方案，监理（建设）单位、设计单位认可后进行处理。对经处理的部位，应重新进行检查验收。

检验方法：观察，检查技术处理方案。

一般项目：竹纹理饰面混凝土的外观质量，应由监理（建设）单位、设计单位、施工单位对外观观感进行检查，做出记录（图3.22）。应根据竹纹理饰面混凝土的类别，从颜色、修补、气泡、砂带、光洁度、麻面、接缝、蜂窝等表面观感指标进行确定，具体标准见表3.4。

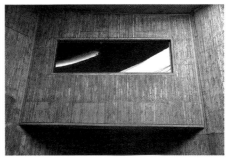

图3.22 档案馆毛竹肌理混凝土成型效果图

竹纹理饰面混凝土外观质量验收表 表3.4

项次	检查项目	饰面清水饰面混凝土观感效果	检查方法
1	颜色	颜色基本均匀，没有明显色差	距离墙面5m观察
2	修补	基本无修补	距离墙面5m观察
3	气泡	气泡分散，最大直径不得大于8mm，深度不得大于5mm，每平方米不大于10cm²	距离墙面5m观察，尺量
4	砂带	每平方米少于3条	观察

续表

项次	检查项目	饰面清水饰面混凝土观感效果	检查方法
5	光洁度	无漏浆、流淌及冲刷痕迹，无油迹、墨迹及锈斑，无粉化物	观察
6	麻面	单点不大于0.15m²，累计不大于0.3m²	观察、尺量
7	接缝	横平竖直，均匀一致，水平交圈，竖向错缝	观察、尺量
8	蜂窝	不允许	观察

检查方法：全数检查。

检验方法：观察，检查技术处理方案。

对于只有外观观感指标要求的工程，达不到预定要求的，经设计对外观效果确认，能满足设计效果的，可以不进行处理。

②尺寸偏差

竹纹理饰面混凝土结构不应有影响结构性能和使用的尺寸偏差，对超过尺寸偏差且影响结构性能和设备安装、使用功能的部位，应由施工单位提出处理方案，监理（建设）单位、设计单位认可后进行处理。对经处理的部位，应重新进行检查验收。

检查方法：全数检查。

检验方法：测量，检查技术处理方案。

竹纹理饰面混凝土结构拆模后的尺寸偏差应符合规范规定。

检查数量：按楼层、结构缝或施工段划分检验批。在同一检验批内，对梁、柱，应抽查构件数量的20%，且不小于5件；对墙、板，应按有代表性的自然构件的数量抽20%，且不小于5间；对大空间结构，墙可按相临轴线间高度5m左右划分检查面，板可按纵、横轴线划分检查面，抽查20%，且均不少于5面。

4）对节能、减排、降耗、环境保护以及提高职业健康安全水平的贡献

（1）清水混凝土不需要装饰，舍去了涂料、饰面等化工产品，有利于环保（图3.23）。

图3.23　光面清水混凝土效果

（2）清水混凝土结构一次性成型，不剔凿修补、不抹灰，减少了大量建筑垃圾的产生，有利于保护环境。

（3）清水混凝土避免了抹灰开裂、空鼓甚至脱落的质量隐患，减轻了结构施工的漏浆、楼板裂缝等质量通病。

（4）清水混凝土的施工不具有剔凿修补的空间，每一道工序都至关重要，迫使施工单位加强施工过程的控制，使结构施工的质量管理工作得到全面提升，也直接提高了职业健康安全水平。

（5）清水混凝土因其最终不需要抹灰、吊顶、装饰面层，从而减少了维保费用，最终降低了工程总造价，缩短了工程工期。

清水混凝土墙体效益分析见表3.5。

清水混凝土墙体效益分析表 表3.5

序号	技术名称	经济效益	节能减排
1	毛竹肌理清水混凝土（23000m²）	已完成对比节省抹灰、涂料费：23000×45=1035000元，清水混凝土价格比普通混凝土高25×23000=575000元，故节省1035000-575000=460000元	减少抹灰量约23000×0.002=46m³；减少饰面涂料约120桶；减少垃圾约40t；模板周转达到5次
2	光面清水混凝土（16000m²）	已完成对比节省：16000×（45-20）=400000元	减少抹灰量约16000×0.002=32m³；减少饰面涂料约85桶；减少垃圾约17t；模板周转达到4次
3	席纹理清水混凝土（13500m²）	已完成对比节省：13500×（35-15）=270000元。注：屋面顶棚涂料按35元/m²估计；顶棚混凝土采用细石混凝土，比普通混凝土高出15元	减少腻子约13500m²；减少饰面涂料约50桶；减少垃圾约10t；模板周转达到6次

5）技术的先进性

特殊竹肌理混凝土饰面墙施工技术的应用很好地解决了清水混凝土在施工过程中易产生的起砂、漏浆、胀模等常见质量缺陷问题，同时为肌理饰面混凝土的施工起到了良好的示范作用。最终不仅保证了本工程的整体效果，与传统清水混凝土对比，成型后效果具有动态的生命力，使建筑物与自然融为一体，彰显出和谐美观的效果，同时还在社会和经济方面创造了较大的效益。应用和总结的"特殊模板-竹纹理饰面混凝土墙施工工法"获得2008年度浙江省工法称号，并获国家专利2项。

2.基于BIM的双曲空心屋面楼盖施工技术

1）技术成果产生的背景、原因

为加强民用建筑节能管理，降低民用建筑使用过程中的能源消耗，提高能源利用效率，以及按照减量化、再利用、资源化的原则，促进资源综合利用，建设节约型社会，达到节能50%的目标，本项目在建筑节能设计时屋面采用双曲空心楼盖，使屋面的平均传热系数达到0.67W/m²K。

为解决双曲空心楼盖施工中支模架搭设定位及模板排布、混凝土及钢筋工程量提取等难题，项目部在保证工程质量、安全生产、施工工期的同时，对屋面双曲空心楼盖施工利用了课题"BIM技术在双曲空心屋面楼盖施工体系中的应用"科研项目成果，实现了减少环境污染、降低施工成本的目标。

2）技术对应的难点、特点或重点

（1）双曲空心楼盖的空间定位困难，测量工作量大。

（2）由于双曲空心楼盖为异性结构，双曲空心楼盖的承重支模架搭设困难。

（3）双曲空心楼盖的模板排布问题。为保证屋面双曲效果，对模板做好预先排布，提前下料，保证模板施工质量，确保板底为清水混凝土，不出现蜂窝麻面，一次成型。

（4）双曲空心楼盖的钢筋绑扎。由于屋盖曲率过大，每条暗梁的钢筋平面尺寸及箍筋截面尺寸与实际铺设的长度有出入，采用传统方法施工必须待模板铺设完成后根据现场实际测量进行下料，尤其在曲面较陡处及屋脊处暗梁更为突出，因梁截面为异形截面，对梁的绑扎相对于常规工程显得更加困难复杂，通过BIM预先建模，准确获取钢筋工程量用于指导下料。

（5）双曲空心楼盖的混凝土工程量的确定。由于屋盖形状不规则、混凝土浇筑时各个施工段所需的混凝土量难以确定，通过BIM模型获取工程量信息，准确控制工程材料用量。

3）主要施工措施或施工方法

（1）双曲空心楼盖支模架各立杆点位与标高确定

双曲空心楼盖支模架流程如图3.24所示。

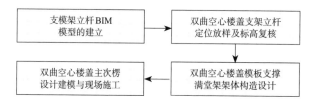

图3.24　双曲空心楼盖支模架流程图

①支模架立杆BIM模型的建立

在原已建立的土建BIM模型上，根据楼面与空心楼盖底部标高数据提取出每根立杆位置处的架体搭设高度，扣除模板厚度、方木、可调支座等即可获得立杆长度数据，导出立杆标高平面/三维图纸（图3.25），用于技术交底。确定钢管拼接方案，提前加工，减少搭设难度，在确保施工质量的前提下显著提高施工速度。

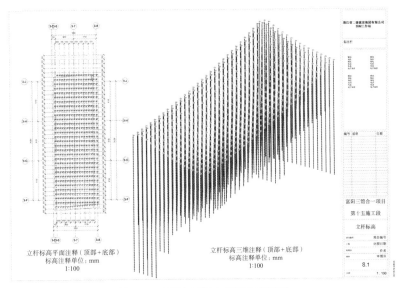

图3.25 平面/三维立杆标高布置图

②双曲空心楼盖支架立杆定位放样及标高复核

根据双曲空心楼盖立杆的网格标高图，对空心楼盖下层的现浇楼板进行控制线的投放（架体立杆点）；同时把双曲空心楼盖的轮廓线投放出来。并对上述放样情况进行跟踪检查，以确保双曲空心屋盖放样的准确性。

立杆标高的控制：根据三维模型得出各区域内每根立杆的高度明细表。搭设时在每根立杆上设置基准标高，如楼板面往上1m，根据基准标高及各立杆的设计标高，对顶托高度进行调节，调整到设计高度。

③双曲空心楼盖模板支撑满堂架架体构造设计

根据三维模型标高与位置信息完成立杆搭设后，现场搭设支模架体时注意如下：

双曲空心楼盖结构模板支撑满堂架立杆布置的搭设顺序为：根据网格标高图提供的参数，实际搭设架子纵距为1000mm、900mm，横距为450mm、500mm、650mm不等。然后在各柱间、暗梁梁底附加立杆的方式进行搭设；间距均匀布置，水平杆横、纵双向拉通设置；水平、垂直剪刀撑双向设置。

④双曲空心楼盖主次楞设计建模与现场施工

由于屋盖的特殊性，其屋盖中除边梁外都是暗梁及肋梁。双曲面空心楼盖所有支撑方式均采用顶托，顶托上部采用主楞1.5m长的短钢管沿屋盖曲率小的方向单跨间隔布置；次楞采用50mm×70mm木方，长度约0.9～1.2m，实际以屋盖斜率确定长度，沿垂直屋脊方向布置；搁置在顶托处的主楞钢管两侧采用木塞楔紧。方木与钢管使用铁丝绑扎连接（图3.26）。

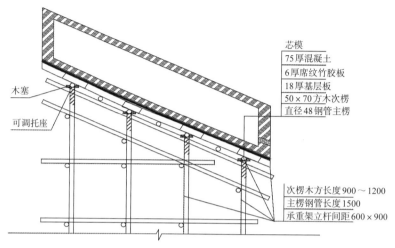

芯模
75厚混凝土
6厚席纹竹胶板
18厚基层板
50×70方木次楞
直径48钢管主楞

木塞
可调托座

次楞木方长度900～1200
主楞钢管长度1500
承重架立杆间距600×900

图3.26　双曲楼盖支模架详图（单位：mm）

（2）双曲空心楼盖底模排布设计

BIM实施人员在三维模型中对模板进行模拟预拼装，及时发现操作过程中的重点和难点，制定对策，提前解决（图3.27）。预拼装完成后导出模板拼装平面图及尺寸明细表，用于现场下料、铺设（图3.28）。

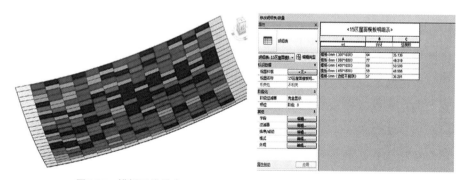

图3.27　模板三维排布　　　　　图3.28　模板尺寸明细表

为达到双曲面的效果，模板选择尺寸原则：沿纵向曲率较小侧的模板长度可适当加长，但沿垂直屋脊方向的模板宽度应控制在30～50cm之间，曲率越大，板宽越小。针对屋脊、檐口双曲部位，模板尺寸不规则，模板加工安装采用BIM三维深度细化排布，明确模板曲率和尺寸，双曲模板一次成型。

（3）双曲空心楼盖构件钢筋工程量计算

双曲空心楼盖构件钢筋工程量计算流程如图3.29所示。

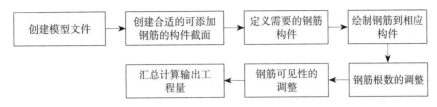

图3.29 双曲空心楼盖构件钢筋工程量计算流程图

① 创建模型文件

根据已有的建模文件进行模型的继续深化，创建完成双曲空心楼盖并对楼盖进行钢筋的绘制。

② 创建合适的可添加钢筋的构件截面

由于 Revit2016 软件只能在构件剖面和立面里绘制钢筋，因此需要我们创建对应的截面去添加钢筋（图3.30）。

图3.30 选取合适的截面

③ 定义需要的钢筋构件

选择对应的截面并点击上方激活的"钢筋"选项卡，选择需要的钢筋形状、钢筋的放置方向、钢筋的放置平面、钢筋的属性（级别、是否有弯钩）等。

④ 绘制钢筋到相应构件

由于双曲楼盖是曲面的，因此我们要手动创建绘制异形钢筋，首先切换到对应的截面然后再通过"绘制钢筋"选项卡在截面处手动绘制异形钢筋，从而完成钢筋的绘制。

⑤ 钢筋根数的调整

将我们绘制完成的钢筋通过"钢筋集"选项卡的功能，形成固定间距或者固定数量的钢筋集，从而完成钢筋的布置（图3.31）。

⑥ 钢筋可见性的调整

在钢筋构件属性栏的"图元"框中对钢筋的三维、剖面、立面等视图位置显示

图3.31 钢筋根数的调整图

进行设置，方便后续的查看和整改。

⑦汇总计算输出工程量

检查并修改完各构件的扣减规则和工程量输出的规则再进行汇总计算。

（4）双曲空心楼盖构件混凝土工程量计算

根据图纸的构件信息赋予模型双曲空心楼盖属性并绘制双曲空心楼盖曲梁。曲梁一般采用内建模型放样绘制，绘制过程中放样沿对应位置梁跨方向的屋面曲率进行操作，截面根据垂直梁跨方向的上下楼板曲率确定。绘制完成后调整构件材质，选择混凝土材质，区分不同标号，即可获得双曲空心楼盖土建模型。应用比目云算量软件，将土建模型按软件工程量计算规则进行映射，过程中注意区分异类构件，汇总计算后获取屋面混凝土工程量，流程如图3.32所示。

图3.32 双曲空心楼盖构件混凝土工程量计算流程图

4）对节能、减排、降耗、环境保护以及提高职业健康安全水平的贡献

（1）基于BIM双曲空心楼盖支模架建模，提前进行样板施工，显著提高了支模架加工精度，保证了架体安全稳定，降低了搭设难度。在确保施工质量的前提下显著加快了施工速度、改善了作业人员的施工环境、保证了作业人员的安全健康。

（2）双曲空心楼盖BIM虚拟模板排布，可提前分析确定施工过程中的重点和难点，做到材料明细化、下料精确化，降低资源消耗。

（3）BIM技术应用于双曲屋盖结构建模，提取混凝土、钢筋工程量，帮助指导现场，精准下料，在节约材料的同时大大提升了结构工程质量和建筑艺术水平。

5）技术的先进性

BIM技术在双曲空心屋面楼盖施工体系中的应用，成功地弥补了传统施工方法在异形结构施工中进度慢、施工误差大、混凝土及钢筋工程量计算难度大的缺点，从技术上保证了施工工艺的科学性、安全性和经济性，精准下料，节约材料，大大缩短了施工周期，为工程顺利竣工奠定了坚实的基础。同时在工程安全、质

量、经济效益方面均取得了良好的效果（表3.6）。探索BIM技术在施工阶段的应用
方式，总体水平达到国内领先水平。

经济效益表 表3.6

序号	技术名称	经济效益
1	BIM 技术应用于建筑建模，双曲屋盖承重架体及双曲屋盖模板排板的建模，帮助指导现场下料和用量控制	提高钢管周转率，节约钢管租赁费用25.6万元，提高模板的使用率，节约模板费用13.9万元，合计费用39.5万元
2	BIM技术应用于双曲屋盖结构建模，提取混凝土、钢筋工程量，帮助指导现场施工	节约Φ22钢筋35t，费用141084.65元；节约Φ25钢筋121.8t，费用490974.582元。节约C30混凝土约91m³，费用46291.7元；节约C35P8混凝土130m³，费用77740元；节约C35混凝土118m³，费用61206.6元

3. 饰面瓦爿墙废旧材料再利用施工技术

1）技术成果产生的背景、原因

瓦爿墙是江南地域历史建筑的特有产物。随着国家经济建设的发展及城市规模的扩大，出现大规模的拆迁工程。拆迁遗留的残砖断瓦，对城市环境、文明程度造成严重的影响。为了解决历史文化遗产的传承和解决废弃物再生利用等问题，于是瓦爿墙在现代建筑饰面中的应用就孕育而生。根据工程自身的属地特性，将瓦爿墙工艺与当地的历史材料以及砌筑方式进行结合重组，创造出如乡土砖墙、杭灰石墙、卵石墙等新的具有当地特色、历史文化意义的技艺。

杭州富阳当地山上盛产一种称之为杭灰石的石矿，当地居民一直以来用其作为砌筑房子的主要材料再辅之卵石、砖块等材料。设计师在富春山馆建造之前，在富阳考察了近20余个村庄，发现在当下农村的改造中，越来越多的老房子被拆除，随之建造起来的是一幢幢仿西方国家的别墅、洋房。痛心疾首下，他决定将当地的砌筑文化转移到"富春山馆"，让一座建筑来承载历史的记忆，让人们在回忆时还能找到一份印记，也给后世留下一份珍贵的传承。

2）技术对应的难点、特点或重点

（1）材料的选择、加工、运输。

（2）砌筑效果的确定。

（3）砌筑方式的确定。

（4）结构构造的稳定性、安全性。

3）主要的施工措施或施工方法

（1）工序

试验研究→试验样板→方案确定→衬墙、托梁施工→墙体排布→砌墙（灌浆）。

（2）材料的收集

①根据前期试验研究方案确定所需材料的品种、数量、规格。

②安排专业班组到拆迁农户家中收集废旧砖、瓦、缸片等材料，并分类归集。

③联系杭灰矿石厂家，采购杭灰石原材。

④安排专人收集卵石，并按规格大小分类。

（3）材料的加工

①聘请专业工人对杭灰石、卵石等材料进行剖切（图3.33、图3.34）。

图3.33 钻孔剖石法　　　　图3.34 凿痕剖石法

②根据设计意图，挑选符合砌筑条件的材料归集。

（4）砌筑效果的确定

根据设计意图以及提供的效果图进行行现场实际放样，确保整体效果不会偏移（图3.35）。

图3.35 砌筑效果图

（5）砌筑方式的确定

①根据实际效果图，准备好相应种类材料。

②针对不同的材料组合，采用不同的组砌方式。有砖石混砌法、卵石断面朝外混合砌法（图3.36）、杭灰石的假干砌法（图3.37）、空斗墙、水平带有肌理的石砌肌理等。

图3.36 卵石断面朝外混合砌法　　图3.37 杭灰石的假干砌法

（6）结构构造的稳定性、安全性

① 工艺要点

衬墙、拉结筋、暗（明）托、灌浆。

② 关键技术

运用混凝土衬墙交错暗托梁分层承受荷载技术解决墙体的稳定性（图3.38）。

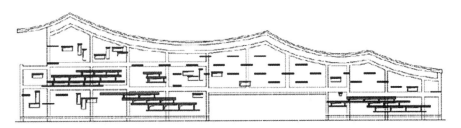

图3.38 墙面暗托梁位置分布图

运用刚性钢筋拉结并配合砌体坐浆技术解决墙体的整体性（图3.39、图3.40）。

图3.39 混凝土暗托及灌浆　　图3.40 衬墙及拉筋

③ 注意事项

乡土砖墙自身重量较大，主要靠拉结筋和灌浆与衬墙进行有效连接，因此墙体施工一次性高度不能太高，以600mm高度为宜，错开施工，间隔时间为一天后灌浆，再隔一天后可继续砌筑施工。

乡土砖墙须二人对砌，砌筑高度600mm为一批，砌筑的要点是将杭灰石（或卵石）一块块重叠，遵循下大上小的布置原则，并力求自然和谐。

砌筑时，须将留置的拉结筋弯勾并砌入墙体中。

注意不同材料之间的交界面转换要流畅、自然、紧疏有致。

（7）实施效果

①本工程90%的外墙立面都采用了富阳当地杭灰石、卵石、废旧砖瓦等材料，通过新工艺与传统方法的组合来完成砌筑。前期工作中老房屋因拆迁或改建而废弃的建筑材料都得到了足额的回收利用，充分诠释了就地取材、节能减排的理念。

②本工程外立面乡土砖墙累计砌筑使用约15000m²，合计使用各类回收石材约2900m³（其中杭灰石1200m³，卵石1100m³，废旧砖、瓦、缸片600m³）。

③通过"衬墙、拉结筋、暗托、灌浆"等新工艺将传统砌筑高度提升至几十米，不仅保证了其稳定性和耐久性，而且使其质感与色彩融入自然。

④墙面的落成，使建筑本身就拥有了百年的韵味，完好地保存了正在消逝的历史（图3.41）。

图3.41 外墙立面完成效果

4）对节能、减排、降耗、环境保护以及提高职业健康安全水平的贡献

（1）外立面约15000m²面积采用乡土砖墙方式砌筑，累计使用杭灰石、废旧砖、瓦等回收材料约2900m³，直接减少建筑拆迁垃圾约600t。

（2）相比现代化建设房屋外立面的玻璃幕墙或大理石石材外立面来说，不仅减少了光污染、自爆、防火差等因素，也减少了大理石石材矿产的开发，降低了对大自然稀缺资源的开采。

（3）乡土砖墙采用的废旧回收材料本身不具备现代化产品的化工属性，纯天然无污染，节能环保，完全发挥了其回收再利用的属性，大大降低了工程的成本，节约了能源，减轻了对环境的危害。

（4）培养和培训了一批具有传统砌筑工艺的班组和人员，在职业健康安全水平方面有显著的提升。

5）技术的先进性

饰面瓦爿墙废旧材料再利用施工技术的应用，很好地解决了墙体的稳定性与安全性，将传统的砌筑墙体高度由几米提升至几十米，良好地包含了历史进程中一些时间的印记，也给后世留下了一份自然的厚重。乡土砖墙的成功，创造了良好的经济效益和社会效益。

第三部分　总结

一、技术成果的先进性及技术示范效应

1.绿色施工科技示范工程

施工过程中，项目积极推行"四节一环保"的绿色科技施工理念，努力创建"资源节约型、环境友好型"绿色施工科技示范工程，获得2018年度住房和城乡建设部绿色施工科技示范工程优秀项目。

2.十项新技术应用情况

施工过程中，推广应用了"建筑业10项新技术（2010年版）"中9大项、19小项（表3.7），获得浙江省建筑业新技术应用示范工程。

新技术应用表　　　　　　　　　　　　　　　表3.7

编号	大项	子项	应用部位	备注
一	地基基础和地下空间工程技术	1.1 灌注桩后注浆技术	基础工程	582根
二	混凝土技术	2.3 自密实混凝土技术	艺术肌理混凝土墙	5000m³
		2.6 混凝土裂缝控制技术	地下室混凝土	27t
三	钢筋及预应力技术	3.1 高强钢筋应用技术	混凝土结构	5840t
		3.3 大直径钢筋直螺纹连接技术	钢筋工程	49055套
		3.4 无粘结预应力技术	屋面结构	41t

续表

编号	大项	子项	应用部位	备注
四	模板及脚手架技术	4.1清水混凝土模板技术	混凝土结构	35800m²
五	机电安装工程技术	6.1管线综合布置技术	机电管线布置	—
		6.2金属矩形风管薄钢板法兰连接技术	通风工程	—
		6.6薄壁金属管道新型连接方式	金属管道连接	
六	绿色施工技术	7.2施工过程水回收利用技术	现场施工用水	11440m³
		7.3预拌砂浆技术	砌体工程	—
七	防水技术	8.2地下工程预铺反粘防水技术	地下室底板	5500m²
八	抗震、加固与监测技术	9.7深基坑施工监测技术	基坑支护	—
九	信息化应用技术	10.1虚拟仿真施工技术	施工过程	
		10.3施工现场远程监控管理及工程远程验收技术	施工过程	施工现场远程监控
		10.4工程量自动计算技术	施工过程	—
		10.7项目多方协同管理信息化技术	施工过程	项目信息化管理
		10.8塔式起重机安全监控管理系统应用技术	施工过程	—

3.工法、专利、QC成果

项目获得的工法、专利及QC成果见表3.8-1～表3.8-3。

获得的工法 表3.8-1

序号	工法名称	授奖单位	获奖时间
1	饰面瓦爿墙施工工法	住房和城乡建设部	2015.12
2	控制超长混凝土墙体结构裂缝施工工法	浙江省建筑业管理局	2014.12

获得的专利 表3.8-2

序号	专利名称	专利类别	专利号
1	超长混凝土墙体构造	发明	ZL 2014 1 0304210.X
2	超长混凝土墙体构造	实用新型	ZL 2014 2 0355903.7
3	大面积清水混凝土墙体的支模机构	实用新型	ZL 2014 2 0495493.6
4	脚手架连墙件	实用新型	ZL 2015 2 0095276.2
5	超大混凝土框架梁及楼板的高大承重顶托式支模架	实用新型	ZL 2015 2 0173855.4

QC成果表

表3.8-3

序号	QC名称	授奖单位	获奖时间
1	提高双曲面空心楼盖预埋套管的定位合格率	中国建筑业协会	2016.7
2	强化过程控制 - 提升钻孔灌注桩优良品率	浙江省工程建设质量管理协会	2015.4

4. 技术科研总结

科研项目"超长地下室外墙板混凝土裂缝控制关键技术的研究与应用"获得2019年工程建设科学技术进步奖二等奖，本技术为国内首创，达到国内领先水平，也为在这一技术领域的技术进步做出了非凡的贡献。

浙江省建设科研项目"超长地下室无缝钢筋混凝土结构成套技术"获得省住房和城乡建设厅验收通过，总体技术水平达到国内领先水平。

浙江省建设科研项目"BIM技术在双曲屋面空心楼盖施工体系中的应用"获得省住房和城乡建设厅验收通过，总体技术水平达到国内领先水平。

5. BIM技术应用

项目部BIM管理团队，针对工程特点建立了结构、建筑、机电安装等模型，并做好施工阶段的模型维护，同时土建、机电等专业开展了施工模拟、工程量复核、机电管线碰撞检查、移动端问题追踪（5D平台）等各项应用，获得第二届中国建设BIM大赛三等奖和"龙图杯"第五届全国BIM大赛施工组优秀奖。

二、工程节能减排综合效果

建筑垃圾分类及减排统计与工程节能减排综合效果分别见表3.9、表3.10。

建筑垃圾分类及减排统计汇总表

表3.9

序号	组成部	地下结构阶段 分材料	减排量	主体结构阶段 材料	减排量	装修及机电安装阶段 材料	减排量
1	金属类	钢筋	9.6t	钢筋	16.2t	电缆、电线	312m
		铁丝	12卷	钢管	12t	信号线头	350个
		角钢、型钢	0.8t	铁丝	35卷	铁丝	18卷
		废卡扣、废钢管	1.74t	角钢、型钢、支	—	角钢、型钢、支架	1.1t
		废螺杆	0.33t	废锯片、废钻头	—	金属桶	32个
		废电箱	3个	焊条头	—	废锯片、废钻头	560元
		—	—	—	—	破损围挡	160m

续表

序号	组成部	地下结构阶段 分材料	减排量	主体结构阶段 材料	减排量	装修及机电安装阶段 材料	减排量
2	无机非金属类	混凝土	28m³	混凝土	104m³	瓷砖边角料	11m²
		碎砖	0.6m³	砖石	5.5m³	大理石边角料	5m²
		砂石	90.5t	砂浆	63m³	碎砖	0.3m³
		桩头	550.6t	腻子	6t	损坏的洁具	1套
		水泥	15t	砌块	3.2m³	损坏的灯具	11套
		—	—	碎砖	2.1m³	—	—
		—	—	水泥	34t	—	—
3	有机类	模板、木方	1.2m³	模板、木方	6.9m³	木材	0.6m³
		木制、纸质、塑料	632kg	塑料包装、塑料	15卷	木制、纸质、塑料包	231kg
		塑料、塑料薄膜	2卷	涂料	586m²	涂料、乳胶漆	36桶
		防尘网、安全网	122m²	保温板	2.1m³	塑料、塑料包装	352kg
		废毛刷	36个	废毛刷	83个	废毛刷	14个
		—	—	防尘网、安全网	2556m²	废消防水带	120m
		—	—	塑料薄膜	21卷	—	—
4	复合类	灌注桩头	40t	—	—	石膏板	23.4m²
5	危废	—	—	玻璃胶	33支	油漆(桶)	26个
						玻璃胶、结构胶、密封胶	89支

工程节能减排综合效果 表3.10

序号	主要项目	目标值	实际完成值
1	减少建筑垃圾产生量	小于1300t,再利用回收率达到50%	产生量1050.9t,利用量590.5t,回收率56.19%
2	节约能源量	用电151万度	实际用电134.34万度,节约16.66万度
3	节约水资源量	目标130000t	实际使用109883t,节约20117t
4	非传统用水量	目标108500t	实际使用91380t,节约17120t
5	节约钢材量	目标4987t	实际用量4830.2t,节约156.8t
6	节约混凝土量	目标37892m³	实际用量37553m³,节约339m³
7	模板周转次数	普通模板:5次;肌理模板3次	普通模板6次;肌理模板4次
8	节约工期	土建工期:900天	实际工期:895天
9	节约人力资源	计划聘用30人	实际聘用:25人
10	职业健康安全提高程度	一定程度提升职业技能水平	较大程度提高了职业技能水平

三、社会、环境效益

项目部针对绿色施工科技示范工程内容和主要考核指标，积极组织开展科技示范活动，推广应用新技术、新材料、新工艺、新设备，并进行了有效的技术集成和技术创新。绿色施工和技术创新对工程获得2018—2019年度中国建设工程鲁班奖起到了关键作用。工程建成后成为富阳地方文化内涵的新名片、新标志，促进了富阳文化和旅游产业的发展，开馆以来，已举办各种展览135场次，累计接待参观游客20余万人，受到社会各界一致好评，使用单位非常满意。

四、经济效益

项目经济效益见表3.11。项目部经过策划、实施、检查、改进等措施，降低了工程成本、增加了经济效益、提高了工程质量；共节约经济成本约占工程总造价的2.26%。

项目经济效益表　　　　　　　　　　　　　　　　表3.11

序号	项目	节约成本（元）	备注
1	节材与材料资源利用	534675	材料损耗率=预算损耗率-预算损耗率×30%
2	节水与水资源利用	80018	（预算用电量-实际用电量）/预算用电量≥10%
3	节能与能源利用	225800	（预算用水量-实际用水量）/预算用水量≥10%
4	科技创新（4.1+4.2）	2242297.53	—
4.1	装饰清水混凝土技术应用	1030000	与普通墙体对比
4.2	BIM技术在双曲空心楼盖的应用	1212297.53	模板、承重架体、混凝土、钢筋工程量的节约费用
	合计（1+2+3+4）	3082790.53	—
	本工程总造价	136212828	—
	节约成本占总造价百分比	3082790.53/136212828=2.26%	—

专家点评

一、项目特色

富阳市博物馆、美术馆、档案馆"三馆合一"工程由获2012年普利兹克奖的中国美术学院王澍大师以《富春山居图》为背景和主题设计。工程设计融合现实的城市山水环境，将建筑以主山、次山、远山的方式布局，形成可望、可行、可游、可居的意象和想象，巧妙地融合了城市山水文化，体现了地域文化内涵，实现了功能上的互补、环境上的协调、文化上的传承，是富阳市的新名片和新标志。

工程总用地面积45935m²，总建筑面积39878m²，地下1层，地上2～5层，建筑最大高度23.9m，框架结构。工程总投资5亿元，于2013年8月23日开工，2017年5月22日竣工。

二、项目典型绿色技术创新点

1.特殊竹肌理混凝土饰面墙施工技术

该工程主体结构采用毛竹肌理、席纹理和光面清水混凝土，其关键技术及创新点：

（1）毛竹选材加工，保证模板强度、刚度；

（2）优化模板穿墙、接缝等细部处理，保证外观质量；

（3）确定样板和验收标准。

该工艺一次成型，免抹灰和装饰，节材、省工时的同时减少了垃圾排放。而其外观特有的柔软感、刚硬感、温暖感体现了博物馆的厚重、美术馆的清雅、档案馆的质朴。

2.基于BIM的双曲空心屋面楼盖施工技术

该工程屋面采用内设芯模、空腔的双曲空心楼盖设计，在减轻结构自重、增加刚度、节材的同时具有更好的保温隔热效果，符合绿色建筑设计理念。将BIM技术应用于该施工工艺，其关键技术与创新点：

（1）解决支模架各立杆点位与标高的精准定位；

（2）解决模板合理排布；

（3）计算混凝土和钢筋工程量并优化钢筋下料。

该技术弥补了异形结构传统施工方法费工时、消耗大的缺点，从技术上保证了施工工艺的科学性、安全性和经济性。

3.饰面瓦爿墙废旧材料再利用施工技术

瓦爿墙是江南地域历史建筑的特有产物，过往拆迁遗留的残砖断瓦，对城市环境造成了严重影响。设计师将其变废为宝，并连同当地的砌筑文化移植到"富春山馆"，让一座建筑承载了历史的记忆与传承。其关键技术与创新点：

（1）试验研究、试验样板、方案确定；

（2）材料收集、选择、加工、运输；

（3）针对不同材料组合确定组砌方式；

（4）通过"衬墙、拉结筋、暗托、灌浆"等新工艺与传统砌筑相结合，保证了整体性、稳定性和耐久性。

该工程90%的外墙立面都采用了富阳当地杭灰石、卵石、废旧砖瓦等材料，累计约15000m²，合计使用各类回收石材约2900m³，消减建筑拆迁垃圾约600t，充分诠释了就地取材、节能减排的理念。

三、项目效果及示范

项目节能减排效果显著，垃圾总量约263t/万m²，利用量达590t，科技创新效益224万元。获得专利5项、国家级工法1项，通过住房和城乡建设部绿色施工科技示范工程和浙江省建筑业新技术应用示范工程验收。其中"特殊竹肌理混凝土饰面墙施工技术""饰面瓦爿墙废旧材料再利用施工技术"示范效果显著，为绿色建筑发展起到良好的引导和推动作用。

4

国贸三期B工程

第一部分　工程综述

一、工程概况

1.工程概述

　　长安街代表着北京历史文明的传承，CBD则是北京对外开放独一无二的标志。这里是与纽约曼哈顿、巴黎拉德方斯、香港中环比肩的商务中心区，更是北京对外开放的重要窗口。

　　1984年，伴随着决策者们对"高端商务"的共识，一个集合办公、展示、休闲、娱乐等为一体的中国国际贸易中心呼之欲出，而地址就落在了大北窑。之后的几年，写字楼、酒店、公寓、展厅和商城等陆续在此拔地而起。

　　一个建筑群的崛起历史，就是一部中国改革开放史，亦是中国建筑业发展的缩影，更是党的十八大以来取得巨大成就的光荣见证。

　　中国国贸位于寸土寸金的北京中央商务区的核心地段，其三期B工程是中国国际贸易中心建筑群的收官之作，与一期（1990年）、二期（1999年）及三期A（2010年）一起组成110万m²的超大建筑群，是全球规模最大的贸易中心（图4.1、图4.2）。

图4.1　地理位置图

图4.2　概览图

2.工程简介

1）基本情况

工程基本情况见表4.1。

工程基本情况表　　　　　　　　　　　　　　　　　　　　表4.1

工程名称	国贸三期 B 工程		
关键节点	开工：2013年8月30日；基础完成：2014年1月；塔楼突破±0.000：2014年5月；结构封顶：2015年11月；竣工：2017年4月10日		
建设单位	中国国际贸易中心股份有限公司		
建筑设计顾问	王董国际有限公司		
结构设计顾问	奥雅纳工程咨询有限公司		
结构设计院	中冶京诚工程技术有限公司		
监理单位	北京兴电国际工程管理有限公司		
总承包单位	中建一局集团建设发展有限公司		
工程地点	北京市朝阳区东三环中路与光华路交汇处西南角		
占地面积	19456m²	建筑面积	223601m²
建筑最大高度	295.6m	基坑深度	25.1m（局部29.25m）
总投资	22亿元		—
结构形式	主塔楼	组合框架-钢筋混凝土剪力墙结构	
	酒店裙楼	钢支撑框架结构	
	商业裙楼	钢筋混凝土框架结构	
建筑功能及特征	国贸三期 B 分为四个子项工程：地下室、3BN 主塔楼、3BN 酒店裙楼和3BS 商业裙楼，是集办公、酒店与商业为一体的外观新颖、功能创新、低碳节能的综合体项目		

2）周边环境

本工程地处CBD商业核心区，南侧为建国门外大街，东侧紧邻东三环，东北角为中央电视台，西侧为国贸饭店、国贸商城及数码01大厦，北至光华路。景茂街在地块中部贯通。地铁1号线、地铁10号线及其换乘通道位于工程南侧和东侧，地理位置十分重要，周边环境复杂（图4.3）。

图4.3　所处环境概况图

超五星级酒店——北京国贸大酒店位于场地西侧，其对施工扬尘、噪声以及刺激性气味要求极其苛刻，环境保护要求高。

3）工程地质与水文地质

北京位于华北大平原的北端，北京的西、北和东北三面环山，东南是缓缓向渤海倾斜的大平原，地势西北高、东南低。场地自然地面标高为39.0m左右，位于永定河冲洪积扇上、古金沟河故道的中下部，第四系覆盖层厚度（相当于基岩埋深）为160m左右。

地面以下至基岩顶板之间的土层岩性以黏性土、粉土与砂土、碎石土交互沉积土层为主。自然地面下约45m深度范围内主要分布3组含水层，基坑开挖范围内的砂卵石地层为富水地层，地下水位埋深约18m（图4.4）。

二、工程难点

1.设计理念

主塔楼远望时形似一颗"翠竹"，矗立在东三环与国贸建筑群之间，在视觉上有机地衔接了环路两侧的景象，既体现出建筑本身的独特性又不显得孤傲，完美地融入现有的中央商务区。

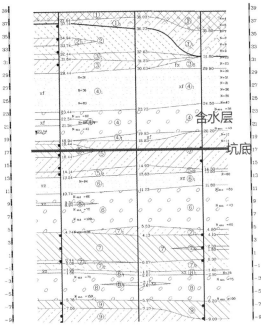

成因年代	大层编号	地层序号	岩性
人工堆积层	1	①	房渣土、碎石填土
		①₁	黏质粉土素填土、粉质黏土素填土
第四纪沉积层	2	②	砂质粉土、黏质粉土
		②₁	粉质黏土、砂质粉土
		②₂	粉砂
	3	③	黏质粉土、砂质粉土
		③₁	粉质黏土、黏质粉土
		③₂	重粉质黏土、黏土
		③₃	粉砂、细砂
	4	④	卵石、圆砾
		④₁	细砂、粉砂
	5	⑤	粉质黏土、黏质粉土
		⑤₁	黏土、重粉质黏土
		⑤₂	黏质粉土、砂质粉土
	6	⑥	卵石、圆砾
		⑥₁	细砂、中砂
	7	⑦	黏土、重粉质黏土
		⑦₁	黏质粉土、粉质黏土
		⑦₂	黏质粉土、砂质粉土
		⑦₃	中砂

图4.4 典型地质剖面与地层分布图

响应"大众创业、万众创新"的时代需求，功能定位上引入分时租赁、联合工作众社等年轻元素，平衡了高速发展的CBD东扩区。

应用环境友好的建筑设计理念进行外立面造型创新，玻璃幕墙竖向分段呈3°外倾，减少了大气灰尘在玻璃上的堆积，起到自洁功能；同时倾斜的玻璃幕墙降低了住户单元的眩光和反光，提供自行遮阳措施进而可以减少4%的能量负荷。

2.施工难点

（1）本工程外形独特，呈"竹节"形状，结构设计复杂，测量精度控制和幕墙安装难度大。

（2）地处CBD商业核心区，场地周边环境复杂，环境控制和安全管控难度大。

（3）超高层内外筒差异沉降显著，如何实现精确建造是本工程的难点。

（4）主塔楼底板厚度大，一次浇筑方量大，控制超厚大体积混凝土底板的内部绝对温升，进而控制底板不出现贯穿有害裂缝成为施工难题。

（5）核心筒墙体平面形状及尺寸变化大，与钢结构交叉作业多，外框柱截面尺寸多变，模板选型及施工难度大。

（6）钢结构工程量大，整体用钢量达3.1万t，钢构件9000余支，异形钢结构节点复杂，深化设计与安装难度大。

（7）核心筒竖向墙体内外全部采用液压爬模体系施工，水平结构滞后于竖向结构施工。核心筒内的钢楼梯及钢梁的安装由于爬模平台的封闭而无法借助塔式起重机进行吊装，安装难度大。

（8）3BS商业裙楼在景茂街上方设计了4层钢桁架，钢桁架体量大，时间紧，安装难度大。

（9）大型塔式起重机的选型和布置直接关系着超高层钢结构的现场吊装方案，也关系着整个工程的垂直运输组织，是超高层建筑施工中一项非常关键的技术。

（10）冰蓄冷低温送风变风量空调系统施工技术在机电工程建设领域难度较高，须解决低温蓄冰槽防渗漏、超低温送风空调系统漏风和冷桥导致结露等技术难题。

第二部分　工程创新实践

一、管理篇

1.组织机构

成立以公司总部、项目部、业主单位、设计单位、监理单位等各单位协同管理的绿色施工研发及管理小组（图4.5）。

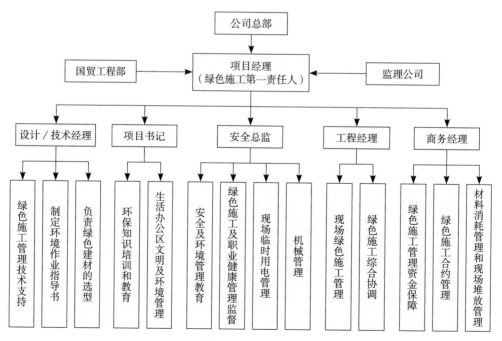

图4.5　组织机构图

2.制度

1）教育制度

深入广泛开展绿色施工管理工地达标活动的教育，提高全员绿色施工积极性、主动性，为创建绿色施工达标工地提高思想认识，使职工养成绿色施工意识。

制定具体的教育措施，在每周一的安全文明施工教育大会上，由行政部总结上周绿色施工管理存在的问题，并安排下周的主要工作。

2）责任区制度

现场划分为若干责任区进行管理，明确责任单位、总承包和劳务队伍责任人，挂牌明示。

3）挂牌制度

在施工区、办公区、生活区设置明显的"节水、节能、节约材料"等标识，并按规定设置安全警示标志。

4）定期检查制度

定期（每周一次）、不定期（阶段性抽查）由现场经理组织相关部门参加文明施工检查，并评定、汇总、建档，查出的问题立项、整改，落实责任人、整改期限。

5）奖罚制度

采取多种形式的竞赛，对绿色施工做出贡献的人员、单位给予奖励；对违反绿色施工规定、给项目造成损失或损害公司声誉的人员、单位给予处罚。

3.体制机制创新点

1）制定了技术创新激励制度

项目部制定了专项绿色施工技术创新激励制度，技术创新与薪酬、个人荣誉、职位晋升等挂钩，让优秀技术创新人才得到合理回报，释放各类人才创新活力。

2）制定绿色施工管理制度

积极推广住房和城乡建设部发布的《绿色施工技术推广应用公告》，根据《绿色施工技术推广应用公告》和《住房城乡建设部绿色施工科技示范工程技术指标及实施与评价指南》以及公司相关文件制定适用于本工程的绿色施工管理制度。绿色建设管理机制坚持可持续发展的人文理念，强调人的生存环境与地球的持续关系。

3）建立了工程参建各方共同参与的绿色施工技术研发及实施管理机构

工程各参建方共同参与工程绿色施工技术研发及实施管理中，可确保工程从设计之初即引入绿色建造理念，确保了工程全过程的绿色建造。

4）建立绿色施工资源库

当今的社会是信息化、网络化的社会，本工程绿色施工的经验及数据将对公司建立绿色施工网络资源库起到很好的奠基作用。公司可将本工程成功经验在公司平台共享，相互交流，互相借鉴，不断完善，进一步提升企业的绿色施工能力。

4.重大管理措施

1）严格执行公司绿色施工管理体系相关文件

公司绿色施工管理体系相关文件见表4.2。

管理体系相关文件表　　　　　　　　　　　表4.2

序号	文件
1	公司环境管理手册
2	环境管理体系程序文件
3	项目环境管理计划
4	环境管理作业指导书如下： 《油漆作业指导书》《防水作业指导书》《模板作业指导书》《钢筋作业指导书》《混凝土作业指导书》《消防作业指导书》《节约材料作业指导书》《夜间照明作业指导书》《塔式起重机安拆/使用/维修作业指导书》《抹灰作业指导书》《砌筑作业指导书》《运输车辆作业指导书》《储存作业指导书》《废弃物作业指导书》《节约用水、用电指导书》《电气焊作业指导书》《脚手架安拆/搬运作业指导书》《现场施工机械使用和维修作业指导书》《搅拌作业指导书》《切割作业指导书》《食堂污水排放作业指导书》《木工作业指导书》《风管安装作业指导书》《管道安装作业指导书》《套丝作业指导书》《闭水试验作业指导书》《通球试验作业指导书》《剔凿作业指导书》《打磨作业指导书》《现场清扫/洒水作业指导书》《电钻作业指导书》《手动工具使用作业指导书》

2）绿色施工知识培训、教育及宣传

大力宣传"绿色施工"的意义，增强全员"绿色施工"的意识，提高全员综合素质，使每个施工者和管理者从自我做起，节约用水、用电、用纸，不乱扔废弃物，保持现场环境整洁，是实现"绿色工程"的基础。

（1）在现场生活区和办公区域内张贴节能海报和图片，加强现场管理人员和工人的节能教育。开展群众性的创建节约型工地的宣传教育活动。设置宣传标语、宣传栏、黑板报等（图4.6）。

（a）绿色施工宣传　　　　　　　　（b）安全通道内宣传

图4.6　现场宣传图板

（2）加强对总承包施工队伍的培训。

由项目总工程师负责组织编写绿色施工作业指导书和环保教育计划，现场经理负责绿色施工作业指导书的培训，项目书记负责环保教育的培训，培训每月一次，公司总部定期检查、考核培训效果，建立奖罚制，责任到人。

其中对可能产生重大环境影响的操作人员除通过作业指导书指导外，还要通过现场实地演习的方式考核，并做详细记录。

（3）加强对分包施工队伍的培训。

总承包各专业区域经理每月对分包施工队伍进行专业作业指导、环保等综合培训，培训不合格的分包队伍不许上岗施工，现场经理、项目书记定期检查、考核培训结果，建立奖罚制，责任到人（图4.7）。

图4.7　培训演练图

（4）在生活区各寝室间每月对浪费用电、用水进行评比工作，并且在醒目位置张贴，用荣辱观加强教育。

3）绿色施工管理检查、纠正制度

（1）检查安排

每周组织一次由各劳务队伍参加的绿色施工联合检查（含绿色施工管理运行记录），发现问题开出"隐患问题通知单"，定时间、定人、定措施予以解决。

（2）绿色施工管理运行记录内容

行政部为环境管理记录汇总部门，各有关部门真实、清晰、完整、准确地做好主管要素记录，专人负责归档，登记在记录台账上，见表4.3。

绿色施工管理运行记录内容表　　　　　　　表4.3

序号	记录名称	责任部门
1	项目的绿色施工因素识别和评价记录	管理部
2	项目执行的法律法规清单	管理部
3	项目目标、指标和环境管理方案	技术部
4	项目绿色施工管理培训记录	管理部

序号	记录名称	责任部门
5	项目绿色施工管理内外信息交流记录	工程部
6	绿色施工管理体系文件控制记录	管理部
7	绿色施工管理运行控制记录	工程部
8	紧急情况及应急措施记录	工程部
9	监测和测量记录	工程部
10	不合格情况的纠正与预防措施记录	技术部
11	环境管理体系内、外审记录	管理部
12	环境管理评审记录	管理部

（3）纠正措施

制定的纠正措施内容见表4.4。

纠正措施表　　　　　　　　　　　　　　　　　　表4.4

序号	措施内容
1	发现不符合行为，分类由工程部开出不符合项报告
2	技术部分析其产生原因，制定纠正措施，交有关部门实施
3	工程部负责跟踪检查
4	检查结果报技术部，技术部对结果予以确认
5	自身无法解决的不符合项，工程部报公司项目管理部，公司项目管理部召集相关领导召开绿色施工问题研讨会，制定纠正与预防措施

4）体系审核制度

配合公司做好内审、外审工作，及时改正发现的不符合项。项目经理按阶段或年度亲自主持环境管理评审，确定改进内容（表4.5）。

环境管理评审内容　　　　　　　　　　　　　　　表4.5

序号	评审内容
1	体系运行中的不符合项，体系是否有效
2	体系贯彻情况，目标、指标完成情况，方案实施情况
3	环境活动与法律法规的符合性，职责划分的合理性
4	人、财、物资源是否充足，是否得到有效保证

5）环保管理奖惩制度

每月召开"施工现场文明施工和环境保护"工作例会，总结前阶段经验，进行奖惩，并布置下阶段工作。

6）资料整理制度

项目经理组织专人进行资料收集整理，内容见表4.6。

资料收集整理　　　　　　　　　　　　　　　　　表4.6

序号	资料
1	周边环境状况勘察报告、绿色施工方案
2	周边交通、建筑状况调查及处理利用方案
3	占地面积、占地土质状况
4	原材料、主要辅助材料、零配件列表（用量、价格、来源、规格、等级、产品检测合格证）；材料预算用量及实际消耗量
5	能源供应状况及计量网络图；电、油、汽预算需求量及实际耗用量
6	节水方案和技术措施、废水控制与处理工艺；计划总用水量及实际用水量；节水率、回用率
7	废物管理方案、回收废弃物比例达到可回收利用量的比例
8	有资质单位提供的环境影响报告（含环境报告书、环境监理报告、竣工环保验收调查报告），其中含生态环境和水源地貌、噪声、大气影响、光污染、废水、固体废弃物和室内空气质量等内容

7）绿色施工控制措施

绿色施工主要控制措施见表4.7。

绿色施工主要控制措施表　　　　　　　　　　　　　　表4.7

序号	措施项	主要控制措施
1	扬尘控制	现场建立洒水清扫制度，配备洒水设备（水炮机），并应有专人负责。裸露的地面和集中堆放的土方用网覆盖、固化或绿化。细颗粒散体材料如水泥、沙等密闭存放或用苫布遮盖。混凝土和施工垃圾的运输，使用密闭式运输车辆。施工现场进出口处设置冲洗车辆的设施，出场时必须将车辆清理干净，不得将泥沙带出现场。现场主要道路及场地全部硬化。办公区、生活区裸露的场地采取绿化或美化处理。现场材料堆放区、加工区及大模板存放区场地应平整坚实。 进行剔凿作业时，作业面局部应遮挡、掩盖或采取水淋等降尘措施。施工现场使用预拌混凝土，对工程浇筑剩余的预拌混凝土要进行妥善再利用，严禁随意丢弃。遇有四级以上大风天气，不得进行土方施工、转运以及其他可能产生扬尘污染的施工。建立封闭式垃圾站。

续表

序号	措施项	主要控制措施
2	有害气体排放控制措施	施工车辆、机械设备等要定期维护保养，使其保持良好的运行状态，尾气排放符合国家年检要求。现场严禁焚烧各类废弃物。电焊烟气的排放应符合现行国家标准《大气污染物综合排放标准》GB 16297的规定，施工现场尽量采用无毒或毒性小的焊接材料代替毒性大的焊接材料，如采用各种低尘低毒焊条，以降低电焊烟气的排放。选用全封闭、花园式、现代化商品混凝土搅拌站供应混凝土、砂浆，现场实现无搅拌。钢筋接头均采用直螺纹机械连接，减少焊接产生的废气对大气的污染。现场采用气体保护焊机，废气排放极少。钢结构焊接采取有效防护，减少废气弥漫。 混凝土搅拌站　　钢结构焊接防护
3	建筑废弃物控制措施	现场建筑材料均由具有丰富经验的专业技术人员放样下料，避免不必要的返工造成建筑废弃物增多。坚持执行工清料净、班后清理制度。提高施工质量标准，减少建筑废弃物的产生，提高墙、地面的施工平整度，一次性达到找平层的要求；提高模板拼缝的质量，提高钢筋桁架楼承板的拼接质量，避免或减少漏浆。设置封闭垃圾站，施工垃圾、生活垃圾分类存放，将其中可直接再利用或可再生的材料进行分类回收、再利用。 建筑废弃物分类处理：对施工过程产生的废弃物如混凝土落地灰、碎石、碎砖等可用于铺筑临时道路的基层、粉碎成级配后用于基坑回填等；对钢筋头、钢筋桁架板边角料等材料，由专业公司回收；木料、木板由胶合板厂、造纸厂回收；每次浇筑完剩余的混凝土用来硬化混凝土路面、建筑物周边的临时散水。 废旧材料的再利用：利用废弃模板来钉做遮光棚、吸烟棚、踢脚板、临时楼梯踏步等，利用废弃的钢筋头加固钢筋桁架楼承板、制作地锚拉环、制作消防挂笼等，利用木方、木胶合板搭设后浇带的防护板、铺垫运输通道处的高低错台等
4	水土污染控制措施	现场设沉淀池，三级沉淀池设置在现场大门处，工地四周排水沟收集的雨水，清洗混凝土搅拌车、泥土车等的污水经过沉淀后，可再利用。废弃的油料和化学溶剂等集中处理，不得随意倾倒。办公区、生活区均设置水冲式厕所。在厕所附近设置化粪池，污水经过化粪池沉淀后排入市政污水管道，并派专人定期检查污水水质。现场盥洗室、淋浴间的下水管线设置过滤网，并与市政污水管线连接。施工现场污水排放达到国家标准。定期委托清运单位及时清理，清运单位须持有相关部门批准的废弃物消纳资质证明和经营许可证
5	光污染控制措施	合理安排作业时间，尽量避免夜间施工。合理调整现场灯光照射方向，在保证施工作业面足够光照的前提下，减少对办公区域和周围建筑的干扰。在高处进行电焊作业时应采取遮挡措施，避免电弧光外泄，并采用钢结构焊接定型防护棚。

续表

序号	措施项	主要控制措施
6	噪声与振动控制措施	采取先进的施工工艺,选用噪声标准较低的施工机械、设备,对机械、设备采取必要的消声、隔振和减振措施,如振动器、混凝土输送泵、空压机等。在底板施工时,使用溜槽浇筑,有效降低噪声。分阶段对施工现场场界噪声进行监测记录,控制噪声排放不超过限值值。合理安置强噪声设备,尽量远离办公区或采取封闭降低噪声等措施,如施工降噪棚和钢筋加工棚。加强机械设备的日常维护保养工作。对施工现场采取遮挡、封闭、绿化等吸声、隔声措施,从噪声源减少噪声。车辆进入现场严禁鸣笛,装卸材料做到轻拿轻放。 混凝土输送泵　　　溜槽浇筑　　　噪声监测
7	节材与材料资源利用	尽量就地取材,施工现场500km以内生产的建筑材料用量占建筑材料总用量90%以上。依照施工预算,实行限额领料,严格控制材料的消耗。 模板支撑架龙骨采用几字梁,几字梁的物理力学性能比木方有很大提升,可以加大龙骨间距,减少龙骨用量,且几字梁不易损坏,可以提高重复利用次数,节约了材料。临边防护采用公司推行的标准化防护栏,可周转使用,安装方便、美观大方。盘扣式支架作为模板支撑架,较目前常用的扣件式或碗扣式钢管支架而言,承载力大,总用量省,安全性高,搭拆效率高,管理便捷,无小散件。基坑支护用的工字钢拆除后用作裙楼外挑架钢梁。外框及内筒板结构施工过程中将正式消防管提前插入,不仅减少了临时消防管的投入成本,还缩减了临时消防管穿越结构楼板后封堵的时间及费用。 几字梁　　　标准化防护栏　　　盘扣式支撑架
8	节水与水资源利用	签订标段分包或劳务合同时,将节水指标纳入合同条款。制定各施工阶段用水指标并严格控制。生产、办公用水分表控制,分别计量。建立用水节水统计台账,并进行分析、对比,提高节水率。厕所选用节水型龙头及节水阀门,采用节水型自动冲水箱,延迟冲洗阀门,既保持了厕所的卫生又节约了用水。利用雨水、沉淀池水进行洒水降尘、混凝土养护淋水、洗车用水等。对施工现场的污、废水等非传统水源进行综合处理,努力提高水循环利用率,减少污、废水排放量。现场施工养护采用塑料薄膜养护方法,由于塑料薄膜保水性好,原本需要每小时洒水养护,可以延长时间。大底板混凝土养护采用覆盖塑料布+保温毯综合蓄热保水养护。加强用水设备的日常监督与维护,杜绝"跑、冒、滴、漏"现象的发生,避免或减少了水源浪费。基坑支护采用止水帷幕隔断基坑内外水力联系,坑内设置疏干井疏干坑内残留的地下水,大量减少地下水抽排。将局部降水进行收集,用于锚杆施工、混凝土养护、车轮清洗等

续表

序号	措施项	主要控制措施
9	节能与能源利用	施工现场制定节能措施，提高能源利用率，对能源消耗量大的工艺必须制定专项降耗措施。能源消耗主要在大型设备、电焊机等高能耗电器上，施工区做到用电器具不用立即断电的使用制度。临时设施的设计、布置与使用，采取有效的节能降耗措施。临建设施的搭设充分利用自然条件，保证采暖、通风。采用保温隔热材料制成的复合墙体和屋面搭设临时设施，选用密封保温隔热性能好的门窗。办公区、生活区及施工现场全部采用LED灯，施工现场安全防护使用太阳能警示灯，节能环保。办公区、生活区做到"人走灯灭"的制度化管理。制定各施工阶段用电指标并严格控制。生产、办公用电分表控制，分别计量；用电电源处设置明显的节约用电标识。分别建立施工、办公用电专电统计台账，定期分析用电情况。选用高效节能电动机、电动设备。施工机械设备严格执行"保养、保修、检验"制度，杜绝"滴、漏、跑、冒"现象。
10	节地与土地资源利用	现场平面布置合理、紧凑，在满足环境、职业健康与安全及文明施工要求的前提下减少废弃地和死角。根据不同施工阶段用地特点进行各阶段的平面布置策划。基坑支护方案采用"护坡桩+内支撑+预应力锚索+土钉支护"形式，减少土方开挖量。施工现场物料堆放紧凑，施工道路按照永久道路和临时道路相结合的原则布置，减少土地占用。3BS商场横跨市政道路，采用钢桁架逆序拼装、整体提升施工技术整体提升景茂街大跨度桁架，提前施工完景茂街部分，重新划分施工现场平面布置，景茂街部分作为临时施工厂区。现场临时围墙采用轻集料混凝土砌块、钢丝网、彩钢板，节约用地。本工程施工现场南、北、西侧有施工场地，充分利用了南、北侧的场地作为加工场和西侧场作为办公、生活区。在施工现场设置一条6m宽环形硬化道路作为永久道路，直至工程完工。办公区采用三层装配式活动房，增加土地的使用率。保护现场周边自然生态环境，项目部青年职工宿舍使用面积达到4m²/人

5.技术创新激励机制

完善技术创新激励机制，让优秀技术创新人才得到合理回报，释放各类人才创新活力。营造良好创新环境，形成有利于竞相成长、各展其能的激励机制。

（1）技术创新与现有薪酬制度挂钩，技术创新成果作为调整薪酬依据之一。

（2）技术创新与个人荣誉挂钩，作为公司优秀工程师评比条件之一。

（3）技术创新与升职挂钩，个人职务调整参考个人技术创新成果。

（4）技术创新与项目荣誉挂钩，技术创新成果作为项目申请管理奖依据之一。

二、技术篇

1. 环境友好、经济舒适的结构性能优化设计

1）高烈度设防区（8度0.2g）结构最佳抗震性能优化设计

采用组合框架–钢筋混凝土核心筒结构体系提供良好的抗侧刚度和水平抗剪承载力，具有双重抗震防线，冗余度高，安全性好。综合考虑结构刚度、周期、墙肢内力、楼层功能，于F6层及F27层各设一道伸臂桁架（图4.8），以最佳的数量及合理的位置，有效地分配地震作用，最大限度发挥结构整体及各个构件的抗震能力。

2）基于风洞试验的结构舒适度模拟分析

考虑周边环境，对结构进行整体风振响应及等效静力风荷载研究，对塔冠进行大比例局部模型风压测试（图4.9），试验结果充分说明本项目结构风振舒适度满足国内、国际要求，且远小于限值（不足50%），大大提升了用户的使用体验。

图4.8　伸臂桁架　　　图4.9　风洞试验模型及大比例塔冠风洞试验模型

3）模拟人行荷载分析，按国际领先标准控制舒适度

人行走动引起的楼板振动是正常使用状态设计中需考虑的重要问题，应避免过大楼板振动给用户造成的不舒适感。对酒店层及办公层进行人行荷载下的楼板振动分析，采用国际领先标准从严控制，酒店层响应因子最大值$R=6.364$（图4.10），办公层响应因子最大值$R=6.651$（图4.11），小于各规范之较严限值（$R=8$），有力保障了使用舒适度。

采用本技术，在确保结构安全的前提下，每平方米用钢量比类似300m建筑降低了20%。通过风压试验实测塔冠各异形表面风压数据，对规范做出补充，避免了设计时因规范列举情形不足、采用过度放大参数而造成的浪费。

2. 复杂城市环境地下空间开发技术

1）优化地下空间功能开发，实现110万㎡国贸建筑群互联互通

为提高城市空间的容量和集约化利用程度，减少地面的拥挤，将城市中的一些

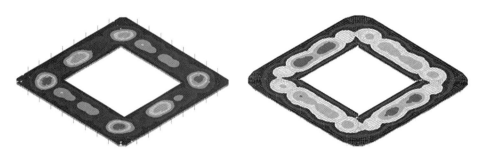

图4.10 酒店（10层）响应因子   图4.11 办公（34层）响应因子

活动空间适当引导进入地下空间已成为未来城市中心区发展的必然趋势。

本工程与国贸一期、二期、三期A一起构建了完整的国贸CBD地下空间，并且预留了后期与CBD东扩及嘉里中心地下空间的联通口，以期形成嘉里中心、国贸中心及CBD东扩地下步行空间互联互通（图4.12）。

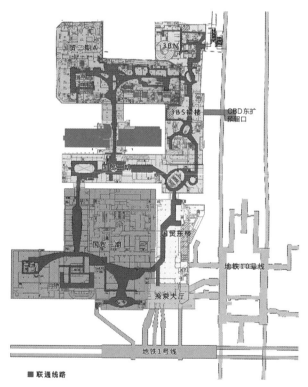

图4.12 国贸地下空间联络图

同时，国贸中心东楼改造项目及地铁换乘大厅完成后可实现与地铁1号线和10号线的无缝接驳，全面实现人车分流，极大地疏解了区域交通压力。

2）复杂地下空间微变形控制开挖技术

3BS南侧与国贸二期大楼之间道路（国贸二期消防通道）下方为3BS地下S4段结构范围，地下3层（图4.13）。S4段基坑开挖深度北侧按18.5m、四周按19.1m考虑。S4段基坑边线南侧400mm为已建成的国贸二座塔楼，地下室3层，基础埋深比S4段基坑开挖深度浅800mm。国贸二座塔楼为钢筋混凝土核心筒＋钢框架体系，基础为利用天然地基的箱形基础，对变形极为敏感，且长时间变形不稳定。二座原有护坡桩侵占了S4段部分结构，若将其凿除，二座基础底面处于临空状态，风险较大。

为保证基坑安全，减小基坑开挖对二座结构的影响，与建筑设计沟通，将S4段外墙线向北移800mm，南侧基坑支护利用二座原有护坡桩作为围护结构，在护坡桩和S4结构之间架设一道钢支撑，保证基坑稳定性（图4.14）。对施工过程开挖工况进行数值模拟，模拟结果表明基坑开挖到国贸二座基础时总变形仅为1.91mm（图4.15）。施工前在国贸二座周圈布置监测点进行实时监测，监测数据显示国贸二座沉降为2mm左右，基坑开挖对国贸二座的变形影响控制在允许范围内（图4.16）。

图4.13　S4段基坑位置图

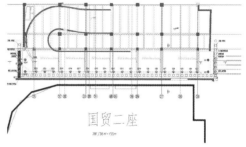

图4.14　S4段基坑支护平面布置图

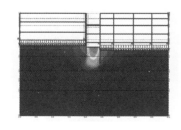

图4.15　S4段基坑数值模型示意图

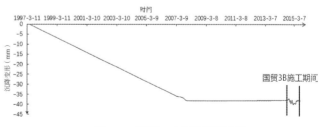

图4.16　国贸二座沉降监测曲线

国贸桥交通拥堵，地下空间的开发极大地疏解了区域交通压力，改善了民生。基坑支护利用原有支护桩，不仅节省了支护成本，而且减小了施工对已有建筑的影响，提高了安全性。

3. 考虑基础碟形沉降影响的竖向压缩变形补偿技术

超高层结构基础沉降和自身竖向压缩变形均会引起结构的不均匀沉降和次生应力，导致结构、管线、装饰的开裂和破坏。以往超高层建筑一般从首层开始分析内外筒沉降差异，本工程采用基础设计分析软件进行基础底板沉降计算，基础底板内外筒沉降差异较大，呈现出明显的碟形沉降效应（图4.17），且绝对值达到6cm，因此本工程竖向压缩变形补偿创新性地从基础阶段开始考虑。

考虑碟形沉降和混凝土收缩徐变，对外框柱、核心筒不同阶段的竖向变形进行模拟，得到了超高层结构竖向变形和变形差的变化规律（图4.18），结果表明使用1年后的竖向变形量达到使用50年变形总量的90%，按照竣工1年的模拟结果数据对结构竖向预留变形进行了优化调整，并在施工期间根据监测数据随时调整后期的预留量。根据塔楼实测沉降可知，竣工1年后基础沉降已经基本稳定，竣工2年后基础沉降较竣工1年后只增加了5%左右，按照竣工1年的模拟数据进行变形补偿符合工程实际（图4.19～图4.21）。施工过程中除预留变形补偿量之外，内筒与外框柱连接钢梁用全铰接方式，伸臂桁架采用后连接方法，减小了施工期间混凝土收缩徐变的影响。

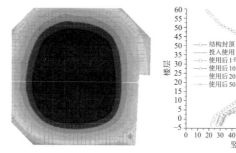

图4.17 基础碟形沉降计算云图

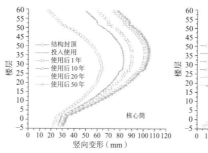

图4.18 核心筒/外框柱不同竣工时间竖向变形量

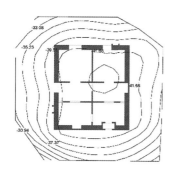

图4.19 结构封顶后基础沉降

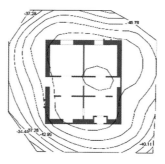

图4.20 竣工1年后基础沉降

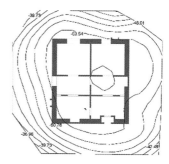

图4.21 竣工2年后基础沉降

首次提出了考虑超高层结构基础碟形沉降和竖向压缩相结合的变形补偿技术，实现了精确建造，保证后期结构的正常使用，减少材料、人力的浪费。

4.超高层建筑内筒、外框同芯高精度测控技术

本工程核心筒采用爬模施工，测量控制点容易受到施工过程的影响；核心筒领先外框柱施工，外框筒钢柱校正时的激光传递同样受到悬空无测量作业面、控制点无辅助面的影响。由于超高层建筑对垂直偏差特别敏感，结构竖向偏差直接影响工程受力，同时电梯井道的垂直度会影响到后期高速电梯的安装，因此对核心筒、外框架的同芯度控制测量精度要求很高。

为控制核心筒、外框柱的垂直度，核心筒施工时在核心筒墙角钢柱上安装专业测量装置，外框筒钢柱施工时在核心筒四角立面墙体架设测量平台，有效解决了超高层建筑高空无作业面的问题，通过超高层钢柱测量校正基座来进行控制点的精密传递，核心筒及外框架的同芯度得以保证，测量校正基座可周转，测量作业安全度高（图4.22、图4.23）。

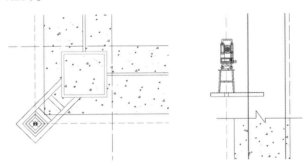

图4.22　附着在核心筒钢柱上支架立面图

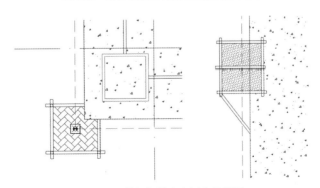

图4.23　外框架激光点平台示意图

5.超厚大体积底板混凝土施工及裂缝控制施工技术

主塔楼基础底板平面尺寸为47m×50m，底板核心筒厚度为3.4m，外框厚度为3m、2.9m。混凝土强度等级为C50P10，总浇筑方量为8000m³，属于超厚大体

积混凝土底板。底板混凝土强度等级偏高，水泥用量大；平均厚度厚，散热条件差；浇筑时间为2014年1月12—14日，最高气温5℃，最低气温-20℃，内外温差大。因此，控制超厚大体积混凝土底板的内部绝对温升，进而控制底板不出现贯穿裂缝成为施工关键。

为解决上述问题，与清华大学材料室通过正交试验法优选混凝土配合比，突破现行规范限制，加大粉煤灰掺量，模拟试验结果及配合比设计通过专家论证会审批（表4.8）。

混凝土配合比设计 表4.8

材料名称	水泥	细骨料	机碎石	粉煤灰	矿粉	外加剂	水
产地	唐山冀东	河北滦平	北京密云	唐山	三河	天津雍阳	自来水
规格品种	P.O42.5	中砂	5～25mm	I级	S95	UNF	—
用量（kg/m³）	230	680	1060	180	50	10.6	165

同时选择合理浇筑方式和保温措施来保证底板大体积混凝土施工质量，选择溜槽为主、泵送为辅的工艺，在48个小时内完成浇筑，高峰期每小时浇筑超过600m³（图4.24）。

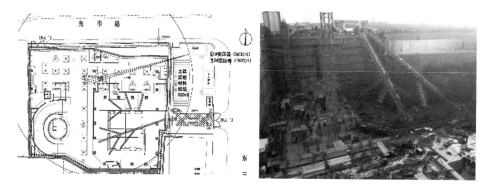

图4.24　大体积混凝土底板浇筑施工

底板设置9个热电偶组用于记录筏板中混凝土余热（图4.25），随时掌握混凝土内部与表面温差及大气温度变化情况，及时调整保温层数量，防止裂缝产生。施工至今混凝土表面状态良好，未出现可见裂缝。

6.超高层施工混凝土泵管清洗及养护技术

1）水气联洗技术

随着楼层高度的增加，每浇筑完一次混凝土，泵管内滞留的混凝土会越来越多，每100m泵管内的混凝土约有1.23m³。常规混凝土泵管的清洗方式采用水洗，

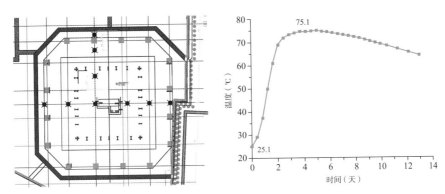

图4.25 混凝土测温点分布及结果

对超高层混凝土施工而言，水洗时管道所需压力高，导致安全隐患及堵塞风险高，同时耗水量大，易产生大量废水废渣，不利于环境保护及绿色文明施工。

本工程150m以上采用水气联洗技术。水气联洗是将管道中所有混凝土推回至混凝土罐车，150m以上混凝土泵送每趟泵管中混凝土量超过5方，此部分混凝土必须加以回收，否则将造成资源的极大浪费。泵送结束后，关闭泵机附近液压截止阀，在泵管末端安装水气联洗接头，接头中塞有2个海绵柱及一小段水柱。然后打开截止阀，管道中混凝土靠自重下降。因混凝土与管道之间存在摩擦阻力，当竖向泵管中的混凝土自重与管道阻力平衡后，混凝土停止下降，此时可在布料机末端充入压缩空气，通过压缩空气将泵管中剩余混凝土推出管道。海绵球通过管道时，将其内壁清洗干净。

水气联洗接头是水气联洗施工的关键构件，泵管接口用于水气联洗接头与布料机末端或泵管相连，后盖上安装有气管接口，用于与空气压缩机连接充气，接头中部设置注水孔，用于两个海绵柱中间充入少量水柱，具体构造如图4.26所示。

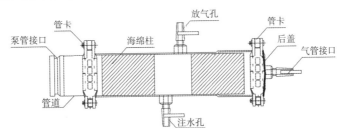

图4.26 水气联洗接头构造示意图

采用水气联洗技术进行管道清洗，清洗效果好、效率高，单次耗时仅为水洗耗时的44%；无堵管风险，洗管成功率高达100%；施工成本低，且需水量小。

2）核心筒全自动喷雾式混凝土养护装置

高层、超高层工程施工顺序一般为核心筒先行，施工过程中核心筒高度比外框高度高，从而出现混凝土养护人员无法养护高处混凝土的现象。为保证施工安全和混凝土养护质量，本工程采用全自动喷雾式混凝土养护装置，确保养护的及时性和安全性（图4.27）。全自动喷雾式混凝土养护装置，设置在爬模下方，包括进水管路、主管路和自动定时开关。进水管路与主管路可拆卸连接。

全自动喷雾式混凝土养护装置可对高层、超高层混凝土进行养护，不需要人员高处作业，安全可靠；进水管路和核心筒混凝土转角处采用软管，适用于各类复杂地形的安装；本装置结构简单、拆装方便，可重复利用，回收方便。

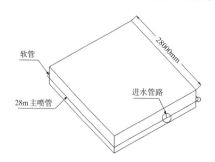

图4.27 喷雾式混凝土养护装置简图

7. 超高层核心筒液压爬模施工技术

为有效缩短主楼结构施工周期，本工程核心筒剪力墙选用爬模施工，但核心筒的壁厚、平面形状及平面定位尺寸沿竖向变化较大。爬模体系的选择、爬模和核心筒外塔式起重机、核心筒内临时施工电梯、超高压泵管、布料机及上层钢结构之间的关系处理等都将是本工程施工控制的重点与难点。

本工程核心筒外墙采用JFYM150型外墙液压爬模架，核心筒采用JFYM100型物料平台液压爬模架，爬模架的提升可分段、分片或整体完成。本工程爬模共布置了72个液压爬模架机位，其中外墙液压爬模架（JFYM150型）24个机位，物料平台液压爬模架48个机位（图4.28）。

采用本技术，标准层施工速度达3天/层，对比普通模板及架体施工，可提速50%；同时核心筒墙体分两段流水施工，大幅提高了劳动力及资源投入效率；液压爬模可回收利用，加快了材料的周转率。

8. 可调截面巨型钢骨柱铝合金模板施工技术

本工程主塔楼外框矩形柱采用全铝模板施工，柱子截面尺寸为1800mm×1800mm、1600mm×1000mm、1300mm×1000mm、1000mm×1000mm、

图4.28 超高层核心筒液压爬模施工图

$900mm \times 850mm$、$800mm \times 700mm$、$800mm \times 650mm$。

本工程主塔楼仅布置2台塔式起重机，吊次紧张。外框柱采用质量轻、不需塔式起重机吊运的铝合金模板。为了更好地适应本工程外框柱截面尺寸多变的特点，对铝合金模板体系进行专门设计，设计了一种L形钢背楞（图4.29），通过双拼L形槽钢背楞上角钢位置的变化来适应不同截面（图4.30），从而可实现通用紧固设计，取消了传统钢骨柱支模需要设置的对拉螺杆或拉顶杆等，加快了现场施工进度同时减少了现场措施投入，且施工工艺简单，缩短了工期，节约了成本。

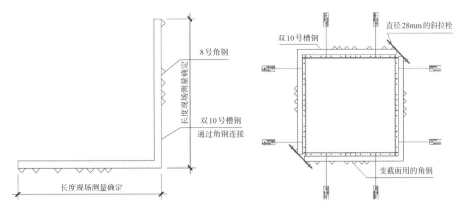

图4.29 双拼L形槽钢背楞的设计加工图　　**图4.30 铝合金模板体系安装图示意**

由于铝合金模板质量较经，利用FS消防电梯洞口，使用电动葫芦、钢丝绳向上转运铝合金模板，小块模板采用人工搬运。

铝模板与传统木模板相比，在耐久性、经济性、工效等方面均有明显优势。铝模板可重复利用300次以上，均摊成本极低，能够有效节约建筑模板成本。铝模板单块质量轻，便于搬运，不占用塔式起重机吊次，降低了能耗。

9.钢结构深化设计

本工程用钢量达31000t，钢构件9000余支。通过使用计算机辅助设计，推动钢结构工程的模数化、构件和节点的标准化,自动校核、纠错、出图、统计,提高设计水平和效率,顺利实现构件工厂加工、现场拼装的工程目标,降低返修率,降低钢材损耗,加快施工进度。

1)钢板墙深化设计

B1~L7层核心筒设置钢板剪力墙,材质为Q345GJC-Z15,最大厚度为40mm,按每节两层分段深化,每段高度控制13m,宽度控制3.5m(图4.31)。

纵向连接采用高强度螺栓(图4.32),上下节间连接采用全熔透焊接(图4.33),为减小焊接变形,钢板墙横焊缝采用正反坡口,坡口长度控制在900~1000mm。

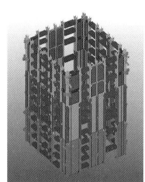 

图4.31 B1~L7层核心筒钢板剪力墙

 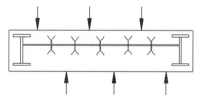

图4.32 纵向连接采用高强度螺栓   图4.33 钢板剪力墙设计图

2)桁架层钢结构深化设计

外框钢结构一共设置了两道伸臂桁架(L6~L7层、L27~L28层)和一道腰桁架(L6~L7层)(图4.34、图4.35)。将外框结构与核心筒结构牢固地结合在一起,与核心筒剪力墙共同构成本工程的主要抗侧力体系(图4.36、图4.37)。

3)组合结构深化设计

本工程中存在大量的组合柱、组合梁以及钢板剪力墙,其钢骨栓钉、主筋、箍筋密集,各类构件在空间上可能存在冲突,因此在钢结构深化设计阶段以及混凝土

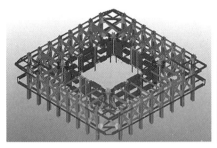 

图 4.34　L6～L7 层伸臂桁架、腰桁架　　　图 4.35　L27～L28 层伸臂桁架分布图
　　　　　分布图

 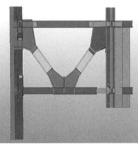 

图 4.36　L6～L7 层伸臂桁架深化

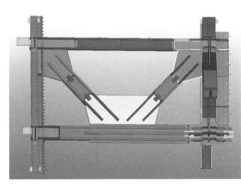 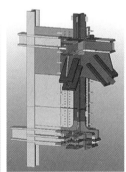 

图 4.37　L27～L28 层伸臂桁架深化

　　结构施工前，需要提前考虑并解决各种节点问题，保证钢构件安装完满足后续土建施工要求，减少施工难度及劳动强度，提高作业效率，加快施工进度（图 4.38）。

　　10.封闭结构下轻型钢结构半自动自爬升施工技术

　　超高层建筑多采用框架–核心筒结构体系，核心筒混凝土施工多采用爬模或顶模技术，爬模及其平台在核心筒上部形成一个全封闭的大帽子，使核心筒内部平面结构施工无法利用塔式起重机等大型机械，核心筒内水平结构施工滞后于竖向结构。同时爬模架体与下部已完成施工的结构之间无法形成疏散通道，在施工阶段存在极大安全隐患。

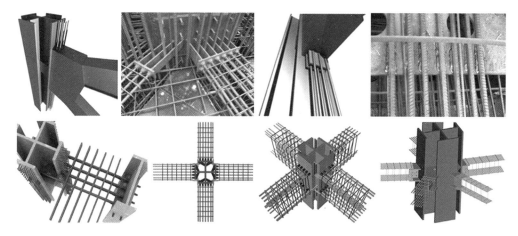

图4.38 组合结构设计图

本工程将核心筒内部混凝土楼梯优化为钢楼梯，并设计一套半自动爬升吊装机构（图4.39），该系统利用液压爬模原理，跟随工程进度单独爬升，同时该系统与上部爬模平台、下部钢楼梯共同形成主塔楼施工期间作业面人员的消防逃生通道，解决了超高层建筑施工期间应急疏散通道的问题。

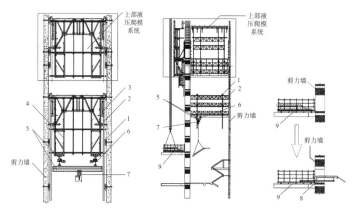

图4.39 液压爬升吊装机构工艺原理图

1— 附墙挂座；2—爬升导轨；3—液压顶升装置；4—主承力桁架架体；5—双向行走轨道；
6—电动行走机构；7—电动环链葫芦；8—水平运输滑车；9—运料平台

封闭结构下轻型钢结构半自动自爬升施工工艺借助于液压顶升装置、主承力桁架架体、电动环链葫芦和水平运输滑车等对钢结构进行吊装作业。主承力桁架架体为本机构的主要承重体系，与液压顶升装置和爬升导轨共同附着于附墙挂座，通过附墙挂座将机构自重荷载和吊装荷载传至核心筒结构墙体；液压顶升装置和爬升导轨相互配合，实现整个吊装机构的自动爬升；钢构件通过塔式起重机垂直运输至附着于外框钢结构上的物料平台上，通过水平运输滑车将钢构件水平运输至电动環鏈葫蘆下方，電動環鏈葫蘆與雙向行走軌道相連接，通過電動行走機構可將構件吊裝至任意位置。

环链葫芦下方，电动环链葫芦与双向行走轨道相连接，通过电动行走机构可将构件吊装至任意位置。

本工艺使封闭结构下的轻型钢结构施工利用自动化机械成为可能，降低了施工安全风险，提高了施工效率，缩短了专业间施工的工期间隔，节约了工程成本。

11. 大跨度钢桁架整体拼装、逆序提升施工技术

3BS裙楼横跨市政道路景茂街，景茂街上方设计4层大跨度钢结构桁架层，主桁架跨度为23m，两侧为悬挑桁架，每层钢结构重量约为250t。景茂街为城市次干路，对工期要求高；钢柱最大重量约为25t，箱形钢梁（不分段）最重达50t，构件重量大，高空拼接安装困难；构件数量多，每层需200吊次，对塔式起重机使用需求高，现有塔式起重机无法满足安装需求，若增加塔式起重机，则利用率低、成本高。

采用整体拼装、逆序提升的施工工艺，桁架拼装借助于履带式起重机，由低层到高层依次在地面上将结构进行拼装、焊接，随后利用液压提升设备，由高层向低层依次将结构提升就位，成功解决了场地狭小状态下多层大跨度重型钢结构安装困难的问题。

1) 周边结构的保护措施

整体提升时，每层约250t的荷载将对提升周边的原结构柱产生影响。为保证周边结构的稳定性，需在提升前将周围结构形成稳定的受力体系。为此，先将中部4个箱形柱外部的钢柱、钢梁、钢桁架焊接完毕，以形成有效的抗击侧力的受力体系。通过计算，在整体提升过程中，原结构钢柱的应力及位移均满足要求（图4.40、图4.41）。

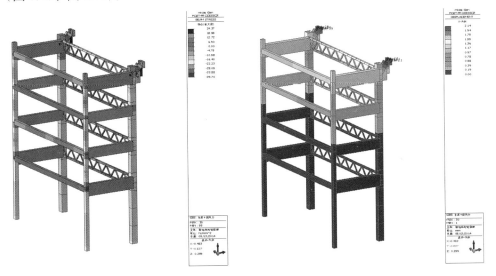

图4.40　原结构柱应力图（最大值39.7MPa）　　图4.41　原结构柱变形图（柱顶最大水平变形2.1mm）

2）整体拼装辅助胎架受力验算

根据胎架的重量、位置等进行受力验算。根据有限元软件分析结果，L3层胎架应力为139.58MPa，L4层及以上胎架应力为126.94MPa，最大变形约为0.2mm，满足设计要求（图4.42～图4.45）。

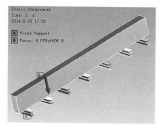

图4.42 L3层胎架荷载与约束模型

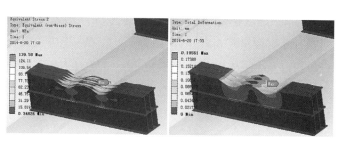

图4.43 L3层胎架应力与变形云图

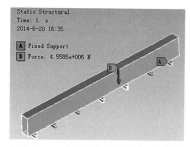

图4.44 L4层及以上层胎架荷载与约束模型

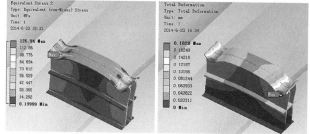

图4.45 L4层及以上层胎架应力与变形云图

3）整体提升施工流程

整体提升施工流程如图4.46～图4.51所示，较传统塔式起重机安装方案，该施工流程节省了工期与成本，安全风险小，且无需燃烧柴油，部分材料可重复利用，绿色环保。

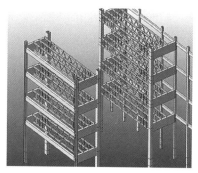

图4.46 整体提升周边结构安装

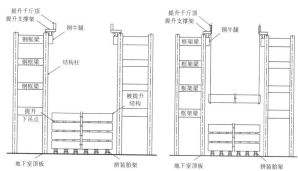

图4.47 拼装成整体提升单元　图4.48 整体提升L6就位

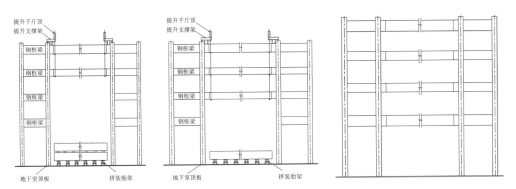

图4.49　整体提升L5就位　　**图4.50　整体提升L4就位**　　**图4.51　整体提升L3就位**

12.主塔楼超高复杂钢结构安装施工技术

本工程钢结构伸臂桁架共有两道，分别位于L6～L7层、L27～28层，为保证安装精度和避免返工，需在加工厂进行预拼装；塔冠为异形钢框架结构，节点复杂，用钢量大，竖向构件斜率大，设计有大量悬挑构件，施工难度大。

1）伸臂桁架安装

外筒伸臂桁架层钢柱安装完成后，首先安装伸臂桁架下弦，然后安装腹杆，最后安装伸臂桁架上弦，安装顺序如图4.52所示。

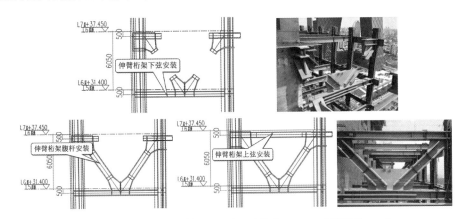

图4.52　伸臂桁架安装原理图（尺寸单位：mm；标高单位：m）

本工程伸臂桁架平面焊接按照由核心筒向外筒的顺序进行。伸臂桁架焊接单层顺序应先焊接下弦杆，后焊接上弦杆，最后进行腹杆焊接，腹杆焊接时先完成节点一、节点二的焊接，再完成节点三、节点四的焊接（图4.53）。

2）塔冠

采取对塔冠钢结构进行深化设计、模拟安装稳定性分析、加设临时支撑等措施来保证塔冠钢结构施工的质量及进度（图4.54）。

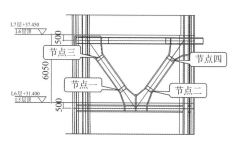

图4.53 伸臂桁架平面焊接顺序图（单位：mm）

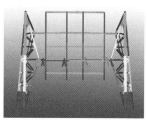

图4.54 塔冠示意图及三维模型

根据钢结构的结构特点和现场安装需求，对核心筒钢柱、核心筒桁架、外框钢结构进行分段（图4.55～图4.57）。

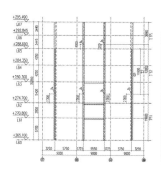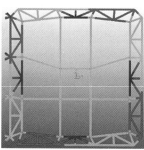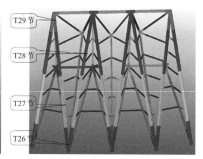

图4.55 核心筒钢柱分段　　　图4.56 核心筒悬挑桁架分段　　　图4.57 外框钢结构分段

根据现有结构和现场施工顺序，对外框T27节和T28节钢柱安装的稳定性进行工况分析。分析模型主要考虑构件自重和风荷载（0.3kN/m²）。外框T27节、T28节钢柱安装后最大钢柱位移均出现在角部钢柱柱顶，分别为7.27mm、25.73mm。为保证T27节、T28节钢柱安装阶段的稳定性，施工过程中在T27节、T28节竖向标高中间部位安装一层临时梁，安装阶段的最大变形分别为1.65mm、5.60mm，满足安装精度的要求（图4.58）。

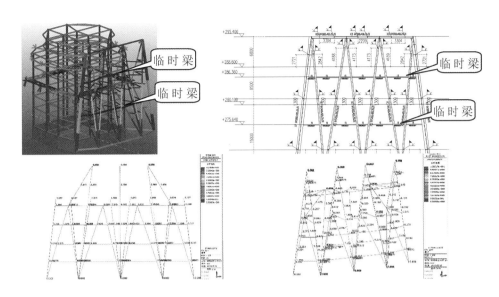

图 4.58　T27/T28 节外框柱安装完毕后稳定性分析结果

13."冰蓄冷制冷＋低温送风＋变风量（VAV）"的高效绿色节能制冷系统

本工程采用中央制冷系统，中央冷源系统由 8 台电能离心式冷水机组、板式热交换器、水泵等组成，系统配备相应的冷却水塔共 12 台。办公楼的空调系统为变风量 VAV 系统，外区 VAV 箱设加热盘管。办公楼的空调机、新风处理机组均采用四管制水系统，冷冻水及采暖热水竖向采用同程四管制输配系统。窗边散热器采用单独的采暖水立、支管供暖。通过空调处理机组风机变频控制、变风量运行，可以依据房间内的工作人员不同时间、不同部位的需求，变风量系统进行相应的独立调节，从而提高室内舒适度，充分体现了办公环境的人性化设计，并达到节能的目的。

冰蓄冷空调系统利用夜间廉价电力制冰蓄冷，白天融冰供冷，充分提高空调主机设备利用率和工作效率，是国家和行业大力推行的节能减排技术。低温送风系统与冰蓄冷系统结合，可使空调风及空调水的流量大大减小，节省了运行费用，且低温送风还可提高空气品质。变风量空调系统即系统部分负荷时采用变频调速技术，空调机组装机容量减小，各区域温度可控，提高了空调的舒适性。低温送风空调系统与蓄冰技术结合，并辅以变风量形式，是解决空调行业发展和能源供应紧张的有效方法。

针对低温蓄冰槽防渗漏、超低温送风空调系统漏风和冷桥导致结露等技术难题，研发了一种增强型蓄冰槽防水保温施工工艺，形成更可靠的蓄冰槽防水保温结构，提高了蓄冰槽侧壁的抗撞击能力；风管漏风量检测完成后，在空调机组正常运转的情况下，创新性地利用红外热成像仪对风管进行扫描拍照，检测系统中漏风或保温不严密的部位（图4.59）；研发防结露型低温风阀和新型低温空调水管道保温管托，增强保温效果，防止产生冷桥和结露。

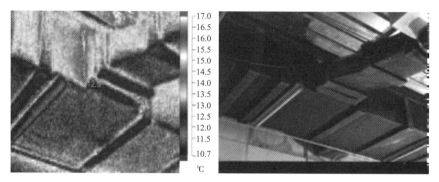

图4.59　法兰连接处红外线成像照片和可见光照片对比

创新应用"冰蓄冷＋低温送风＋变风量"组合式制冷系统，并研发了成套关键技术，解决了系统应用的系列难题，比传统使用的定风量系统节约30%电力，均衡城市电网峰谷，节能高效。

14.全生命周期BIM技术应用

本工程体量大，可利用场地受限，钢结构和机电深化设计复杂，现场设计变更数量多，质量安全管理难度大。将BIM技术应用于项目各关键节点，最大限度服务于施工全过程。

1）BIM施工场地布置

利用Revit、3Dmax将施工阶段分为5个阶段，搭建施工各阶段场地模型，确定场地堆料位置，解决了现场可利用场地狭小的难题（图4.60～图4.63）。

图4.60　底板施工阶段场地布置

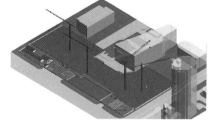

图4.61　地下室施工阶段场地布置

2）BIM指导钢结构全周期应用

本工程用钢量大，结构形式复杂，深化设计和施工难度都很大。利用BIM技术对钢结构施工从深化设计、物料采购到数字化加工，再到复杂工艺模拟、物料追踪

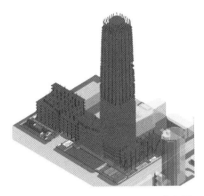

图4.62　36层以上施工阶段场地布置　　图4.63　装修及室外工程施工阶段场地布置

等全周期进行精细化管理，大大减少了材料浪费，提高了现场安装质量（图4.64～图4.69）。

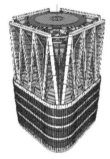

图4.64　整体模型　　　　　图4.65　标准层模型　　　图4.66　塔冠钢结构模型

图4.67　构件三维扫描成像

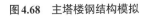

图4.68　主塔楼钢结构模拟　　图4.69　大跨度重型桁架安装三维效果图

3）机电、幕墙深化设计

采用二维、三维一体化的深化设计模式，通过三维建模综合排布，随时发现问题随时调整模型，最终实现空间"零"碰撞，并减少40%深化出图时间（图4.70～图4.72）。利用BIM模型的可视化工具，可根据实际参数进行设备排布和可视化漫游，对同时涉及多专业的交叉工作进行协同指导施工。通过三维机电深化设计得到的BIM模型，可以直接导出构件清单（图4.73），交由工厂进行加工，提高精度和安装效率；也方便日后业主的维护与维修，从而起到数据信息共享的作用。

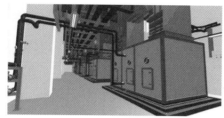

图4.70　设备三维模型　　　　　　图4.71　管线三维模型

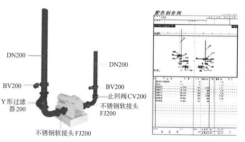

图4.72　管道碰撞检查　　　　图4.73　BIM模型直接导出构件制作清单

本工程幕墙呈"竹节"状，预制化数字加工存在一定困难。通过利用相关软件对幕墙模型进行深化，将大面单元板块4616块、转角区域单元板块2560块、翘曲单元板块2036块深化后的幕墙模型与加工设备结合，实现幕墙构件预制的数字化精确加工，保证了相应部位的工程质量（图4.74）。

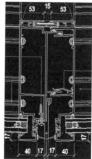

图4.74　幕墙模型深化设计图

4）技术重难点工艺分析

通过利用Revit、3Dmax等软件，模拟输送管、水平缓冲管、垂直管、布料杆等的布置及其连接方式，提前解决了与各专业交叉作业的问题，制定出最佳泵送线路，通过模拟超高层混凝土泵送的施工工艺，实现了可视化交底，使超高层混凝土泵送作业提前4天完成（图4.75、图4.76）。

图4.75 首层泵管布置图　　　　图4.76 操作平台布置图

主体结构钢骨及其埋件对液压爬模的埋件系统、模板系统和架体系统有很大影响。通过对爬模全过程进行施工模拟，发现与爬模有冲突之处，并及时进行处理（图4.77～图4.79）。

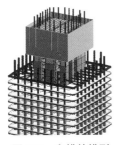

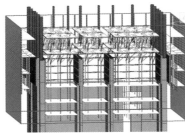

图4.77 爬模的模型　　图4.78 爬模的剖面视图　　图4.79 外爬架局部的三维视图

5）进度、材料、设备、质量、安全管理

通过Navisworks平台，将进度计划、实际工程用量、现场照片、资料、网页等多种形式整合到模型内，并通过移动端软件，在现场实时浏览模型，对比现场施工状况，实现进度、材料、设备、质量、安全管理（图4.80～图4.83）。

图4.80 基于Navisworks平台的进度管理　　图4.81 BIM模型提取物料清单　　图4.82 质量管理

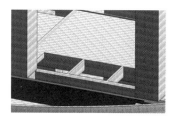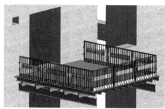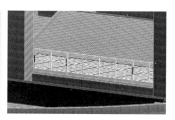

图4.83　安全管理

在BIM模型搭设阶段就可提前发现建筑结构图纸由于信息孤岛存在的问题，在现场施工前有充足时间进行更改。累计发现713处建筑结构方面的设计问题，完成项目三维交底10余次，较好地促进了现场施工质量管理和安全管理。提高材料、设备管控效率，减少了现场管理安装施工时间，加快了施工进度。通过可视化的总平面管理，减少了现场材料转运次数。

15. 超高层大型塔式起重机选型和布置

超高层建筑中，各专业交叉多，吊装高度高，单次吊装时间长，因此超高层塔式起重机选型及布置需要结合业主对工期的要求，对施工过程进行详细的吊重吊次验算，并综合考虑工序之间的交叉影响、材料堆场位置以及构件分布等多方面因素，确保满足现场施工需要，尽可能不出现施工盲区，从而确保塔式起重机方案的合理和经济。

本工程西侧紧邻数码01大厦，东侧为东三环主干道，北侧为市政道路光华路，现场场地紧张，仅场地北侧及东侧可设置构件堆场。综合考虑塔式起重机臂长、覆盖范围、运输通道和堆场等因素，选用1台ZSL750（外附塔）和1台M760D（内爬塔）作为整个结构施工期间垂直运输工具，仅在核心筒内布置一台塔式起重机，提高核心筒区域的施工工效，节省工期（图4.84）。

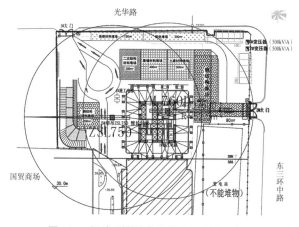

图4.84　场地环境及塔式起重机布置示意图

由于核心筒墙体施工层超前于核心筒外框施工层，为满足塔楼施工，ZSL750塔式起重机采用两套附着体系：核心筒上临时附着及外框柱上永久附着。先在核心筒墙上安装临时附着以满足塔式起重机的使用高度，随后当外框柱施工层跟进后将临时附着倒换成外框正式附着以减少对后续幕墙、精装修作业的影响。

在同类工程安装 3 台塔吊完成施工任务的情况下，本工程适应场地环境，通过外附塔附着转换，创新性地采用 2 台动臂塔完成 300m 量级超高层的建造，主楼工期平均 6 天/层。同时，本工程通过合理规划配置，将塔楼动臂塔的安装与裙楼塔式起重机一起规划考虑，将外附塔的进场安装时间推迟 7 个月，内爬塔的拆除时间提前 2 个月，不仅节省了成本，还大大减少了塔式起重机安装和使用的耗能和排放。

16. 主塔楼异形幕墙安装施工技术

本工程幕墙造型丰富复杂，幕墙形式多样，1～4 层为框架式幕墙，5 层以上为单元式幕墙，玻璃幕墙构成的"竹节"层造型给施工增加了相当的难度，塔冠幕墙由于位置处于 280m 高空和高难度造型导致施工更具挑战。

结合塔楼的特性及现场实际工况，四面基本上都不具备直接从地面起吊单元体的条件，同时为了更好地提高施工工效，根据主体结构施工进展情况，在 F30、F47、F59 层分阶段搭设环形轨道，然后从楼层内往外发射单元体并安装（图 4.85）。

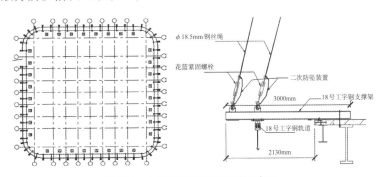

图 4.85　主塔楼异形幕墙安装示意图

为了解决塔冠幕墙的安装，在 F56 层架设卸料平台，安装时借助于安装在停机坪的成榀钢方通悬臂桁架起重机械，在停机坪顶部每个面借助外框梁和停机坪水平环梁悬挑出去两根钢方通组拼成的桁架，每根桁架后端将分别固定一台 3t 的卷扬机，其中一台卷扬机负责单元体楼层内发射、起吊，另一台卷扬机协助配合完成单元体的水平移动和单元就位安装工作（图 4.86）。

对于不同施工区域，选用环形轨道、垂直索道、塔式起重机、悬臂桁架起重机械、电动提升机等运输方式进行材料运输，搭设双排脚手架、满堂红脚手架、吊篮等方式进行幕墙安装，提高施工效率，节省人工。

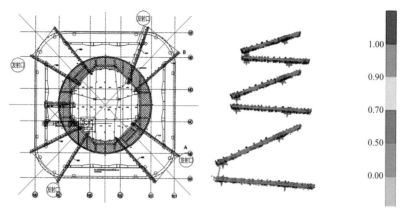

图4.86 停机坪位置悬挑桁架布置图及桁架受力分析

17.封闭式止水帷幕施工技术

本工程基坑面积约为15523m²，开挖深度达25m，属于超深基坑。地下水位埋深约为18m，基坑开挖范围内的砂卵石地层为富水地层。

基坑支护采用桩锚支护形式，同时为了减小地下水抽排，沿着基坑周圈在护坡桩之间设置 $\phi1000@1500$mm高压旋喷桩止水帷幕（图4.87），阻断了基坑开挖范围与基坑外地下水的联通，基坑降水仅疏干开挖范围内的地下水。

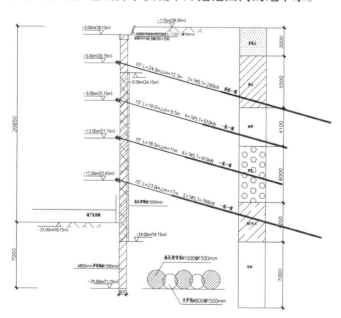

图4.87 止水帷幕剖面示意图（尺寸单位：mm）

与不设置止水帷幕、开放式降水方式相比，采用本技术可减小地下水抽排约24000m³，保护了地下水资源。

18.大直径HRB500高强钢筋应用技术

本工程主楼基础底板采用HRB500高强Φ36大直径钢筋，钢筋强度高、延性好、性能稳定、焊接性能良好、冷弯性能好，在相同受力情况下，采用此规格钢筋在很大程度上节约了材料（图4.88）。

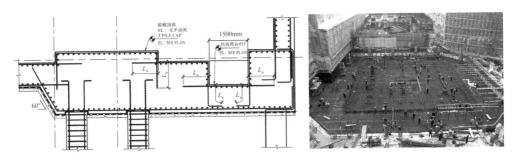

图4.88　底板大直径、高强度钢筋标准断面及施工图

该技术主要应用于主体结构施工阶段，对于超高层建筑大体积底板或剪力墙、矩形柱等受力较大结构构件中可考虑采用高强度、大直径钢筋。该技术的应用为本工程共节省钢筋300t，同时也节省了绑扎钢筋人工费。

第三部分　总结

一、技术成果的先进性及技术示范效应

本工程除积极推广应用住房和城乡建设部发布的《绿色施工技术推广应用公告》中的绿色施工技术，还结合工程的特点、难点，在新技术的应用中有所突破创新。深入到施工现场提炼施工技术和管理手段的精华，经过研究与实践，总结形成了本工程具有代表意义的18项关键技术。考虑基础碟形沉降的竖向压缩变形补偿技术，提出了超高层结构基础沉降和竖向压缩相结合的变形补偿技术，实现了精确建造。采用激光竖向传递自动精密光栅捕捉和核心筒、外框架同芯高精度控制测量技术解决超高层测量难题，研发了不同液体双光楔自动补偿器，提高了投测精度。创新应用整体拼装、逆序提升施工工艺，实现了大跨多层重型桁架的快速安装；研发半自动自爬升吊装机构，解决了核心筒内钢楼梯的安装难题，为主楼的消防疏散创造了条件。上述技术成果经鉴定均达到国际先进水平，具有广阔的推广应用前景，大大促进了建筑施工行业的技术进步。本工程依托上述技术成果获得以下奖励和荣誉（表4.9）。

项目所获荣誉   表4.9

序号	获奖名称	获奖年度	授奖单位
一、绿色建筑奖（3项）			
1	LEED金奖认证	2018年	美国绿色建筑协会
2	住房和城乡建设部绿色施工科技示范工程	2018年	中华人民共和国住房和城乡建设部
3	住房和城乡建设部绿色施工科技示范工程 优秀项目	2018年	中华人民共和国住房和城乡建设部
二、国家级及省部级工法（3项）			
1	超高层建筑大体积混凝土底板连续无缝浇筑施工工法（GJYJGF003-2012）	2014年	中华人民共和国住房和城乡建设部
2	封闭结构下轻型钢结构半自动自爬升施工工法（BJGF17-043-707）	2017年	北京市住房和城乡建设委员会
3	大跨度多层重型钢桁架整体拼装逆序提升施工工法（BJGF17-091-755）	2017年	北京市住房和城乡建设委员会
三、专利（4项）			
1	一种混凝土超高压输送泵管水气联洗装置及方法（ZL 2014 1 0362651.5）（发明专利）	2016年	中华人民共和国国家知识产权局
2	一种封闭结构下轻型钢结构半自动自爬升吊装机构（ZL 2016 2 0759850.4）（实用新型）	2017年	中华人民共和国国家知识产权局
3	一种用于变截面矩形柱的铝合金模板体系（ZL 2017 2 0558991.4）（实用新型）	2018年	中华人民共和国国家知识产权局
4	全自动喷雾式混凝土养护装置（ZL 2017 21470670.5）（实用新型）	2018年	中华人民共和国国家知识产权局
四、技术奖（6项）			
1	第十七届中国土木工程詹天佑奖	2019年	中国土木工程学会
2	《中国国际贸易中心三期B工程施工关键技术》获中施企协科技进步一等奖	2019年	中国施工企业管理协会
3	《大掺量矿物掺合料在大体积混凝土中的作用机理及其工程应用》获得华夏建设科学技术奖一等奖	2015年	华夏建设科学技术奖励委员会
4	《中国最大的国际贸易中心（北京国贸）精密工程测量关键技术研究》获测绘科学技术奖一等奖	2015年	北京测绘学会
5	《BIM技术在中国国际贸易中心三期B项目工程中的应用》获中国建筑工程BIM大赛 单项一等奖	2017年	中国建筑业协会
6	《BIM技术在中国国际贸易中心三期B项目工程中的应用》获得2017—2018第1届WBIM国际数字化大奖	2018年	INTERNATIONAL DIGITALIZATION AWARD
五、示范工程（2项）			
1	省市级观摩考察样板工地	2015年	中国建筑总公司
2	北京市建筑业新技术应用示范工程	2017年	北京市住房和城乡建设委员会

续表

序号	获奖名称	获奖年度	授奖单位
六、质量奖（3项）			
1	中国钢结构金奖	2017年	中国建筑金属结构协会
2	北京市结构长城杯工程金质奖	2016年	北京市优质工程评审委员会
3	结构"朝阳杯"金奖	2015年	"朝阳杯"优质工程领导小组
七、安全奖（1项）			
1	北京市绿色安全工地	2015年	北京市住房和城乡建设委员会
八、管理奖（3项）			
1	改革开放40年百项经典工程	2018年	中国建筑业协会
2	北京市建筑企业优秀项目经理部	2018年	北京市建筑业联合会
3	全国工程建设优秀QC小组活动成果二等奖	2016年	中国建筑业协会
九、发表科技论文（6篇）			
1	高层建筑楼板混凝土抗裂性能试验研究	2015年	施工技术
2	中国国际贸易中心三期B阶段塔楼核心筒内水平钢结构吊装技术	2017年	施工技术
3	城市核心区超高层建筑绿色施工技术研究	2017年	施工技术
4	城市核心区复杂环境下超高层建筑安全防护形式研究	2017年	施工技术
5	超大异形折叠式防火卷帘施工技术	2018年	施工技术
6	超高层混凝土施工中大掺量矿物掺合料作用机理	2016年	建筑

二、工程节能减排综合效果

通过创新技术成果的应用，建筑垃圾排放量5730t，节能用电686776.7kW·h，节电率为10.7%；节约水资源22710t，节水率为16.7%；节约钢材3000t，节约混凝土2000m³，建筑实体材料损耗率降低约40%；临时用房、围挡等周转材料（设备）重复使用率大于90%；总用工量节约率为5%，危险作业环境个人防护器具配备率100%，施工期间无重大事故及人员伤亡。工程节能节排综合效果见表4.10～表4.15。

环境保护　　　　　　　　　　　　　　　　　表4.10

序号	主要指标	目标值	实际完成值
1	建筑垃圾控制	排放量≤300t/万m²	排放量257t/万m²
2	噪声控制	昼间≤70dB；夜间≤55dB	昼间平均约68dB；夜间平均约54dB

续表

序号	主要指标	目标值	实际完成值
3	污水控制	pH值达到6~9之间	pH值达到8
4	扬尘控制	基础施工扬尘高度≤1.5m；结构施工扬尘高度≤0.5m；安装装饰扬尘高度≤0.5m；PM2.5、PM10	基础施工扬尘高度≤1.3m；结构施工扬尘高度≤0.4m；安装装饰扬尘高度≤0.4m；装饰装修阶段进行监测，实测值小于当地气象公布值
5	有毒、有害废弃物控制	—	有毒、有害废弃物分类收集率达到100%。有毒、有害废弃物达到100%送专业回收点或回收单位处理
6	烟气控制	—	油烟净化处理设备配置率为100%。工地食堂油烟100%经油烟净化处理后排放
7	资源保护	—	进出场车辆、设备废气达到年检合格标准

节能与能源利用　　　　　表4.11

序号	施工阶段及区域	目标耗电量（度）	实际耗电量（度）	节电量（度）	节电率
1	桩基、基础施工阶段	402513.3	353346	49167.3	
2	主体结构施工阶段	2253168.8	1965875	287293.8	
3	二次结构和装饰施工阶段	399073.5	350070	49003.5	
4	办公、生活区	515054.4	460528	54526.4	10.7%
5	生产作业区	735065.1	690062	45003.1	
6	整个施工区	2137434.6	1935652	201782.6	
7	节电设备（设施）配置率100%				

节水与水资源利用　　　　　表4.12

序号	施工阶段及区域	目标用水量（t）	实际用水量（t）	节水量（t）	节水率
1	桩基、基础施工阶段	7140	6800	340	
2	主体结构施工阶段	29808	23108	6700	
3	二次结构和装饰施工阶段	22355	15100	7255	
4	办公、生活区	11048	9760	1288	16.7%
5	生产作业区	22063	19536	2527	
6	整个施工区	43698	39098	4600	
7	非传统水源和循环水的再利用率大于30%，节水设备（设施）配置率为100%				

节材与材料资源利用 表4.13

序号	材料名称	预算量	实际量	定额允许损耗率及损耗量	实际损耗率及损耗量	损耗率降低值
1	钢筋	68000t	65000t	2.5%，1700t	1.5%，975t	40%
2	混凝土	149000m³	147000m³	1.5%，2235m³	1%，1470m³	33.33%
3	木方	9147m³	8720m³	2%，183m²	1.2%，105m³	40%
4	砌块	32000m³	31000m³	3%，960m³	1.8%，558m³	40%
5	材料资源利用	主要建筑垃圾回收再利用率达52%				
6	其他	临时用房、围挡等周转材料（设备）重复使用率大于90%。就地取材，500km及以内的占总量的90%以上，建筑材料包装回收率为100%				

节地与施工用地保护 表4.14

序号	项目	完成情况
1	办公、生活区面积	940m²
2	生产作业区面积	15200m²
3	施工绿化面积与占地面积比率	7.6%
4	施工用地	临建设施占地面积/临时用地总面积≥90%

建筑垃圾统计 表4.15

固废组成部分	地下结构阶段（t）	主体结构阶段（t）	装修及机电装修阶段（t）
金属类	5730×8%	5730×12%	5730×3%
无机非金属类	5730×25%	5730×35%	5730×5%
有机类	5730×1%	5730×2%	5730×2%
复合类	5730×1%	5730×2%	5730×2%
危废	—	5730×1%	5730×1%

三、社会、环境效益

国贸三期B工程建成后将与国贸一期、国贸二期及国贸三期A组成全球规模最大的世界贸易中心和北京CBD中心商务区的地标性建筑群，具有非凡的影响力。

国贸三期B工程与国贸一期、二期、三期A一起构建了完整的国贸CBD地下空间，实现了110万m²国贸建筑群的互联互通；并且预留了后期与CBD东扩地下空间及嘉里中心地下空间的联通口，形成了嘉里中心、国贸中心及CBD东扩地下空间互联互通。同时，国贸中心东楼改造项目及地铁换乘大厅完成后，国贸三期B

商场通过地下一层与国贸二座、国贸中心东楼及地铁换乘大厅全线贯通，实现了与地铁1号线与10号线的无缝接驳，全面实现人车分流，极大地疏解了区域交通压力。

创新技术的研发与应用，极大地推动了绿色技术的进步。首次提出考虑基础碟形沉降影响的竖向压缩变形补偿技术，实现了精确建造。通过建筑结构设计创新与优化，实现环保节能、疏解交通、提高舒适度，为以后超高层建筑设计提供新的思路。自主设计双拼L形钢背楞以适应不同截面矩形柱，实现模板的快支、早拆，铝合金模板重复利用达100次以上。信息化时代的超高层智慧建造技术，为建筑业BIM技术的推广起到先锋作用，提高了项目信息化、协同化、精细化管理水平。国贸中心建筑群是中国建筑发展史的一个缩影，经过三十多年的发展，中国国贸已成为国际一流水准的现代化商务中心，是展示中国对外开放政策和从事国际交流活动的重要窗口。以中国国贸为中心的CBD地区，已经形成了一个极具活力的经济商圈，辐射带动了周边经济的快速发展，是国家对外改革开放的靓丽名片。国贸中心建筑群成功入选"改革开放40年百项经典工程"和"中华人民共和国成立70周年经典工程"。

四、经济效益

工程技术含量高，施工中应用大量新技术，设计优化和方案优化成效显著。采用8度设防区复杂超高层结构的抗震性能优化设计，在确保结构安全的前提下，每平方米用钢量比类似300m建筑降低20%；可调截面巨型钢骨柱铝合金模板加快了现场施工进度的同时减少了现场措施的投入，周转率高且不占用塔式起重机吊次；封闭结构下轻型钢结构半自动自爬升吊装机构，不仅为主塔楼施工期间作业面人员提供消防逃生通道，也使封闭结构下的轻型钢结构施工利用机械成为可能，大大缩短了工期；信息化时代的超高层智慧建造技术，减少了设计与现场施工失误，降低了大量不必要的损失，加快了施工进度。通过创新成果的推广应用，提高施工效率，一方面降低了施工成本，减少了工程作业的时间；另一方面增强了工程施工的安全可靠度，推动项目施工顺利进行。通过绿色施工创新技术应用节省的成本占总产值的1.7%。

本工程钢结构施工综合技术、超厚大体积底板混凝土施工、模板施工、BIM应用技术等绿色施工技术已成功在平安金融中心（南塔）项目、北京市CBD核心区Z2b地块商业金融项目、北京CBD核心区Z13地块商业金融项目等96个项目中推广应用，创效金额占公司18年营业收入的1.05%。

专家点评

　　国贸三期 B 工程位于北京市朝阳区 CBD 核心区，是一处集办公、酒店与商业于一体的大型综合体项目，占地面积约 1.9 万 m^2，总建筑面积约 22.3 万 m^2，本工程与既有的国贸建筑群组成全球规模最大的 110 万 m^2 世界贸易中心。国贸建筑群的建造史是中国改革开放 40 年建筑业发展的缩影，每一期建筑都引领了那个时代的潮流，入选"改革开放 40 年百项经典工程""中华人民共和国成立 70 周年经典工程"。

　　主楼"翠竹"造型有机地融入了国贸建筑群，玻璃幕墙竖向分段呈 3°外倾，减少 4%的能量负荷，降低热增益的同时显著降低了对室内用户的眩光，提高了舒适度。建筑布局优化、电梯高位转换和核心筒激光竖向传递自动精密光栅捕捉等技术紧密结合，成功降低了超高建筑"烟囱"效应；复杂城市环境地下空间开发技术与风险管控，实现了整个国贸地块的互联互通和人车分流，并与地铁无缝衔接，极大疏解了区域交通压力；创新应用"冰蓄冷+低温送风+变风量（VAV）"组合式制冷系统，节约 30%电力，均衡了城市电网峰谷，节能高效。具有极佳的节能减排意义。

　　项目创新应用超高结构基础沉降和竖向压缩相结合的变形补偿技术，实现精确建造；自主研发内筒、外框同芯高精控制技术，并借助三维数字扫描和 BIM 实时模拟，实现了主楼钢桁架、V 形柱等复杂钢构的精准定位和安装；创新应用整体拼装、逆序提升施工工艺，实现了大跨多层重型桁架的快速安装；研发半自动自爬升吊装机构，解决了核心筒内钢楼梯的安装难题，为主楼的消防疏散创造了条件；城市中心区超高建筑施工安全管控综合技术、主楼全方位多层次立体式安全防护体系实现了施工过程"零"伤亡；工程地理位置特殊、环境复杂，通过 BIM、物联网、云平台等信息系统的应用，实现了施工全过程的智慧建造。社会、环境、经济效益显著。

　　通过创新技术成果的应用，节能、减排、降耗效果突出，其中：节电率 10.7%，节水率 16.7%，建筑实体材料损耗率降低约 40%，临时用房、围挡等周转材料（设备）重复使用率大于 90%，绿色示范作用显著。

5

苏州广播电视总台现代传媒广场工程

第一部分 工程综述

一、工程概况

1.工程概述

苏州广播电视总台现代传媒广场工程位于苏州工业园区南施街东、苏州大道东路南，南接中央河，北望"白塘生态公园"。

本工程基坑周边环境较为复杂：苏州大道东路及南施街下市政管线密集，场地北侧紧邻苏州地铁1号线南施街站及其区间盾构隧道，隧道距离本工程基坑最近约11m，因此必须严格控制基坑开挖引起的地表沉降以及对周边地铁设施及市政管线的影响，保证周边环境及设施的安全。基坑东侧及南侧为中央河，中央河为人工河，河道距离基坑最近距离约13m。

项目总投资约38亿元，占地面积37749m^2，总建筑面积为330718m^2，整个项目由两栋L形塔楼组成，中间以M形户外顶棚相连（图5.1）。办公楼高214.8m，共43层，为苏州市广播电视总台总部及国际甲级写字楼，采用核心筒钢框架结构体系；其裙楼演播楼部分为广电总台技术用房，采用重型全钢结构，设有十多个大小不一的各类演播室。酒店楼高164.9m，共38层，采用核心筒—外框架劲性结构，为希尔顿管理集团统一管理的五星级酒店及公寓；其裙楼商业楼部分采用框架结构，为商业配套设施，包括文化娱乐、餐饮、健身、商业、休闲等业态。地下一层为中型超市和设备用房，地下二层、三层为大型机动车停车场。地下室裙房大底板开挖深度为15.4m，办公塔楼及酒店塔楼区等区域厚底板开挖深度为17.4～17.6m，局部电梯井最大开挖深度为21.4m。

图5.1 效果图

2.地理情况

工程场地位于长江中下游冲积平原东部,地貌类型为三角洲冲、湖积平原地貌,地貌形态单一。地势总体较平缓,为绿化草坪。场地东侧和南侧为河道,河面标高1.0m,河底标高约-1.1m。场地地面绝对标高一般在1.50~3.14m。基坑设计时,取自然地面绝对标高为+2.50m。场地浅层地下水属潜水类型,主要补给来源为大气降水,以侧向排泄于河流为主要排泄途径,水位随季节变化明显,勘察期间埋深0.0~1.8m。基坑设计采用地下水位0.5m。

3.地质构造情况

场地自然地面以下150m以内的土层为第四系早更新世以来沉积的地层,属于第四纪湖沼相沉积物,主要由黏性土、粉土和砂土组成。按其沉积的先后、沉积环境、成因类型以及土的工程地质性质,自上而下分为14个地层。各土层的组成及特征分别概述如下:

素填土层,灰褐色,以耕植土为主,含大量植物根茎,局部含大量碎砖、碎石等杂填土。

淤泥质填土层,分布于河塘底部,含有机质,流塑状,高压缩性。

黏土层,灰黄~褐黄色,可塑,土质均匀,中等压缩性,河塘区域缺失,工程特性好。

粉质黏土夹粉土层,黄灰色,可塑~软塑,中等压缩性。

粉质黏土夹粉土层,灰色,粉质黏土呈软塑状为主,无摇振反应,中等压缩性。

粉质黏土层，灰色，软塑～可塑状，工程特性较差，无摇振反应，中等压缩性。

粉质黏土夹粉土层，灰色，软塑～可塑状，无摇振反应，中等压缩性。

粉质黏土层，灰色，软塑～可塑状态，无摇振反应，中等压缩性。

黏土层，暗绿色，可塑～硬塑状，无摇振反应，中等压缩性。

粉质黏土层，黄灰色，可塑状，无摇振反应，中等压缩性。

粉质黏土层，灰色，软塑～可塑状态，无摇振反应，土性均匀较差，工程性质较差。

粉质黏土夹粉土层，灰色，软塑～可塑状态，摇振反应中等，中等压缩性，工程特性一般。

粉质黏土层，灰色，以软塑为主，局部可塑，无摇振反应，中等压缩性，工程特性一般。

4. 开竣工时间

工程开工日期：2012年7月2日；工程竣工日期：2015年7月27日。

除上述总工期要求外，建设单位还要求以下区段工期：需提前8个月完成幕墙工程及外墙亮化工程。

5. 工程相关方

工程建设单位：苏州广播电视总台

施工总承包单位：中亿丰建设集团股份有限公司

设计单位：中衡设计集团股份有限公司

监理单位：上海建科工程咨询有限公司

二、工程难点

1. 设计理念

从春秋时代被定为吴国的首都起，苏州一直是中国先进的丝织物产地，在经济上快速发展，孕育了丰富的文化底蕴，是中国为数不多的历史名城。项目基地在中国、新加坡联合建设的苏州工业园区内，作为中国开发区共同的一个课题，如何在周边尚未开发、难以全面掌控周围环境的前提下，体现项目的独特性、象征性，是首先需要面对的，本项目基于中国本土的历史和文化，设计形式灵感来源于对传统文化的回顾（图5.2）。

苏州现代传媒广场项目位于古城苏州的工业园区，是以苏州电视台为中心的文化传播据点，在设计上尝试用现代的手法演绎传统文化中的材料、理念，体现了

图5.2 设计创意图

"传统与创造"的有机结合，在稀薄的脉络中重新解读"苏州"这一历史与文化的文脉，将传统文化以现代的方式呈现（图5.3）。

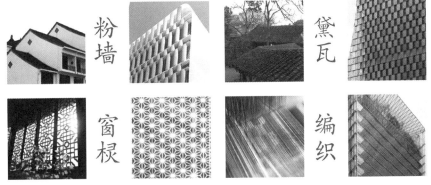

图5.3 苏州文化展示图

两栋相对的L字形塔楼形成首尾相连的配置，配上塔楼之间如丝织物般的玻璃雨棚，构成了本建筑优美的轮廓线。为了创造一个中国风、引导人流聚集的大型场所，将两栋塔楼以点对称的方式排布，中间设置了开放的广场。为了使空间达到俯瞰美观大气，近看又能以细腻丰富的光影制造美感的效果，外装的编织式图案随着距离的远近大小不一，通过玻璃的反射及投影达到万花筒一般的效果（图5.4）。

图5.4 外部空间设计创意图

　　充满光影效果的外装是本建筑最大的特色，另外，"在大气的建筑构成中融入细腻的巧思"也契合了中国传统建筑的普遍主题（图5.5）。

图5.5　光影设计效果图

　　电视台总部办公大楼使用现代化的玻璃幕墙，将其做成凹凸错落的形状，从而形成尺度感以及光影效果，表现了苏州文化的细腻与传统窗户的美感。酒店大楼的外表皮采用黑色的曲面铝板交错放置，给人以舒适柔和的意向，同时也让人想起苏州的青砖黛瓦（图5.6）。

图5.6　外立面光影效果图

两栋塔楼之间的开放广场，被曲面状玻璃雨棚温柔地覆盖着，雨棚的两端被轻柔地挑起，仿佛是苏州的传统丝织物，在景观设计上也设置了象征着水都苏州的水路以及水池。回廊的雨棚端部折起，采用了现代化的手法展现了中国传统的屋檐形式（图5.7）。

图5.7 两栋塔楼之间景观设计效果图

在整体的设计过程中，时时注意将传统的材料及主题用现代的方式表达，体现了"传统与创造"这一主旨。

2.施工难点

1）地基基础

在苏州现代传媒广场地下室结构基础设计中，采用变刚度调平方法，对塔楼和裙房基础进行优化设计，调整差异沉降；对塔楼桩基采用后注浆技术，提高单桩承载力，保证在有限的塔楼核心筒范围内布置合适的桩数，充分挖掘桩基承载的潜力（图5.8）。地下室外墙采用两墙合一技术，极大节约了土建成本，缩短了施工工期，取得了良好的经济效益；局部紧邻地铁沿线处考虑双墙结构，避免引起地铁沿线的水土扰动，保证了安全运行（图5.9）。

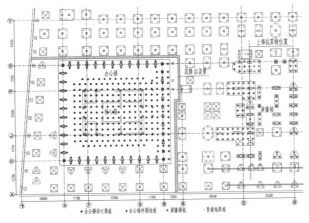

图5.8 办公楼、演播楼及部分地下车库桩基布置图（单位：mm）

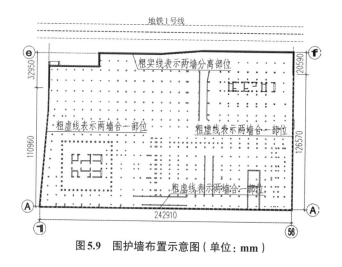

图5.9　围护墙布置示意图（单位：mm）

采用两墙合一的围护墙，前期是基坑围护墙，后期是结构外挡墙，前后阶段的受力特点、受力工况、节点处理等均不相同，设计时分别考虑，包络配筋，预留后期使用阶段的连接构造。两墙合一的后期使用阶段，连续墙兼作结构外挡墙，同时考虑了与结构的整体受力。

2）跨沉降缝两端刚接多层钢桁架凌空连廊

办公塔楼与裙房之间为凌空连廊，全钢多层桁架结构，1～3层挑空，4～8层为凌空连廊，桁架主轴线尺寸为41.80m×37.80m，东西向跨度34.50～37.60m，南北向长度61.20m，高度23.80m（四层），凌空架设于四层楼面+18.20m至八层楼面+42.00m，水平杆件（钢梁）均为H型钢，竖腹杆（梁上柱）多为箱形构件，桁架梁H型钢截面最大高度1400mm，板厚最大80mm，用钢量达2300余吨。该多层钢桁架西端与214.80m高的办公塔楼刚性连接，东端刚接于办公裙楼的全钢板剪力墙和钢柱，两楼高差150.80m，地上部分在裙楼与演播楼间建筑设有变形缝，但是地下室部分为钢筋混凝土超长结构无缝设计，在多层钢桁架凌空连廊的跨中偏西位置设有地下室结构的南北向沉降后浇带（图5.10）。

3）大高差悬链线状钢构屋盖

办公塔楼裙房凌空连廊上部为上下端高差达53.350m、跨度为41.80m的悬链线状钢屋盖，水平投影面外框轴线尺寸为41.80m×45.30m，由12榀70.20m长的H型钢曲线主梁组成，上端点位于第二十三层楼面的结构标高为+107.200m，上端主连接支座位于第二十层楼面的凌空安装标高为+94.600m，下端点支座位于第十层屋面的凌空安装标高为+53.850m，凌空连廊的八层楼面为安装楼面，结构标高为+42.000m，钢屋盖总用钢量约1084t（图5.11）。

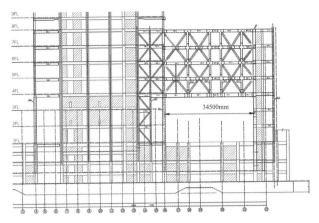

图5.10　多层钢桁架凌空连廊剖面图

图5.11　大高差悬链线状钢屋盖侧面图（单位：mm）

4）上方下圆多曲面空间网壳

办公塔楼顶设计为上方下圆多曲面空间网壳，下端安装底标高为+196.80m，平面呈长向32.380m、短向26.500m的近似椭圆，上端安装顶标高为+214.80m，平面为48.60m×45.30m的矩形，除顶部环梁为箱形构件外，其余都为空间弯曲钢管，用钢量约585t。

酒店塔楼顶的上方下圆多曲面空间网壳，下端安装底标高为+150.50m，平面为32.880m×15.200m矩形加两个R7.60m半圆，上端安装顶标高为+164.90m，平面为52.60m×31.50m的矩形。

屋顶网壳由顶环梁、底环梁、多曲面网壳组成。顶部环梁为箱形平直构件；底环梁为平面弯曲椭圆环；多曲面网壳主管都为空间多曲面弯曲钢管，次管与主管相贯连接，通过主管的空间弯曲，形成上方下圆的多曲面空间网壳结构（图5.12）。

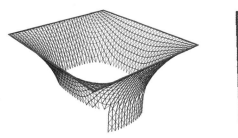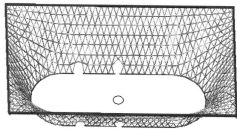

图5.12 办公塔楼和酒店塔楼屋顶上方下圆多曲面空间网壳

5）空间M形预应力钢结构天幕

在演播楼与商业楼之间的传媒广场上空，设计为空间M形预应力钢结构天幕（图5.13），其水平投影面轴线尺寸为109.20m×33.60m，竖向投影面M形钢构的低点标高为21.00~26.00m不等，高点标高为43.00m，跨距（铅芯橡胶支座）为33.60m，空间M形预应力钢结构天幕总用钢量约680t。

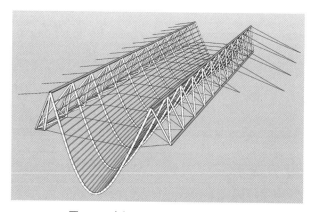

图5.13 空间M形预应力钢结构天幕

空间M形预应力钢结构天幕横向构成形式为：铅芯橡胶支座（M形左右下端点）、南端纵向三角形空间钢管桁架式柱支座（M形左脚）、北端纵向平面钢管桁架式柱支座（M形右脚）、ϕ500-U形主钢管（M形中段）、U形主钢管中部的ϕ40预应力钢拉杆（主动张拉杆）及相关部位的ϕ50/80钢索或ϕ60钢拉杆（被动张拉杆）。

13榀M形钢构的安装面与垂直面的夹角分别为11°、10°、9°、7°、5°、2°、0°、−2°、−5°、−7°、−9°、−10°、−11°，相应的M形钢构低点标高分别为21.000m、22.515m、23.780m、24.750m、25.445m、25.860m、26.000m、25.860m、25.445m、24.750m、23.780m、22.515m、21.000m。

13榀M形钢构的南端由纵向的三角形空间钢管桁架式柱支座组成，搁置于12

个Y1Q670G10铅芯橡胶支座上，支座安装标高为31.15m；13榀M形钢构的北端由纵向的平面钢管桁架式柱支座组成，搁置于12个Y1Q1220G10铅芯橡胶支座上，支座安装标高为32.88m。

空间M形预应力钢架上安装透风雨幕玻璃，呈空间曲面形态，4128块玻璃翼尺寸各异，且每块玻璃翼四个固定支点空间标高均不尽相同，考虑钢架安装误差与变形，空间测量安装难度相当大，目前国内采用这种透风百叶式的玻璃雨幕十分少见（图5.14）。

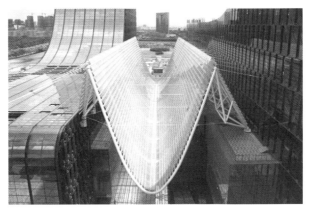

图5.14　空间曲面形态透风雨幕玻璃效果图

6）预应力交叉张弦钢楼梯建造技术

下沉式广场部位主干道公共楼梯，为满足大跨度、重荷载的要求，创建了基于自平衡理念的预应力交叉张弦钢楼梯结构体系，通过钢拉杆（钢拉索）初始预张力的施加，改变楼梯的刚度及自振频率，实现了结构轻巧、美观、自复位抗干扰能力强的建筑要求（图5.15）。

图5.15　基于自平衡理念的预应力交叉张弦钢楼梯示意图

第二部分　工程创新实践

一、管理篇

1.组织机构

项目技术研发除项目部技术团队外，主要依托企业技术中心，中亿丰企业技术中心组建于2007年，2009年1月通过江苏省经信委和江苏省建管局联合认定，成为江苏省首批建筑业企业技术中心，其组织机构如图5.16所示。技术中心重点着眼于企业科技发展的战略需求，重点解决重大技术研究开发、技术咨询、技术交流与服务、技术成果推广应用等突出问题，积极开展重大工程支撑（服务于各板块重点工程项目）、科技创新（前沿技术及集成技术研究，形成创新发展驱动力），形成技术体系、产品体系，开展工程示范，推进科技成果转化。

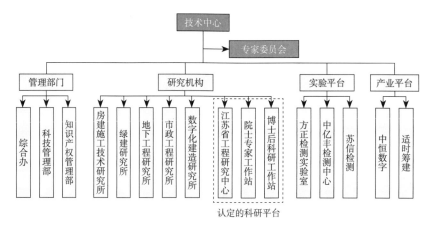

图5.16　组织机构图

2.制度

根据企业《科技进步指导文件》，总体有以下几项要求：

（1）企业的科技进步工作应以企业（分公司、板块）所承接的具体项目或所承担、设立的科研课题为研究载体，开展科技创新研究。

（2）项目的科技进步策划工作应分两阶段进行：第一阶段，科技进步讨论会（分公司层面）；第二阶段，科技进步策划会（集团公司层面）。

（3）企业在承接到具体的项目后，于项目正式施工前，由项目技术负责人在项目部主持召开分公司层面的项目科技进步讨论会（以下简称"讨论会"）。项目负责人、项目部其他技术人员、分公司技术负责人、分公司技术部/科相关人员参会，就本项目的科技进步情况进行初步讨论；分公司重点项目、特色项目，可邀请板块总工参加讨论会。

（4）项目科技进步讨论会结束后，及时召开本项目的科技进步策划会（以下简称"策划会"）。策划会由分公司技术负责人主持，分公司技术部/科相关人员、项目负责人、项目技术负责人、技术中心、企业分管副总工等人员参会，企业重点项目、有特殊影响力的项目应邀请企业总工程师参加策划会。

（5）策划会应从项目的实际情况出发，结合施工组织设计、施工图纸、项目特点、施工工期、外部主管部门要求等信息，对本项目在科技进步方面应达到的目标进行充分讨论和详细分析，并确定研发工作组，梳理拟开展的研发活动，后续通过研发工作组逐一制定研发活动具体落实方案，将科技进步目标和完成时间落实到个人。

（6）项目科技进步工作开展具体流程如图5.17所示。

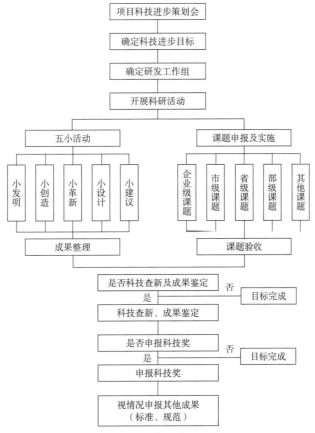

图5.17　项目研发活动开展流程图

（7）通过"五小"及课题申报、验收等活动，拟获得/创建的科技成果包括：专利（发明、实用新型、外观设计）、工法（企业级、省级、国家级）、学术论文、专著、软件著作权、标准规范、相关产品等。

3.体制机制创新点

中亿丰建设集团股份有限公司通过科技创新及体制机制创新，科技驱动产业发展，实现高质量发展。充分整合集团管理和研发各类科技创新资源，中亿丰企业技术中心以平台经济的运作方式，配合资本中心的运营支持，打造形成集科技攻关、技术研发、产品创新、工程示范和成果转化于一体的科技创新平台和产业发展平台。

各研究所开展支撑技术服务（服务于工程项目）、储备技术开发（前沿技术开发）及工程技术咨询服务（高技术服务），既服务工程项目，又不依赖工程项目；推动科技成果产业化，发展产业平台，实现自给自足；条件成熟时，孵化出产业化公司，产业化公司独立运营。

4.重大管理措施

（1）对基坑施工横向与竖向施工工况进行分析，选择最为有效控制基坑变形的施工方法，针对紧邻地铁侧，基坑底部采用增设临时钢支撑来保证地铁结构的安全，同时结合现场实际监测验证，采用信息化施工完成紧邻地铁的超深大基坑的施工。

（2）研究分析大高差悬链线状钢构屋盖构件安装工况的受力机理并建模进行仿真模拟，明确高轨道和低轨道的荷载值，确定高轨道和低轨道的设置形式，深化设计高轨道和低轨道的安装节点及屋盖构件与高轨道和低轨道间的滑移节点，采用信息化施工，实现端部定点安装、逐榀累积滑移组装、整体同步牵引就位，完成大高差悬链线状钢构屋盖不同高支点水平滑移的施工安装。采用高空累计滑移技术，仅需在滑移单元（2榀曲梁）间搭设满堂脚手架，极大减少了满堂脚手架的搭设数量，且满堂脚手架施工采用盘扣式新型脚手架搭设，无须使用扣件，节材效益显著，工人操作安全便利。

（3）分析研究巨型桁架安装工况的受力机理，建模仿真分析计算安装应力和位移，深化设计差异沉降同步协调的支撑可调支座，采用信息化施工完成跨沉降缝两端刚接多层钢桁架凌空连廊的安装。巨型桁架安装进行了整体提升和临时支架高空拼装两个方案的比较。对整体提升，因提升高度低、提升点多，巨型桁架大部分区域只有钢梁没有形成桁架，如采用提升法安装会导致结构的加固工作量非常大，补缺构件也特别多，不利于材料节约，提升法施工对本工程没有优势，因此最终采用了临时支架高空原位拼装来安装巨型桁架。

（4）通过计算机仿真建模、优化设计节点连接构造、精确放样切割相贯线切口、应用GPS定位体系、强化安装支撑系统的刚度等关键技术的应用研究，完成了48.60m（长）×45.30m（宽）×18.00m（高）上方下圆多曲面空间网壳196.80m高空的施工安装。采用划分小桁架工厂预制、现场分段拼装的方式，减少了现场大量的高空焊接作业，也保证了整体安装质量。

（5）通过计算机仿真建模、精确放样切割相贯线切口、严控相贯线焊缝质量、铅芯橡胶支座精确安装、预张应力控制等关键技术的应用研究，完成了33.60m（跨）×108.20m（长）×22.00m（高）空间M形预应力钢结构天幕的施工安装。为减少现场满堂支撑架的搭设所带来的措施费用，选择利用直臂式高空车对空间杆件与节点进行安装。

（6）办公楼核心筒外围原设计采用普通散拼钢筋混凝土楼层板，为了加快办公塔楼的施工进度及确保施工质量，经过方案优化，建议业主将核心筒外围混凝土楼层板改为了钢筋桁架楼承板结构。通过钢筋桁架板的应用，发挥了其结构重量轻、强度高、承重大、抗震性好的特点及优势，将其作为结构强度的一部分，降低了材料成本，而且易于配筋、配线、配管施工，外观整洁美观。钢筋桁架板取代传统模板，改善了传统模板的缺点，使整个施工过程变得简单快捷、拼装方便，大大节约了模板排架搭设工作量，减少了材料及人员投入。

以上这些做法都体现了科技的创新作用，是对绿色施工内涵的延伸，真正体现了绿色施工的节能降耗，以及带来的巨大收益。

5.技术创新激励机制

为顺利达成本项目的科技进步目标，在科技进步策划会上制定了本项目的科技进步激励措施。具体激励措施由项目部、分公司/板块技术部门联合拟定，综合员工职位、工资等级等方面进行考虑，由分公司/板块设立一笔专项科技进步奖励资金，在获得相关科技成果后按照相关规定，奖励到个人（该笔资金为科技进步奖励经费，不和本人薪酬待遇挂钩），由集团公司颁发个人荣誉证书，以促进项目科技研发活动的顺利开展。

二、技术篇

1.软土地区紧邻地铁深大基坑分坑建造技术

1）关键技术成果产生的背景、原因

基坑北侧东西向长边平行于已运行的苏州地铁1号线，间距11.0m；本工程基坑与地铁站台出入口联通区域开挖深度约9m（图5.18）。本工程场地属层状的长江三角洲冲、湖积土层，各土层分布不均，工程性质相差较大，主要涉及饱和黏性土、粉土与砂性土，承压水主要分布于第⑧层中，承压水头埋深为4.51～4.65m（图5.19）。

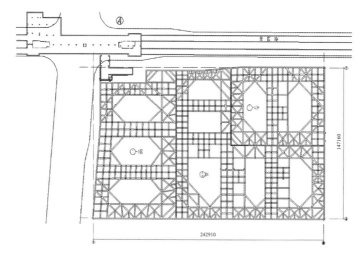

图5.18　基坑平面图

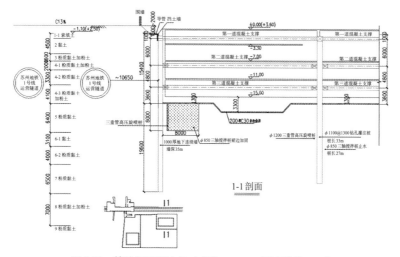

图5.19　基坑剖面图（尺寸单位：mm；标高单位：m）

2）本技术对应的难点、特点或重点

本工程基坑面积大、开挖深度深，基坑东西向243m长边紧邻地铁隧道，基坑工程实施阶段，苏州轨道交通1号线已处于试运营阶段，深大基坑单侧卸载后结构侧向变形所引起的施工风险大，对地铁车站结构、轨道等保护要求高，是苏州地区首次建造。本工程承压水水头埋深4.51～4.65m，第⑧层平均渗透系数为

1.65E-04cm/s，开挖过程中需做到信息化施工，采取合理措施按需分级降低承压水头，以减少降低承压水对周边地铁设施及环境的影响。

3）主要施工措施或施工方法

（1）本工程基坑竖向采用三轴搅拌桩槽壁加固+地下连续墙的围护形式，中隔墙采用钻孔灌注桩+高压旋喷、三轴搅拌桩两侧止水，坑内采用局部三轴搅拌桩裙边加固和墩式加固，深坑采用高压旋喷护坡和封底加固，横向采用三道混凝土支撑作为围护体系。

（2）严格遵循时空效应原理，根据基坑规模、几何尺寸、围护墙体及支撑结构体系的布置、基坑土体加固和施工条件来选择基坑分层、分步、对称、平衡、限时开挖和支撑的顺序，并确立各工序的时限；以此原则，本工程将整个场地划分为三个平面区域，按照先①-1区、①-2区，后②区的顺序进行施工。

（3）施工技术措施：第一，控制平面分区的施工节点，即第一阶段①-1区和①-2区同时开始土方开挖，需待第一阶段基坑出±0.00后再进行第二阶段②区的土方开挖；第二，局部加深区施工，先大底板施工后加深核心筒（为保护地铁，设计方要求底板尽快形成对撑）；第三，临近地铁侧加保护性斜支撑，有效减小基坑施工对地铁的影响（图5.20）。

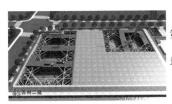
第一阶段：
Ⅰ区的基坑土方开挖、地下室结构施工。

第二阶段：
Ⅰ区地下室结构封顶后，开始Ⅱ区基坑的土方开挖、地下室结构施工。

分坑有限元模拟计算

图5.20　基坑施工措施示意图

4）绿色施工技术成效

软土地区紧邻地铁深大基坑分坑建造技术成效见表5.1。

5）技术的先进性

（1）软土深基坑时空效应设计、施工技术：在实践和理论分析的基础上，通过对基坑支护结构和周围地层变形的时间、空间特点研究后所提出的软土深基坑时空效应设计、施工方法，是针对在建筑群密集、场地狭窄的流变地层中进行软土深基

软土地区紧邻地铁深大基坑分坑建造技术成效表　　　　　表5.1

序号	比较内容	开挖方式	
		分区开挖	整体开挖
1	节约成本	一次性模板、木方投入量减少100000m², 一次性钢管投入量减少6120t, 总计节约100万元	地下室模板及钢管均需一次性投入
2	工期节省	中隔墙设计时根据结构施工特点, 先进行高层部分地下室结构施工, 后进行裙房结构部分施工, 缩短了高层建筑的施工工期, 对总工期的控制有较大益处	整个基坑同时施工, 经过合理分区与流水组织, 先施工高层建筑, 后施工裙房结构部分, 可以加快施工进度
3	社会效益	有效保证了紧邻地铁的安全运营	长边效应影响较大, 紧邻地铁基坑的变形是安全隐患

坑设计施工, 考虑应用"分层、分块、平衡、对称、限时"的施工方法来减少土体位移控制基坑变形, 从而在不增加直接造价和延长施工工期的前提下, 控制深基坑变形达到保护周围环境的目的。

（2）时空效应法开挖技术：主要特点是设计与施工密切结合, 在设计和施工中, 定量地计算及考虑时空效应法基坑开挖和支撑施工因素对基坑内力和变形的实际影响, 并以科学的施工工艺来有效地减少地层流变性对基坑受力变形的不利影响, 从而达到控制深基坑变形、满足周边环境保护的要求。

（3）本项技术已获授权发明专利2项（ZL201210162037.5、ZL201410056129.4）; 授权实用新型4项（ZL201220234279.6、ZL201320667717.2、ZL201420071658.7、ZL201620187123.5）; 国家级工法1项、省级工法1项。

2. 跨沉降缝两端刚接多层钢桁架凌空连廊建造技术

1）关键技术成果产生的背景、原因

本项目的巨型桁架与办公楼及演播楼连接均为刚性连接, 桁架正好跨在下部沉降缝上。最好的施工方案是等主塔楼沉降完全稳定、沉降缝封闭后再进行桁架的施工。但由于工期限制, 需在演播楼结构安装完成、主塔楼楼层施工至30层以上未封顶的情况下进行桁架的施工。因此在巨型桁架施工过程中会存在一个问题。假设在此情况下发生不均匀沉降, 刚度大的钢板剪力墙巨型桁架会存在无法释放因沉降不均匀所产生的附加应力, 从而影响到了结构的使用安全。在此背景下针对这一技术难点进行施工分析与研究, 采取合理的施工方法, 解决问题。

2）本技术对应的难点、特点或重点

该横跨于沉降缝上方的多层钢桁架凌空连廊, 需在办公塔楼尚未封顶、主辅楼间较大差异沉降尚未稳定的条件下先期施工安装, 不但要解决体量大、构件重、构造复杂、凌空安装等难题，更重要的是必须解决由于两端搁置点不均匀沉降致使多层钢桁架内部产生附加应力的问题。

3）主要施工措施或施工方法

（1）获取施工前已存在的支座两端沉降差理论计算值和实测值，会同设计院调整多层钢桁架的几何尺寸。

（2）理论计算安装阶段（120天）沉降差理论值（包括桁架区域基础沉降和塔楼自身的竖向变形），预设沉降差量，调整钢桁架相关标高和几何尺寸。

桁架开始施工时，两测点的沉降速率分别为-0.023mm/d、-0.017mm/d。桁架安装周期120天，按照上述沉降速率，基础沉降量约为-2.04～-2.76mm（图5.21）。

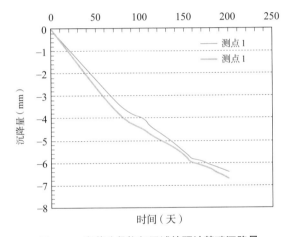

图5.21 安装阶段桁架区域的预计基础沉降量

预测塔楼自身的竖向变形的方式为采用结合CEB-FIP1990规范的规定及现场湿度建立CEB-FIP1990混凝土模型，对混凝土模型进行模拟施工加载（即考虑施工过程的影响），以此方式对桁架两侧混凝土结构的竖向变形进行分析，施工阶段与桁架连接的塔楼柱的总变形量介于3.42～5.62mm之间（图5.22）。

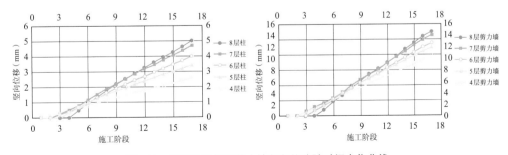

图5.22 安装阶段柱和剪力墙竖向位移随时间变化曲线

（3）桁架在拼装过程中，弱化跨中刚度，在⑲轴～⑳轴处，钢梁东西方向的连接用高强度螺栓做临时连接，上下翼缘和剪力墙板暂不焊接，留置合拢线（图5.23）。

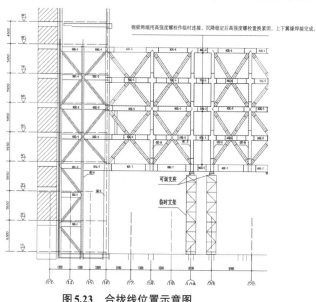

图5.23　合拢线位置示意图

（4）Ⓓ～Ⓗ轴、Ⓠ～Ⓢ轴东西方向没有桁架，都为钢梁连接，该范围内钢梁在⑯轴和㉒轴节点牛腿处连接，在施工阶段只连接腹板高强度螺栓，在沉降稳定后，高强度螺栓终拧，钢梁上下翼缘焊接固定（图5.24）。

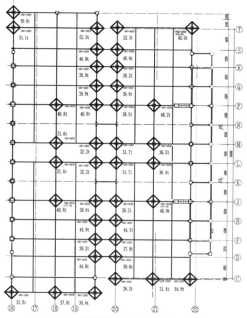

图5.24　巨型桁架临时支撑平面布置图

（5）Ⓙ、Ⓟ、Ⓛ、Ⓜ轴桁架在拼装过程中，在⑲轴～⑳轴处，在临时支撑顶部设置可调节高度的装置，根据测得的沉降量及时调整支承点的高度，如图5.25、图5.26所示。

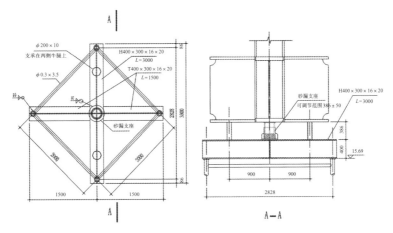

图5.25 临时支架顶部可调节支座（尺寸单位：mm；标高单位：m）

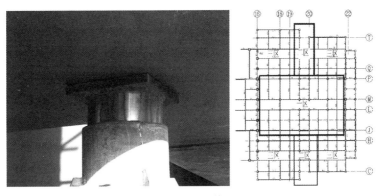

图5.26 结构安装分区

（6）桁架施工过程中加强对沉降的观测，对发生的沉降及时调整支架支座的高度。发现沉降有突变，应停止施工，并通知设计和监理，必要时解除⑲轴和⑳轴钢梁的连接，待沉降稳定后再连接。

（7）桁架施工的合理起始时间应综合考虑相连塔楼在连接层的变形，该变形包含基础沉降和施工过程引起的塔楼自身的竖向变形，可结合施工前的沉降观测数据和塔楼的施工过程分析对可能的竖向变形进行预估。

（8）桁架施工过程中，跨中钢板剪力墙处梁-梁连接节点只对腹板螺栓进行初拧，翼缘暂不焊接，另外钢板剪力墙只搁置或点焊于预留的洞口内，暂时不与周边框架上的鱼尾板焊接，弱化跨中刚度，可减小施工过程中塔楼位移对桁架的影响。

此外，还对整个施工过程进行了分析和监控，把握施工全过程中桁架构件、支撑、塔楼构件应力情况，是确保桁架施工安全的重要措施。

4）绿色施工技术成效

跨沉降缝两端刚接多层钢桁架凌空连廊建造技术成效见表5.2。

跨沉降缝两端刚接多层钢桁架凌空连廊建造技术成效表　　　　表5.2

序号	比较内容	安装方式	
		沉降差附加应力消除法	传统安装方法（整体提升）
1	节约成本	节约了46.5万元的塔式起重机台班费用及2.8万元的人工费；通过采用在支座处分段的安装方法比钢桁架整体提升的安装工艺节约了115万元安装费；通过采用40个临时周转支架，节约38.7万元材料费	由于需要等沉降差稳定，增加了塔式起重机的使用时间；由于临时支架等工具需要进行加工，增加了支架的加工时间及材料费
2	工期节省	主楼TRC6055塔式起重机提早拆除45天，裙房TC7052提早拆除60天，节约了45天的关键工期	需要等沉降稳定，导致桁架安装及后续工作时间推后
3	综合效益	与传统安装方法相比，提早了钢结构进场时间，节约了临时支架的费用，节省了业主及施工单位的时间、成本	由于钢结构进场安装时间晚及临时支撑的加工，造成了不必要的浪费

5）技术的先进性

（1）采用"沉降差附加应力消除法"来消除因桁架两端不均匀沉降引起的附加应力，即在开洞钢板桁架刚度大的部位（如钢板剪力墙）设置桁架合拢线，在施工过程中确保沉降差引起的附加应力在合拢线位置得到安全的释放。

（2）在桁架结构安装施工过程中，采用可调节支座调节合拢线两端的沉降差。

（3）采用可调节支座和将结构中的刚接钢梁在施工阶段改为两段铰接的连杆式连接，弱化桁架刚度，消除因不均匀沉降引起的附加应力。

（4）本项技术已获授权发明专利1项（ZL201410665355.2）；授权实用新型专利1项（ZL201120412548.9）；省级工法1项；均达到国际领先水平。

3. 国内外首例大高差悬链线状钢构屋盖建造技术

1）关键技术成果产生的背景、原因

本项目在设计之初考虑办公楼、酒店楼塔楼与裙房连接过渡的顺滑性、美观性及观景的需要，在裙房及主楼间采用曲面钢结构中庭屋面设计，在不失实用性的同时整体外观造型美观、时尚，极富现代气息。

2）本技术对应的难点、特点或重点

内力特性方面：悬链线状屋面梁弧长达70.20m，而其截面为H-800mm×

400mm，单榀梁的平面内外刚度均相对较小，平面内刚性弱则在卸载后既会引起竖向变形较大又会使得滑移过程中上下端点发生转动，而平面外刚性弱则会影响到滑移过程的同步性控制。

安装特点方面：该屋盖安装面位于八层楼面（+48.000m），上端支座安装标高为二十层楼面（+94.600m），下端支座安装标高为十层屋面（+53.850m），安装高度达11.85～52.60m。

3）主要施工措施或施工方法

（1）大高差悬链线状钢构屋盖采用信息化施工的整体解决方案

端部搭设整跨三个开间的胎架拼装平台，每榀屋面梁横向划分四段后在胎架平台上拼接（图5.27），将两榀屋面梁经纵向连系杆连接后组成第一个滑移单元，该滑移单元卸载后纵向滑移两个开间并临时固定（图5.28）。

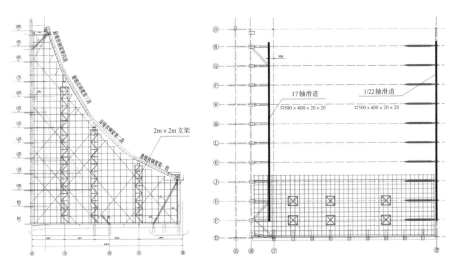

图5.27　屋面梁横向分段后在胎架平台上拼接

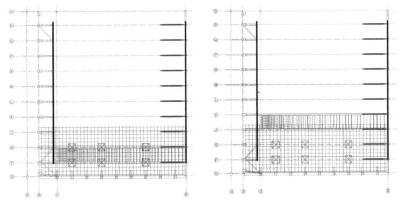

图5.28　第一单元安装和滑移平面示意图

在原来的胎架拼装平台上第二次拼装两榀屋面梁，在纵向连系杆连接后卸载以使其形态与第一单元一致，随后连接第一单元间的纵向连系杆组成第二个滑移单元，将由四榀屋面梁组成的第二滑移单元纵向滑移两个开间并临时固定（图5.29）。

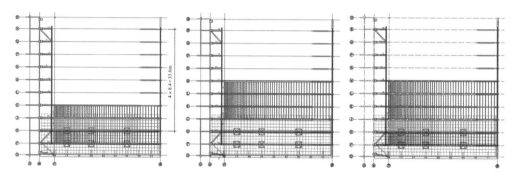

图5.29 第二单元安装和第三滑移单元安装平面示意图

将由八榀屋面梁组成的第四滑移单元纵向滑移两个开间，至此该八榀屋面梁已经就位；在原来的胎架拼装平台上第五次原位拼装最后两榀屋面梁，在纵向连系杆原位连接后卸载以使其形态与第四单元一致，随后原位连接与第四单元间的纵向连系杆完成五层中间十榀屋面梁的安装；其后，再原位安装两端部的三角形封边桁架；最后，复核纠偏，支座连接固定，拆除工装节点，补缺顶部（二十层楼面～二十三层楼面）弧梁及纵向连系杆成形。

（2）有限元建模分析

单榀钢梁的有限元模型及单元划分如图5.30和图5.31所示。上、下支座界面接触面及边界条件如图5.32和图5.33所示。

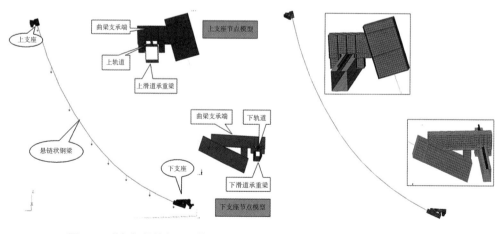

图5.30 单榀钢梁的有限元模型　　　　**图5.31 单元划分示意图**

图5.32 上、下支座界面接触面示意图   图5.33 上、下支座边界条件示意图

（3）有限元变形模拟

上支座平均水平位移2.0mm（向右），平均竖向位移1.5mm（向下），转角0.004rad（顺时针方向）。下支座平均水平位移1.67mm（向左），平均竖向位移0.39mm（向上），转角0.0007～0.001rad（逆时针方向）（图5.34～图5.39）。

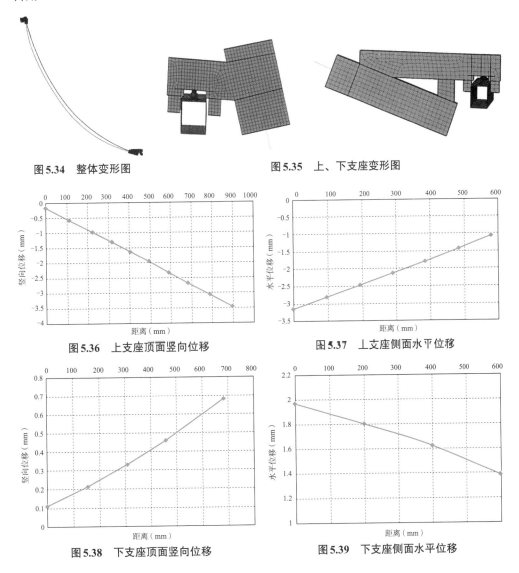

图5.34 整体变形图   图5.35 上、下支座变形图

图5.36 上支座顶面竖向位移   图5.37 上支座侧面水平位移

图5.38 下支座顶面竖向位移   图5.39 下支座侧面水平位移

（4）有限元卸载应力模拟

钢梁、上下曲梁支撑端、上下轨道、上下滑道承重梁有限云卸载应力云图如图5.40～图5.46所示。

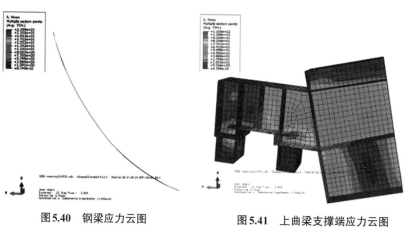

图5.40 钢梁应力云图　　　　　　图5.41 上曲梁支撑端应力云图

图5.42 上轨道应力云图　　　　　　图5.43 上滑道承重梁应力云图

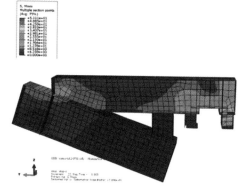

图5.44 下曲梁支撑端应力云图　　　　　图5.45 下轨道应力云图

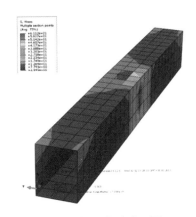

图5.46　下滑道承重梁应力云图

（5）滑移系统上下支座节点设计

滑移系统上下支座节点设计及施工图如图5.47和图5.48所示。

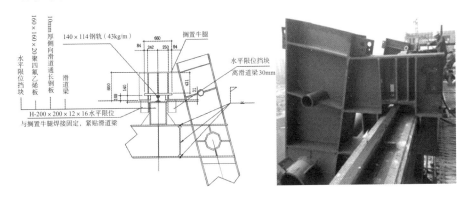

图5.47　上支座滑移节点

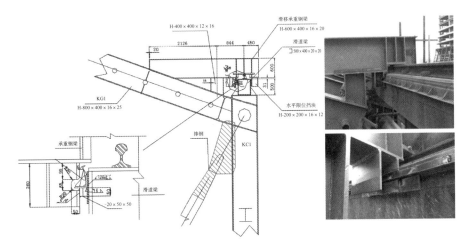

图5.48　下支座滑移节点

（6）滑移过程的监测与分析

滑移过程中位移计和应变片的布置如图5.49～图5.51所示。

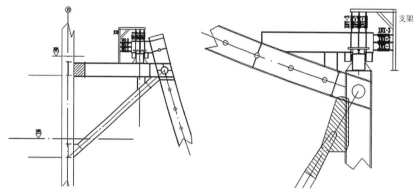

图5.49 曲梁支撑端位移计布置图

图5.50 上端曲梁支撑端位移计布置实景图

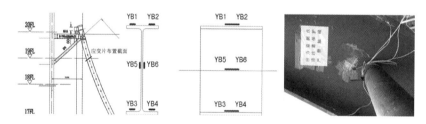

图5.51 弧形梁应变片布置图

（7）卸载及滑移过程中弧形曲梁的变形监测

施工过程中弧形曲梁的变形测量值如图5.52所示。

4）绿色施工技术成效

大高差悬链线状钢构屋盖建造技术成效见表5.3。

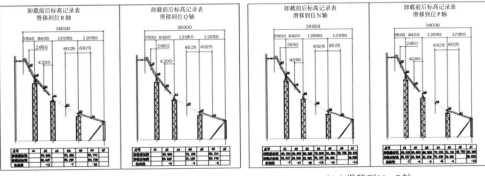

（a）滑移到R、Q轴　　　　　　　　　　　　（b）滑移到N、P轴

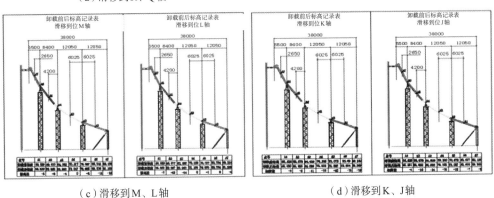

（c）滑移到M、L轴　　　　　　　　　　　　（d）滑移到K、J轴

图5.52　施工过程中弧形曲梁变形测量值

大高差悬链线状钢构屋盖建造技术成效表　　　　　　　　　　　　表5.3

序号	比较内容	安装方式	
		大高差悬链状柔性钢结构滑移	高空散拼
1	节约成本	本工程办公楼中庭大高差悬链状柔性钢结构屋面通过"滑移"法，减少了脚手架的搭设费用48万元，增加"滑移"措施费用10万元	高空散拼需要搭设满堂脚手架，增加了搭设脚手架的人工费用和材料费用
2	工期节省	缩短搭设脚手架的工期20天	需要搭设及拆除满堂脚手架，导致后续工作时间推后
3	综合效益	与高空散拼安装相比，节约了搭设脚手架的费用，提早了后续工序进场时间，节省了业主及施工单位的时间、成本	作为传统的钢结构高空散拼，工艺较繁琐，给施工带来一定的不便

5）技术的先进性

（1）结构造型及受力分析：办公楼大高差悬链线状钢屋盖整体受力主要依靠上部悬挂，设计新颖、造型别致，国内以往无类似工程，也未见有类似体量的大高差悬链线状钢结构静态及滑移时动态的有限元受力分析。

（2）滑移节点设计：根据有限元受力分析，钢构屋盖两端约束主要由滑道承重梁及轨道与曲梁支承端之间的界面接触产生，大高差悬链线状钢梁在卸载后变形较大且钢结构整体滑动会使滑道承重梁受力变形，滑移受力模型与理想铰接存在一定差异。为防止大高差悬链线状钢梁在滑移过程中变形过大，在滑移节点设计时，首先考虑在滑道承重梁两侧增加水平限位。另外与其他钢结构滑移节点设计不同的是除水平限位外，在下支座节点设置竖向限位。

（3）滑移同步控制：采用计算机控制为主，人工辅助的方式控制大高差悬链线状钢梁上下端滑移同步。在上下端轨道梁端各安装一台全自动激光测距仪，每4s发射一次激光并测量反馈位移数据至计算机，软件分析比较上下端位移差，改变相应泵的流量以改善不同步状况，直至钢结构滑移到位。

（4）防卡轨措施：预留大高差悬链线状梁两端与牛腿间焊接间隙15mm，以保证顶推时能顺利通过牛腿。滑移时，保证两滑道承重梁的水平距离（跨度）为正公差，这样牛腿与大高差悬链线状梁端部不容易相碰。

（5）查新结论：目前国内未见在大高差悬链线状钢结构屋面施工中对长弧形H形曲梁采用"临时支架、弧形钢梁分段高空拼装、节间跨端组装、累积滑移组装、整体同步顶推平移到位"施工方法的相关研究报告。项目方"大高差悬链线状钢构屋盖累积滑移工法"针对大高差弧形钢梁，采用"临时支架，弧形钢梁分段高空拼装，节间跨端组装，累积滑移组装，整体同步顶推平移到位"的施工方法，满足了大高差弧形屋面支架的原有结构和形状。未见国内与项目方完全类似的报道，因此，该项目具有新颖性。授权发明专利1项（ZL201410507266.5）；授权实用新型专利2项（ZL201420563688.X、ZL201420593322.7）；国家级工法1项；均达到国际领先水平。

4.上方下圆多曲面空间网壳建造技术

1）关键技术成果产生的背景、原因

本工程办公楼、酒店楼两幢主楼屋顶空中庭院，屋顶采用上方下圆网格状钢结构进行造型设计，侧面为网状布置的钢材所构成的曲面形状，结构底面为椭圆形。形状构成概念：将长方形平面领域分割成等边三角形的集合体，随后把放置在中央的椭圆空洞向外表面推出而成形。

2）本技术对应的难点、特点或重点

（1）该上方下圆多曲面空间网壳构造复杂，构件形式多样、尺寸繁杂，杆件众多且均为多杆交汇节点，节点连接均采用相贯连接节点。

（2）安装过程中存在着高空安装坐标系建立及节点空间坐标定位难度大、结构安装的整体稳定性问题突出、高空拼装焊接体量大、安装偏差控制严格、累积变形合拢困难等问题。

（3）网壳主管多曲面弯曲精度控制：网壳主管多曲面弯曲是本项目的核心技术，是曲面成形的关键。

（4）网壳次管定位：屋顶网壳次管被主管分割，与主管相贯连接，长度不一，单个网壳次管数量多达1600余根，如何快速准确定位，是提高工作效率、保证网格线条流畅的主要技术。

（5）全位置相贯焊接：主次管都是全位置相贯节点焊接，焊缝全外露，设计对焊缝的观感要求高，提高全位置焊接焊缝质量是本项目需要解决的难题之一。

3）主要施工措施或施工方法

（1）应用Midas7.80有限元分析软件进行计算机仿真模拟，分析计算并获取安装荷载、焊接应力和应变、构件详细坐标、支撑胎架载荷、结构承载验算等各相关施工数据，根据模拟计算结果，采取包括应用MdiSystem加工详图设计软件完成相贯面（线）下料切割等的相关技术措施，优化形成包含定位系统、信息化监测、检验批划分等内容的专项施工方案（图5.53、图5.54）。

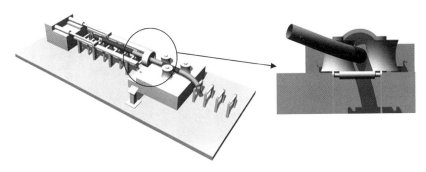

图5.53　钢管数控型弯曲成形示意图

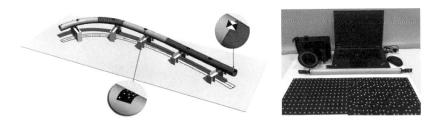

图5.54　IDPMS数字摄影测量系统仪器

（2）针对空间网壳钢结构特征，将主次管在适当位置进行分割，将整个单层网壳局部分割成单榀小桁架形式（图5.55）。

（3）通过ANSYS、ABAQUAS等有限元分析软件对网壳分割后的单榀小桁架

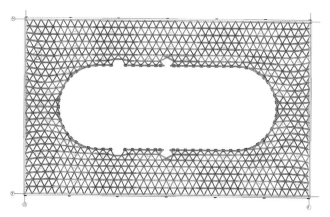

图 5.55　酒店楼屋顶网壳分块示意图

多方案工况进行模拟分析，将拼装变形在虚拟状态下控制到最小，达到拼装顺序最优化，对网壳分割后的单榀小桁架在工厂内利用胎架进行实体预拼装（图 5.56～图 5.58），复测其空间节点坐标是否与设计模型一致、各项误差及变形是否在规范允许范围之内（图 5.59）。

| 图 5.56　虚拟预拼装 | 图 5.57　工厂内实体预拼装 | 图 5.58　现场分段吊装 |

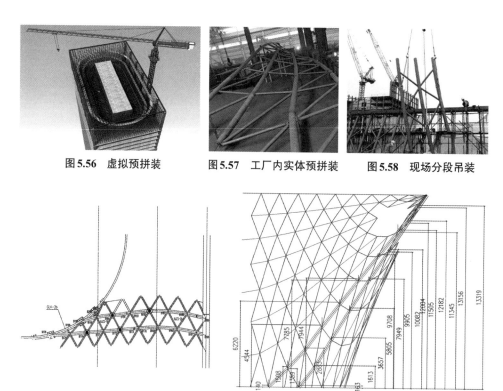

图 5.59　转角部位监测点平、立面图（单位：mm）

（4）严格遵照执行专项施工方案，对上方下圆多曲面空间网壳结构进行施工全过程跟踪监测，并将监测数据与设计值、模拟值进行对比，控制结构的施工过程，确保一次校验合格，安全、优质、高效地完成上方下圆多曲面空间网壳高空安装。

4）绿色施工技术成效

上方下圆多曲面空间网壳建造技术成效见表5.4。

上方下圆多曲面空间网壳建造技术成效表　　　　　　表5.4

序号	比较内容	安装方式	
		小桁架分段拼装	高空散拼
1	节约成本	酒店楼网壳屋面通过分小桁架拼装施工，节约塔式起重机吊次，节约了高空拼装时间，节约100人工。总节约塔式起重机台班费与人工费共30000+100×400=7万元	高空散拼塔式起重机吊次增加，拼装的人工增加
2	工期节省	缩短拼装的工期10天	需要所有杆件在支撑架上散拼，工期较长，导致后续工作时间推后
3	综合效益	与散拼安装相比，节约了人员、机械费用，提早了后续工序进场时间，节省了业主及施工单位的时间、成本	作为传统的钢结构高空散拼，工艺较繁琐，给施工带来一定的不便

5）技术的先进性

（1）数控钢管空间弯曲技术，配合用于复杂线型的"可调式"专用胎架，次管定位采用IDPMS数字摄影测量技术。

（2）本项技术已获省级工法1项。

5. 国内外首例空间M形预应力钢结构天幕建造技术

1）关键技术成果产生的背景、原因

M形预应力钢结构天幕是覆盖在中央广场上方的大型屋架体系，整体空间结构呈现倒马鞍形，单榀剖面外形如同英文字母M，形状独特、造型优美，是舞动的丝绸设计理念中最为突出的建筑屋面表现形式。

2）本技术对应的难点、特点或重点

（1）结构形式复杂：该空间M形预应力钢结构天幕由ϕ500-U形主钢管、ϕ150钢管水平系杆、ϕ300～ϕ600三角形空间钢管桁架式柱支座（南端）或ϕ300～ϕ600平面钢管桁架式柱支座（北端）、ϕ40预应力钢拉杆（主动张拉杆）、ϕ50/80钢索及ϕ60钢拉杆（被动张拉杆）构成。

（2）内力状况特殊：一是单榀构件刚度较小，需等整体张拉完成后才能形成刚度；二是各榀ϕ500-U形主钢管安装面除中间榀外与垂直面的夹角为±2°～±11°不等；三是铅芯橡胶支座安装工况下的载荷异于正常使用状态；四是该天幕呈预应力柔性体系,其三态(零状态和初始状态及工作状态)变化明显。

(3)制作难度较大:一是其主构件均为圆钢管,相贯线形式多、焊缝量大;二是空间节点复杂,铸钢件种类繁多且自重较大,共计有54种63件,合计重量为112355kg;三是两端桁架式柱纵向长度达100.800m,其中南端钢管三角形空间桁架式柱支座断面尺寸为15.190m×3.451m,北端钢管平桁架式柱支座高度为10.424m。

(4)高空安装困难:该空间M形预应力钢结构天幕最高点标高均为+43.000m,最低点标高为+21.000m~+26.000m不等,南端铅芯橡胶支座面标高为32.880m,北端铅芯橡胶支座面标高为31.150m,地下室顶板上室外地面安装。

3)主要施工措施或施工方法

(1)建立的空间M形预应力钢结构天幕结构模型如图5.60所示。

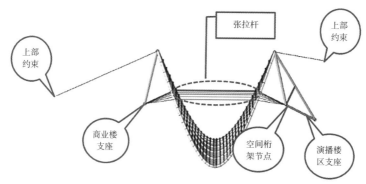

图5.60 空间M形预应力钢结构天幕结构模型

(2)空间M形预应力钢结构天幕高空安装方法:

①铅芯橡胶支座安装(图5.61)

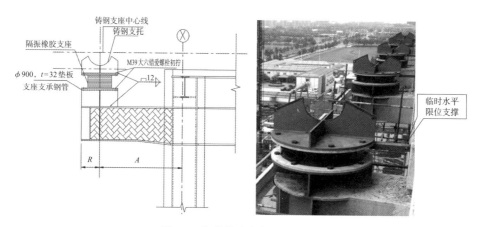

图5.61 铅芯橡胶支座安装示意图

②铸钢件安装（图5.62）

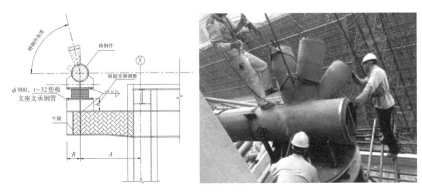

图5.62　铸钢件安装示意图

③空间边桁架安装（图5.63）

图5.63　空间边桁架安装示意图

④平面边桁架安装（图5.64）

⑤U形主钢管安装（图5.65）

⑥U形主钢管间纵向水平系杆安装（图5.66）

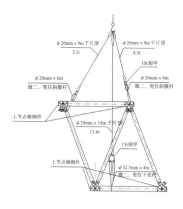

图 5.64　平面边桁架安装示意图

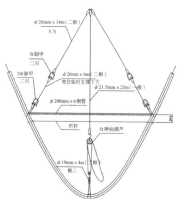

图 5.65　U 形主钢管安装示意图

图 5.66　U 形主钢管间纵向水平系杆安装示意图

⑦预应力分析和张拉

张拉过程依据施工前仿真计算结果（图 5.67）以及施工过程监测数据，由中间向两端对称张拉钢拉杆，实时监测施工过程中张拉杆相互之间的影响（图 5.68～图 5.70）。

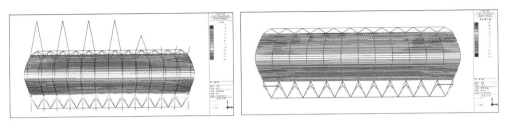

图5.67 张拉过程位移、应力仿真计算

铜拉杆端头　　　杆体　　　调节套筒　　　杆体　　　铜拉杆端头

图5.68 钢拉杆形式示意图

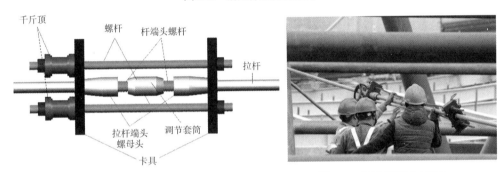

图5.69 钢拉杆张拉示意图　　　图5.70 钢拉杆预应力张拉

⑧张拉过程监测

A.对支座水平位移的监测（图5.71）

支座水平位移监测数据表（mm）

支座侧	测点	实测值		理论值	
		DX	DY	DX	DY
北侧	25轴（H1）	1	-6	1.6	-9.2
	26轴（H2）	2	-5	1.7	-9.7
	27轴（H3）	2	-7	1.8	-10.6
南侧	25轴（H4）	2	-1	0.0	-6.7
	26轴（H5）	2	-1	0.1	-6.6
	27轴（H6）	2	-4	0.1	-6.8

注：表中X位移正值表示向东边偏移，Y位移负值表示向南侧偏移。

图5.71 支座水平位移的监测

　　结论：临时水平支座约束拆除，铅芯支座水平位移在1cm以内，以横向位移为主，最大为7mm，满足设计要求。

B. U形管拉杆轴力的监测（图5.72）

内侧拉杆轴力数据表（kN）（正为拉、负为压）

序号	施工阶段	实测数据				理论数据			
		LG407	LG406	LG405	LG404	LG407	LG406	LG405	LG404
1	LG407张拉	156.9	−11	2.4	−17.1	140	−19.8	−15.9	−14.8
2	LG406张拉部分力	156.2	42.5	3.7	−15.7	139.2	50	−16.7	−15
3	LG406'张拉	155.6	42.5	5.1	−14.2	137.4	50.2	−16.4	−14.6
4	LG405张拉	148.5	39.6	135.7	−17.4	137.4	48.2	150	−17.3
5	LG404张拉	153.5	38.2	139.1	129.2	137.3	47.8	147.2	150
6	LG403张拉	158.6	36.9	142.5	124	137.3	47	145.3	145.6
7	LG402张拉	165.4	32.2	147.3	122.6	137.8	0	143.5	142.2
8	LG401张拉	163	33.8	142.4	117	137.8	0	141	138.4
9	LG406张拉	140.6	—	120.7	109	136.2	140	139.3	138
10	LG405'张拉	139.9	—	122.7	111	136.2	140.3	140.1	139.1
11	LG404'张拉	139.2	—	124.7	113	136.2	140.7	141.1	140.6
12	LG403'张拉	138.5	—	126.7	115	136.2	141.3	142.7	142.8
13	LG402'张拉	138.4	—	126.9	115.4	136.2	142.1	144.6	145.4
14	LG401'张拉	138.4	—	126.9	115.4	136.2	142.9	146.4	148
15	拆除支座临时水平支杆	138.4	—	120.6	115.4	110.1	115.3	112.9	109.3

注：表中LG406在第二次张拉后无监测数据，主要是因为在张拉期间，LG406被拆除并重新调整，在调整过程中LG406拉杆上传感器被破坏。

图5.72　U形管拉杆轴力监测

结论：拉杆张拉时对相邻拉杆拉力的影响，随着拉杆间距的增大而减小，实测最大值165.4kN，小于模拟计算最大值170kN，施工过程安全。

⑨透风雨幕玻璃翼施工

透风雨幕玻璃采用的玻璃翼为12mm+1.52PVB+12mm夹胶钢化彩釉玻璃。玻璃翼跟随主体钢结构呈曲面形状。玻璃翼长边用铝合金型材包边，短边接缝注入耐候胶防水。每块玻璃翼由四个支点连接，钢构件表面做氟碳喷涂处理。采用具备强大参数化构件数据库管理能力的Digital Project软件，根据3万多个实测空间坐标点数据对玻璃翼尺寸进行深化、归集及下料，对每块玻璃翼进行条码跟踪，并优化连接节点构造，最终解决了平面投影轴线尺寸为109.20m×33.60m纵向连续变（负）曲率弧形横向M形三段百叶式变（正）曲率弧形复杂曲面钢构天幕直板玻璃翼高空安装的难题（图5.73～图5.75）。

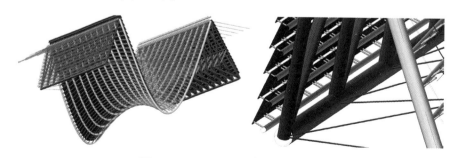

图5.73　Digital Project软件深化建模

图5.74　万向驳接件　　　　　　　图5.75　玻璃翼条形码

4）绿色施工技术成效

空间M形预应力钢结构天幕建造技术成效见表5.5。

空间M形预应力钢结构天幕建造技术成效表　　　　　　表5.5

序号	比较内容	安装方式	
		异形屋架分单元组合安装施工	高空散拼
1	节约成本	无须采用脚手架，节约了脚手架的施工费用。增加4台登高车的费用，台班费和进场费加起来共50万元左右。与满堂脚手架相比共节约了成本大约150万左右	按传统施工工艺需在屋架范围搭设109m长、25m宽、37.5m高左右的满堂脚手架，合计费用200万元
2	工期节省	边桁架吊装至水平杆安装完毕采用了60天左右的时间，大大缩短了施工工期	在屋架范围需要搭设109m长、22m宽、38m高左右的满堂脚手架，脚手架需根据钢结构吊装进度搭设，工期较长，预计整个施工工期在90天左右
3	综合效益	采用此工法，可以避免出现工序影响，且屋架范围内可以作为施工通道进行使用。大大减少了周转材料的投入量	采用满堂脚手架施工在大大增加费用的同时，还延后了两幢建筑外装施工

5）技术的先进性

（1）通过计算机三维建模拟放样将各单元节点的空间坐标转化为实际施工安装坐标，降低了单元桁架与多铰铸钢件的安装难度，提高了三维空间坐标的准确度。

（2）边桁架等组合件通过预拼装技术，在地面拼装时提前消除拼装及安装偏差，提高了构件加工制作的精度，降低了空间构件的安装难度，加快了施工工期。

（3）通过前期有限元分析，安装过程中在支座处增加临时支撑杆与建筑物连接，对支座进行限位，避免铅芯橡胶支座在施工过程中产生过大水平位移导致破坏，同时对支座进行施工过程及张拉过程监测，实测值较好地符合了理论计算。

（4）利用直臂式高空车对空间杆件与节点进行安装与施工，无需按传统施工工艺搭设整体落地脚手架，减少了钢管扣件的投入，施工灵活方便，在加快施工速度的同时，降低了施工成本。

（5）本项技术已获授权发明专利2项（ZL201510168093.3、ZL201510168107.1）；授权实用新型专利3项（ZL201520214152.1、ZL201520214187.5、ZL201620278838.1）；省级工法1项。

第三部分 总结

一、技术成果的先进性及技术示范效应

本项目竣工以来已获得8项发明专利、17项实用新型专利、2项国家级工法、5项省级工法等技术成果，整体达到了国际先进水平，其中"悬链钢构超大高差支座累积滑移安装法""跨沉降缝钢桁架附加应力消除安装法"两项技术达到国际领先水平。

同时，项目荣获中国土木工程詹天佑奖、华夏建设科学技术奖一等奖、国家广电总局科技创新一等奖、中国建设工程鲁班奖、中国钢结构金奖、中国钢结构协会年度经典钢结构工程、"金钢奖"特等奖、全国优秀工程勘察设计奖、美国LEED V4.1 O+M（既有建筑运行与维护标准）铂金级认证、住房和城乡建设部绿色施工科技示范工程、江苏省城乡建设系统优秀设计一等奖、江苏省首批建筑产业现代化示范项目、中国工程建设BIM应用大赛推广应用奖等多项荣誉。

施工期间先后举办了苏州工业园区、江苏省住房和城乡建设厅和中国建筑业协会组织的绿色施工示范观摩活动，取得了良好的技术示范效应。

二、工程节能减排综合效果

工程节能减排的综合效果见表5.6。

节能减排综合效果 表5.6

序号	主材名称	目标值	实际值	实际值/总建筑面积比值
1	建筑垃圾	产生量<400t/万m²，再利用率和回收率达到50%	产生量7321t，再利用率和回收率达到52.6%	—
2	钢材损耗	900.0t	411.6t	0.13%
3	商品混凝土损耗	3976m³	1247m³	0.63%
4	模板周转次数	4.5次	6.7次	—
5	木材损耗	54m³	29.2m³（废料处理之和）	0.81%
6	围挡等周转设备	重复使用率大于100%	重复使用率100%	—
7	施工生活用水	1430000m³	427945m³	1.30
8	非市政自来水利用量占总用水量比率	20%	28.6%（122521m³）	—
9	施工及生活用电	18200000kW·h	6961924kW·h	21.23
10	施工绿化面积与占地面积比率	5%	5.3%	—
11	工期节约	30日历天	180日历天	—

三、社会、环境效益

本项目所获成果具有方便的可移植性，如软土地区紧邻地铁深大基坑分坑建造技术、大高差悬链线状钢构屋盖滑移安装技术等，对于施工的绿色化、智能化提升具有极高的价值，对建筑施工领域将起到良好的引领和示范作用，直接或间接支撑超高层、综合体建筑的建设。工程建成以来，受到业主和社会各界的广泛肯定与赞誉，被誉为苏州城市新地标、文化产业新载体、广电发展新平台，是苏州文化产业发展史上又一个新的里程碑。项目研究成果中有多项工法被批准为国家级工法和省级工法，在全行业中推广应用，为此类综合体建筑实施提供了示范指导作用。

四、经济效益

本项目的创新研究成果已经在现代传媒广场综合体工程中得到了成功应用，不仅安全、高效、优质地完成了工程的建设，而且经济和社会效益显著，产生直接经济效益4085万元，建设周期内三年累计新增产值119808万元，新增税收4166万元，科技创效占工程结算总价比例约3.4%。

专家点评

一、项目特色

本项目位于苏州工业园区金鸡湖东，是一座代表着千年苏州现代城市文化的建筑新地标。建筑面积33万m²，地下3层，地上最高43层，最大建筑高度214.8m。场地为深厚淤泥地质，基坑紧邻运营地铁线路，结构设计复杂，施工难度较大。

二、绿色技术创新点及价值

本项目以下绿色技术应用取得了很好的节能减排效果：

技术一：软土地区紧邻地铁深大基坑分坑建造技术，将软土深大基坑分成三大部分，将处于关键线路的塔楼部分先行开挖，利用中部土方对基坑进行支护，塔楼地下室回填后再开挖中间基坑，主楼地下室的模板可用于后期支护结构施工。采用两墙合一设计施工技术，减少了地下室外墙结构施工，减少了土方开挖和回填量，并节省了模板、钢筋、混凝土等材料投入。

技术二：跨沉降缝钢连廊附加应力消除技术，根据沉降差模拟分析结果，合理设置支撑架，提前安装连廊钢结构，沉降差稳定后再进行边廊合龙，保证了结构安全。

技术三：大高差悬链线状钢构屋盖滑移技术，合理设置了滑移轨道，分五批实现了10榀桁架的滑移，减少了支撑胎架及脚手架的搭设，较好地节约了材料和劳动力。

技术四：上方下圆多曲面空间网壳建造技术，采用BIM技术对复杂空间曲面结构进行深化设计，采用工厂分区组装、现场高空拼接方案，加快了施工进度。

技术五：空间M形预应力钢结构天幕建造技术，通过预拼装技术提前消除组装及安装偏差，在支座处增加临时支撑杆与建筑物连接以避免位移过大。利用直臂式高空车进行高空作业，无需搭设脚手架，减少了脚手架材料的投入，降低了施工成本。

三、项目实施效果

本项目已获得8项发明专利、2项国家级工法、5项省级工法等技术成果，整体达到了国际先进水平，并获得鲁班奖、詹天佑奖、LEED铂金级认证、华夏建设科学技术奖一等奖、住房和城乡建设部绿色施工科技示范工程等多项荣誉。施工中节省用电 1123.81 万 kW·h，节水 100.20 万 m³，节省钢材 488.40t、混凝土 2729m³、木材 24.8m³，减少建筑垃圾排放 5908t，产生直接经济效益 4085 万元，取得了很好的环境保护和资源节约效果。

四、项目绿色技术的示范作用

本项目深大基坑分区开挖技术、地下室两墙合一建造技术、高空钢结构滑移施工技术、跨沉降缝钢连廊附加应力消除技术、高空作业车施工技术、基于 BIM 的深化设计技术具有很好的示范作用。应用效果包含：节省了地下室外墙的施工和土方的挖填，节省了大量钢结构支撑架或施工脚手架的搭设，节省了大量施工时间、施工用电和施工用水。

6

中国中医科学院广安门医院扩建门诊楼工程

第一部分　工程综述

一、工程概况

1.工程概述

中国中医科学院广安门医院扩建门诊楼项目，位于北京市西城区北线阁5号中国中医科学院广安门医院院内。地处西二环内，周边车流量大，交通繁忙，北侧为居民小区，东侧为医院门诊及住院部，南侧为酒店，西侧为二环辅路，施工现场狭小，是集门诊、科研、教学、住院、远程医疗多功能于一体的综合型医疗建筑（图6.1）。

图6.1　广安门医院扩建门诊楼效果图

工程占地面积16000m^2，建筑面积45825m^2，建筑最大高度99.9m。结构类型为框架–剪力墙结构，最大基坑深度21.7m，总投资约4.2亿元。

2.地质构造

北京市区内，地下水位较低，位于–25m，即最大基坑深度以下约4m，雨水不丰沛，水资源不丰富。地质情况较为理想，持力层为均匀的级配砂石地层。

3.开竣工时间

合同开工日期：2011年6月28日，竣工日期：2016年3月。实际竣工时间为2018年9月30日。

4.工程相关方

建设单位：中国中医科学院广安门医院

设计单位：北京市建筑设计研究院有限公司

监理单位：北京双圆工程咨询监理有限公司

监督单位：北京市西城区建设工程质量监督站

施工单位：中国新兴建设开发有限责任公司

二、工程难点

1.混凝土连续浇筑难度大

本工程位于北京市南二环内，其地下室部分包含人防工程、停车库，外墙大部分为双层墙体（图6.2）。本工程位于北京市南二环内，地处闹市，基础结构施工分为4个流水段，其中基础第四段墙体的混凝土一次浇筑量为2101m^3，基础第四段筏板基础的混凝土一次浇筑量为1515 m^3，混凝土连续浇筑量较大。

图6.2　地下室部分示意图

现场实施中为了加快浇筑速度，在上述部位混凝土浇筑期间，每小时的混凝土浇筑量为 $50 \times 2 = 100 m^3$，基础第四段墙体需连续浇筑21小时，计划19:00开始浇筑，至次日16:00可浇筑完成。经过项目部安排专人进行观察、记录和测算，19:00—16:00期间周边道路情况良好，每小时平均通过车辆不超过1920辆，场地狭窄，东北角临近原医院行政楼，距离开挖基坑12m。通过专家论证，每分钟通过车辆不超过32辆，不影响交通，能满足混凝土连续浇筑的施工要求。

2.与既有建筑距离近，且施工场区狭小

由于与既有行政楼距离仅为5.1m，本工程基础施工阶段场地支护采用人工挖孔灌注桩，新建锚杆与行政楼原锚杆焊接连接，以保证该部位边坡的安全稳定。

工程场地狭小，±0.000以下结构施工阶段，钢筋由总公司加工厂区统一加工。地上主体结构施工时，利用北侧结构收回的 Ⓙ-Ⓛ轴 $(9.4+9.4) \times 35.3m = 663m^2$、西侧结构收回的 ①-③轴 $(8.1+5.8) \times 51.75 = 719.3m^2$ 作为钢筋堆放区的位置。

3.施工噪声、降尘控制要求高

施工现场距离周围居民区较近，为避免扰民现象，项目部在现场北侧和西侧紧邻居民区和医院的方向，设置噪声监测点，对噪声进行监测；同时合理安排施工，避免高分贝的工序在夜间施工。

现场道路全部进行硬化，每天视天气及环境情况进行洒水降尘，并进行扬尘观测，扬尘控制指标符合现行国家标准《建筑工程绿色施工规范》GB/T 50905中的相关要求。

4.结构尺寸多样，模板选型种类多

本工程为钢筋混凝土框架—剪力墙结构，有圆柱、方柱、剪力墙、楼板等尺寸不一的构件（图6.3）。框架柱及核心区、楼梯间、电梯间墙体模板采用组拼式大模

图6.3　外观一角

板。组拼式大模板是一种单块面积较大、模数化、通用化的大型模板,具有完整的使用功能,采用塔式起重机进行垂直水平运输、吊装和拆除,工业化、机械化程度高。组拼式大模板施工操作简单、方便、可靠,施工速度快,工程质量好,混凝土表面平整光洁,不需抹灰或简单抹灰即可进行内外墙面装修,可节省大量装修材料。

定型圆木模板,在首层大厅及18、19层圆柱施工中采用了定型圆木模板,模板一次支撑高度为3m,沿全高支设,不符合模数部位现场加工,将标准件尽量采用1/2高度尺寸,在浇筑过程中利用标高线控制混凝土高度,达到模板利用效率的最大化。由于圆木模板属于竖向构件周转材料,周转次数达到4次以上。

5.汉白玉护栏,以及屋面四个神兽,吊装难度大

汉白玉护栏,以及屋面四个神兽作为建筑外立面设计的点睛之笔必须符合古建规制(图6.4)。汉白玉栏杆分为栏板和汉白玉栏杆两部分,栏杆重量为240kg,栏杆长度为1100mm,栏板跨度为2700mm,其中20层转角有分格2965mm,栏板自重为1410kg,屋面四神兽分段吊装,每段最大尺寸及重量不超过栏板最大重量。

图6.4 汉白玉护栏及屋面神兽效果图

由于不能采用室外电梯运输,部分汉白玉栏杆及四神兽在20层,檐高为78.8m,且19层与20层结构存在收拢关系,吊车无法直接吊至20层,竖向运输用200t汽车吊将汉白玉吊装到19层平台,再通过2t电动葫芦从19层吊装到20层楼面;水平运输采用2t倒链将汉白玉及四神兽拉到20层楼面,施工难度较大。

6.古建屋面采用现浇钢筋混凝土结构

原建筑屋面为木制构件,为配合规范关于屋面防火的调整,本工程古建屋面造型全部采用现浇钢筋混凝土结构,由于坡度大导致模板支设和混凝土浇筑的质量控

制难度大。装饰装修采用传统工艺，满足传统木制屋面椽子的效果，传统木制屋面椽子采用传统刨、切、剔、凿等古法工艺对原木进行加工，工序繁琐，混凝土制品要达到此造型，难度相当大（图6.5）。

图6.5　屋面施工图

在支模时项目部采用胶带包封造型聚苯板的方式进行布置，在设置完成后固定，并利用全站仪精确定位，在浇筑过程中采用全站仪随时观测，保证了混凝土浇筑效果，并在浇筑完成后对聚苯板进行剔凿，使混凝土制品达到传统木制屋面椽子的效果，在长城杯检查中得到了专家的好评。

7. 地下三层车库夹层需要回填级配砂石，常规施工顺序存在水平运输困难

本工程紧邻昆玉河，为满足抗浮要求，地下三层车库夹层需要回填大量级配砂石作为配重，增大了施工难度。常规施工方法是待结构封顶后重新组织级配进场，需要从电梯井道将级配砂石垂直运输到地下三层，再向夹层进行水平运输。该工程夹层高度为800mm，设备、人员无法展开施工，施工难度大大增加，且带来成本增加、工期延长等一系列不良后果。项目部采用马道存土的超常规手段解决了这一问题，保证了工程顺序施工（图6.6）。

图6.6　地下三层车库夹层回填施工图

第二部分　工程创新实践

一、管理篇

1.组织机构

本项目组织机构设置如图6.7所示，组织机构职责见表6.1。

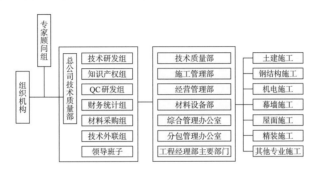

图6.7　组织机构示意图

组织机构职责表　　　　　　　　　　　　　　　　　　　　表6.1

序号	职责
1	领导班子负责科研项目的全盘规划、重大方案的决策
2	技术研发组负责落实科研课题研发活动
3	知识产权组负责科研项目成果转化
4	QC研发组负责用科学的方法来分析与解决问题
5	财务统计组负责管控研发经费开销
6	材料采购组负责提供研发材料支持
7	技术外联组负责科研项目进度调整，协调各组行动

2.管理制度

依照总公司技术中心科研相关制度:《研发费用财务管理暂行办法》《技术创新项目管理办法》，项目部按照总公司绿色施工要求，编制具有项目特色的绿色施工安全、管理制度27项（表6.2），落实责任，加以保障。为创建住房和城乡建设部绿色科技施工工程，我方大力推行科技创新激励机制，针对工程难点及技术创新点发挥所有参建人员的主观能动性，设立以个人命名的课题小组，通过课题预算第一时间拨付课题资金。

管理制度   表6.2

序号	制度	序号	制度
1	扬尘控制管理制度	15	现场平面布置管理制度
2	噪声管理制度	16	食堂卫生管理制度
3	水质监测管理制度	17	卫生间、洗浴间等管理制度
4	光污染管理制度	18	职业健康管理制度
5	建筑垃圾再生利用管理制度	19	移动厕所管理制度
6	环境保护应急预案	20	医务室管理制度
7	有毒有害回收管理制度	21	消防安全管理制度
8	施工现场古文物保护措施	22	人员健康管理制度
9	材料节约管理制度	23	绿色施工培训制度
10	限额领料制度	24	塔式起重机管理制度
11	节水器具使用制度	25	卫生防疫管理制度
12	耗能设备管理制度	26	办公区垃圾管理制度
13	施工机具保养制度	27	施工现场垃圾管理制度
14	办公用品管理制度		

3.重大管理措施

1）设计优化

（1）二次结构阶段，将原设计的加气混凝土砌块隔断墙改为钢带浮石板内墙（优化前后对比见表6.3）。钢带浮石板复合内隔墙施工过程主要采用现场拼装的方式，墙体基层不用再进行抹灰处理，施工过程湿作业少，符合装配式施工。

优化前后对比表一   表6.3

序号	项目	优化前：加气混凝土砌块隔断墙	优化后：钢带浮石板内墙	效益对比
1	造价	70.49元/m²	81.29元/m²	成本略有增加
2	工期	结构施工结束后及时插入	结构施工结束后及时插入	基本一致
3	安全	确保安全	确保安全	基本一致
4	质量	确保质量	确保质量	基本一致
5	环保	砌筑砂浆0.02m³/m²	0	节约砂浆900m³

（2）将原有设计的防辐射铅板改为防辐射加厚重晶石混凝土墙，仅用于直线加速器房间使用。与传统结构完成后再挂置防辐射铅板相比，从结构上进行防辐射处理，有效地提高了防辐射的效率及容错率，成品观感良好，有效地降低了工程成本（表6.4）。

优化前后对比表二　　　　　　　　　　　　　　　　　表6.4

序号	项目	优化前：防辐射铅板	优化后：防辐射加厚重晶石混凝土墙	效益对比
1	造价	2.1万/t	1112元/t	总节约1100万元
2	工期	装修期间施工	结构期间施工	基本一致
3	安全	—	制定专项方案，采用定制大钢模，同时下部楼层-2、-3层采用加固回顶	确保安全
4	质量	—	墙面、顶板平整无孔洞。经检测，防辐射效果满足原设计铅板防护等级	满足使用功能
5	环保	—	实测实量，采用地泵现浇，泵管中采用小球推送或吊斗运输	减少混凝土浪费量

（3）报告大厅位于地下一层北侧，要求墙面采用A级不燃装饰装修材料。水泥成品装饰吸音板具有高密度、高硬度、高孔洞率等特性，具有极好的弯曲、抗冲击性能，并且由于多孔洞，使板材自重减轻，从而真正地实现了轻质高强，计权隔声量 $R_w \geqslant 40dB$，便于安装，而且施工不受气候制约（表6.5）。使用范围广，既可作室外建筑，也可作室内装饰，达到既美观又降噪的作用。

优化前后对比表三　　　　　　　　　　　　　　　　　表6.5

序号	项目	优化前：木纹难燃吸音板	优化后：水泥成品装饰吸音板	效益对比
1	造价	95元/m²	110元/m²	基本一致
2	工期	20天	20天	一样
3	安全	B级难燃	A级不燃	耐火性能增强
4	质量	干挂	干挂	达到美观降噪效果
5	环保	木质浸泡防火涂料，含甲醛	工厂化预制水泥吸音板，直接成型	无污染，不含甲醛

（4）现浇钢筋混凝土结构仿古屋顶在提高屋顶的使用寿命、整体抗震性能、耐火极限和防腐、防虫害等方面具有突出优点。根据实际测算，与木结构屋顶相比降低工程造价40万元（表6.6）。现浇钢筋混凝土仿古屋顶适应当前施工企业的技术水平和施工条件，有利于改变城镇的人文景观，宜于在城镇建设中推广。

优化前后对比表四　　　　　　　　　　　　　　　　　表6.6

序号	项目	优化前：木质	优化后：现浇	效益对比
1	造价	170万元	130万元	节约造价40万元
2	工期	加工、运输、安装预计60天	50天	基本一致
3	安全	不防火	防火	防火等级提高

续表

序号	项目	优化前：木质	优化后：现浇	效益对比
4	质量	榫卯拼装	支模现浇	观感效果一致，防潮湿、虫蛀，耐久性提高
5	环保	涂刷涂料，含甲醛、氡、苯等	使用吊斗，持续作业	无污染

2）施工优化

（1）深大基坑采用小节拍流水段施工，减少土方外运

采用小节拍流水施工：原计划地下室分4段施工，现分为8个流水段，根据建筑结构特点合理划分结构施工阶段流水段，根据流水段提前计划、合理周转使用材料，通过小节拍流水节省周转材料使用强度。顶板模板采用1层半的量进行周转使用，比传统的框架结构三层模板周转材料用量节省50%，周转次数增加50%，达到了节约材料的目的（表6.7）。

优化前后对比表五　　　　　　　　　　　　表6.7

序号	项目	优化前：按照施工缝分区	优化后：小节拍流水	效益对比
1	造价	地下室分4段施工	地下室分8段施工	一致
2	工期	360天	315天	提前工期45天
3	安全	—	—	一致
4	质量	—	—	一致
5	环保	—	—	减少周转材料进场量

（2）塔式起重机布置优化

塔式起重机布置优化前后对比见表6.8。

优化前后对比表六　　　　　　　　　　　　表6.8

序号	项目	优化前：塔式起重机均放置偏西侧	优化后：一台塔式起重机设置在裙房中心	效益对比
1	造价	塔式起重机型号为MC-120、H3/36B，计划放置在西南侧和西北侧	MC-120塔式起重机放置在裙房北侧中心位置，主要用于基础阶段 I、II 段及裙房施工；H3/36B塔式起重机放置在西南侧，用于基础 III、IV 段、裙房南侧及主楼施工。裙房阶段施工完成后MC-120塔式起重机即拆除，余下工程范围南侧塔式起重机即可满足施工需求	节约塔式起重机租赁费用约33.6万元
2	工期	—	—	一致
3	安全	—	—	一致
4	质量	—	—	一致
5	环保	—	—	一致

（3）下沉广场先填后挖

±0.000以下结构施工现场狭小，地上主体结构施工时，可利用北侧下沉广场位置结构收回的①轴至①轴（9.4+9.4）×35.3m=663m²、西侧结构收回的①轴至③轴（8.1+5.8）×51.75=719.3m²作为材料堆放区的位置；结构施工时，对该部位进行先填后挖，结构及装修期间利用填平的部位既解决了现场材料堆放区狭小、稀少的问题，又能在回填土阶段利用存土可以进行现场土方倒运回填，达到了节能、节地的目的（表6.9）。

优化前后对比表七　　　　　　　　　　　　　　　　　表6.9

序号	项目	优化前：下沉广场开挖现场形成断路	优化后：下沉广场先填后挖	效益对比
1	造价	—	360m²先填后挖	增加8万元
2	工期	—	—	一致
3	安全	—	—	一致
4	质量	—	—	一致
5	环保	—	—	一致

（4）大基坑马道存土

地下三层车库夹层需要回填大量级配砂石，按照常规施工方法需待结构封顶后重新组织级配进场，从电梯井道将级配砂石垂直运输到地下三层，再向夹层进行水平运输，但夹层高度为800mm，设备、人员无法展开施工，所以采用大基坑马道存土的施工方法，优化前后对比见表6.10。

优化前后对比表八　　　　　　　　　　　　　　　　　表6.10

序号	项目	优化前：不留置马道	优化后：留置马道	效益对比
1	造价	—	留置回填土3700m³	减少外运5万元和回购土方7.4万元
2	工期	—	—	一致
3	安全	—	—	一致
4	质量	—	级配砂石	保证回填效果
5	环保	增加土方外运	减少外运	避免扬尘污染和汽油消耗

3）永临结合

利用广安门医院既有办公楼、食堂、燃气、中水、供暖等设施，节约土地资源和减少能源的使用（图6.8）。新建医院污水处理站，体现永临结合。临建设施利用既有建筑围挡（图6.9）。采用永临结合后的效益对比见表6.11。

4.技术创新激励机制

根据总公司技术中心激励制度执行《科技成果转化实施与奖励制度》《科技人

图6.8 永临结合办公区

图6.9 可拆卸周转围墙

效益对比表   表6.11

序号	项目	效益对比
1	造 价	节约25万元
2	工 期	—
3	安 全	防火性能增强
4	质 量	—
5	环 保	减少新建，节约资源

员培养和激励办法》。由本公司技术中心对各职能部门报送的科技成果进行整理汇总，技术中心组织召开科技开发成果评审专题会，对各专业组评审意见进行综合评议，根据立项评审专题会评议结果，拟定公司年度科技成果奖励建议，报公司总经理办公会审议后进行奖励。

具体到本项目，为创建住房和城乡建设部绿色科技示范工程，我方大力推行科技创新激励机制，针对工程难点及技术创新点发挥所有参建人员的主观能动性，设立以个人命名的课题小组，通过课题预算第一时间拨付课题资金。本项目如取得住房和城乡建设部绿色科技示范工程，公司将按照制度对参与创建的相关人员按照奖励制度予以经济奖励。

二、技术篇

1.大基坑马道存土施工技术

1）技术成果产生背景

地下三层车库夹层需要回填大量级配砂石，常规施工是待结构封顶后重新组织级配进场，从电梯井道将级配砂石垂直运输到地下三层，再向夹层进行水平运输，但夹层高度为800mm，设备、人员无法展开施工，施工难度大大增加，且带来成本增加、工期延长等一系列不良后果，结合此情况项目部采用马道存土施工技术保证了工程顺序施工。

2）施工技术要点

（1）本工程基础底板根据后浇带位置分为4个流水施工段，基础底板的施工顺序为：基础三段→基础二段→基础一段→基础四段。

（2）待地下三层的墙、柱施工完毕后立即开始进行地下叠合层的墙体砌筑及圈梁构造柱的施工。

（3）墙体砌筑及圈梁构造柱施工完毕后进行级配砂石的回填，级配砂石回填采用塔式起重机作为运输工具，一台小松PC01挖掘机负责装级配，人工配合倒运（图6.10）。现场准备两个级配运输的吊斗。在保证主体结构使用材料运输的情况下，塔式起重机充分得到利用。

图6.10　级配预留土

（4）级配砂石回填完毕后，进行叠合层顶板的支设及叠合层顶板的钢筋绑扎和混凝土浇筑工作。

（5）西侧、北侧地下三层墙体施工完毕后，待基础表面的含水率达到规范要求后，进行西侧、北侧外墙防水施工，防水施工完毕后进行坡道下部级配砂石的回填（图6.11）。级配回填完毕后用南塔将小型挖土机运出基槽。

（6）本工程地下三层叠合层和汽车坡道级配砂回填进度直接制约着主体结构施工，所以级配砂石的回填进度，是地下室工程施工进度控制的重点。为了保证施工进度，级配砂石的回填工作24小时不停歇作业，塔式起重机的使用除保证主体结构材料运输的要求外，优先进行级配砂石的运输。

图6.11 级配预留土回填

（7）根据《级配预留施工方案的研讨会会议纪要》，对土方运输的马道进行调整，现场马道预留在现场的东南角大门处，马道的宽度为6m，马道的仰角为20°。西侧按1:0.4进行放坡，马道从-16.250m～-21.000m为天然级配，马道表层1m厚的范围内为素土，马道将留置级配5520m³，除预留的3700m³级配外，其余级配将外运（图6.12）。

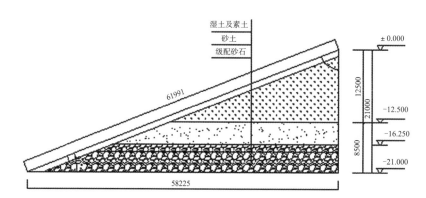

图6.12 基坑马道留置剖面图（尺寸单位：mm；标高单位：m）

3）节能效果

留置回填土3700m³，减少外运5万元和回购土方7.4万元，减少土方外运及回运3700m³。

2.重晶石加厚墙体施工技术

1）技术成果产生背景

本措施属于设计、施工优化，与传统结构完成后再挂置防辐射铅板相比，提高了结构的整体性，结构美观，预先在结构阶段进行防辐射处理。

2）重晶石混凝土墙技术要点

地下一层直线加速器室层高6m，顶板、底板分别为1900mm、1800mm厚防辐射重晶石混凝土，强度等级C30，重晶石混凝土自重为3400kg/m³，相比普通混凝土自重大大增加。墙体采用C30普通混凝土，厚度分别为2700mm、1600mm、1400mm、1000mm和800mm，同时由于防辐射的要求，直线加速器室的墙体模板不允许设置对拉螺栓。

采取的对策：

（1）编制了《直线加速器室顶板、墙体模板支撑及重晶石混凝土专项施工方案》，并组织专家论证审查。

（2）顶板模板在配模时通过计算确定龙骨、竖向支撑的间距，竖向支撑间距为300mm，水平杆步距为600mm，主龙骨间距为300mm，次龙骨间距为150mm，并加设竖向、横向剪刀撑，同时重点控制混凝土浇筑速度，加强振捣，保证支撑体系的稳固和混凝土的密实（图6.13）。

（3）超厚墙体外侧模板采用单侧支架模板体系，墙体内侧模板选用大钢模，利用顶板满堂红支撑体系作为墙体模板内支撑。

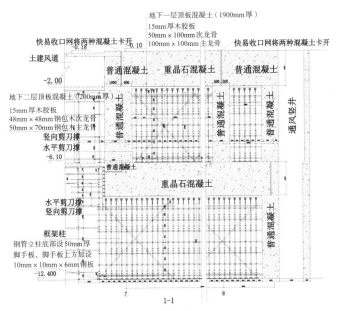

图6.13 顶板支撑体系节点设计

（4）重晶石混凝土墙施工工艺流程：抄平放线→模板底部找平→水电专业预埋→安装大模板→调整垂直度→固定模板→进行自检、专检→浇筑混凝土→拆模→维护、修理（图6.14）。

图6.14　单侧支模用模板

（5）重晶石混凝土墙实施效果：墙面、顶板平整无孔洞（图6.15）。经检测，防辐射效果满足原设计铅板防护等级。

图6.15　重晶石实景照片

3）节能效果

使用防辐射加厚重晶石混凝土墙，造价为4000元/m³，比使用铅板节约资金1100万元。

3.钢带浮石板隔墙内暗配管施工方法

1）技术成果产生背景

为提倡装配式施工，我公司主动联系厂商，与设计沟通，首次采用该技术。

2）施工技术要点

（1）钢带浮石板隔墙施工工艺流程

钢带浮石板隔墙施工工艺流程如图6.16所示。

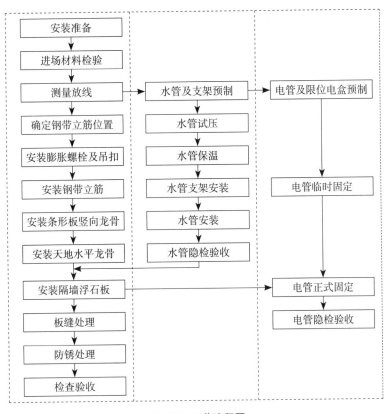

图6.16　工艺流程图

（2）钢带浮石板隔墙施工操作要点

①安装膨胀螺栓及吊卡

根据钢带孔位，在（楼）地面打孔，在同一中心线上，打墙体顶部的孔，孔深度为80mm。清孔后安装 ϕ 8的膨胀螺栓及吊卡，如图6.17所示。

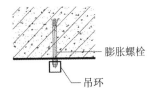

图6.17　膨胀螺栓及吊扣安装示意图

②安装钢带立筋

将钢带穿过顶部吊卡和下部吊卡后进行弯折，弯折长度不小于100mm，弯折后采用卡件将弯折段与竖向钢带卡紧，后用金属打包钳把弯折部位钢带与竖向钢带紧固；钢带紧固后拧紧吊卡部位的膨胀螺栓，使钢带绷直并留有一定柔韧性（用手拉钢带中间部位，其左右自由摆幅不超过30mm为宜）（图6.18）。

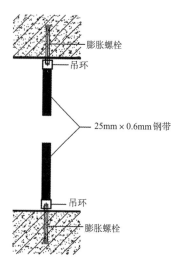

图6.18　钢带安装立筋示意图

图中标注：膨胀螺栓、吊环、25mm×0.6mm钢带、吊环、膨胀螺栓

施工时钢带要严格控制在隔墙的中心控制线上，一般从隔墙的一端向另一端推进（或从中间向两端推进）。钢带安装结束以后，及时协调墙内管线施工单位进行施工。

③安装条形板竖向龙骨

条形浮石板竖向龙骨由整块浮石板材根据墙厚切割而成，条形浮石板的规格为 $25 \times$ 墙高 $\times (B-60)$，安装时由下往上安装，条形板接缝处在钢带另一侧用连结块固定卡紧，如图6.19所示。

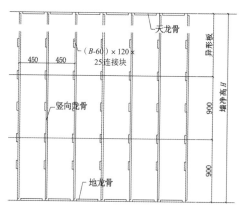

图中标注：天龙骨、异形板、$(B-60) \times 120 \times 25$连接块、450、450、竖向龙骨、900、墙净高H、900、地龙骨

图6.19　龙骨安装立面图（单位：mm）

连接块位置：每块浮石板与连结块的粘结不少于六组，形成立体格状结构。

连接块安装：用长度不小于120mm的条形浮石板作为连接块，在连接块与条形竖向龙骨接触部位满涂聚合物粘结砂浆，将钢带夹粘在连接块和条形浮石板龙骨中间，形成一组粘结块并采用专用U形卡件卡紧，如图6.20～图6.22所示。墙边与混凝土结构墙柱相连时，墙边竖向龙骨用 φ8 膨胀螺栓与混凝土结构墙柱固定。

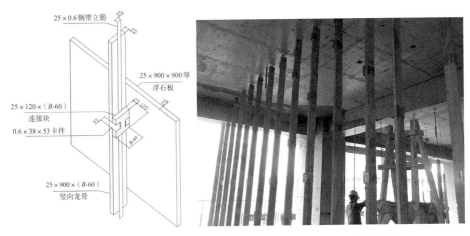

图6.20　连接块安装示意图（单位：mm）　　　图6.21　竖向龙骨安装

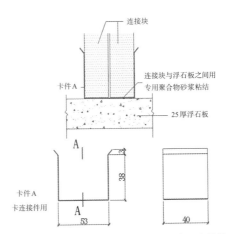

图6.22　连接块与竖向龙骨连接U形卡件示意图（单位：mm）

④板材安装

板材安装前预先将地（楼）面与浮石板、浮石板与竖向龙骨、连结块的接触部位和浮石板板间接缝部位均涂刷聚合物粘结砂浆，再将两块浮石板夹住钢带立筋龙骨；每两块板调整就位后，在板面上弹线标出拉结螺栓位置，对浮石板打孔并用特制的双头套管螺栓紧固，墙体两侧浮石板中间夹紧竖向龙骨，如图6.23所示。

板材与板材之间用规格为 50mm × 30mm × 0.6mm 的专用H形卡件在板材四角进行卡固，如图6.24所示。

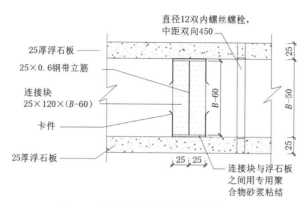

图6.23　浮石板安装示意图（单位：mm）

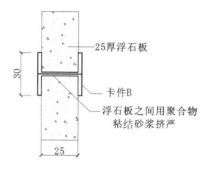

图6.24　H形卡件安装示意图

拉结锚栓件数量：900mm×900mm的墙体面积不少于4个。浮石板安装立面图及墙板安装施工图如图6.25和图6.26所示。

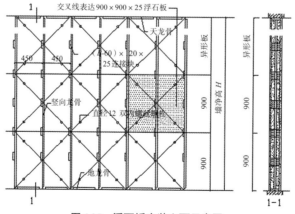

图6.25　浮石板安装立面示意图

⑤丁字墙和转角墙节点施工

丁字墙的纵横墙交接处、转角墙的阳角角部加设条形竖向龙骨，保证阴阳角方正和纵横墙交界处连接紧固，如图6.27所示。

图6.26 墙板安装

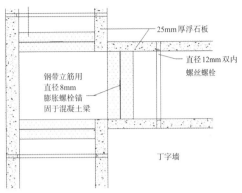
图6.27 丁字墙节点施工示意图

转角墙阳角处纵横墙墙体分别用直径8mm膨胀螺钉与条形竖向龙骨进行连接，每块板材连接点不少于两个，如图6.28所示。

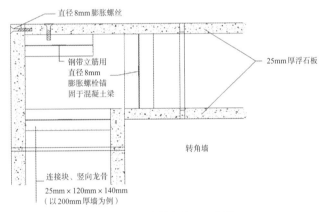
图6.28 转角墙节点施工示意图

3）节能效果

墙体基层免抹灰，减少现场湿作业。材料成本略有增加，但可通过减少的湿作业的成本进行成本平衡，并达到节约材料和环保的效果，且满足装配式施工。采用免抹灰工艺节省水泥约200t，砂子约600m³，节水约200t。

4.琉璃瓦坡屋面化冰融雪系统施工方法

1）技术成果产生背景

该工程位于市区繁华地段，瓦屋面位于建筑物顶端，建筑物高99m，为考虑安全性，研发该技术。通过在坡屋面的琉璃瓦表面进行发热电缆的安装，达到化冰融雪的效果，本系统施工应与屋面琉璃瓦安装同步进行，因此对与土建施工的协调配合、施工安全及屋面瓦片的成品保护提出了较高要求（图6.29、图6.30）。

图6.29　化冰融雪系统

图6.30　化冰融雪系统细部

2）施工技术要点

发热电缆固定卡安装：发热电缆固定卡为厚度2.5mm铝合金成品件，长度210mm，固定卡颜色与屋面瓦片釉色相同，每只固定卡有两个电缆固定点，固定螺丝为不锈钢材质，发热电缆固定卡大样图如图6.31所示。

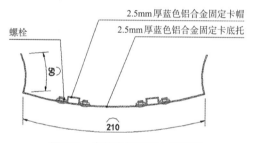

图6.31　发热电缆固定卡示意图

矿物绝缘发热电缆支架安装在板瓦上、筒瓦间的凹槽内，每垄放置三只固定卡，第一只固定卡距檐口400mm，固定卡间距为600mm，固定卡安装位置如图6.32所示。

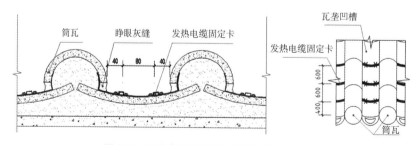

图6.32　固定卡安装位置大样图（单位：mm）

固定卡安装需与屋瓦安装同步进行，在瓦工完成一垄筒瓦安装后，开始进行固定卡安装，将固定卡一端塞入筒瓦尚未凝固的混凝土内，在瓦工进行相邻筒瓦安装时，将固定卡尚未固定的一端压入筒瓦内，电气施工人员需在睁眼灰缝施工前对固定卡安装位置、平直度进行检查、调整。发热电缆在成S形跨瓦垄横向敷设，电缆最下端距檐口100mm，三根电缆沿瓦垄方向的敷设宽度为1800mm，均匀敷设，发热电缆安装大样图如图6.33所示。

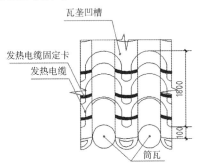

图6.33　发热电缆安装大样图（单位：mm）

3）综合效果

采用本技术通过不多的成本增加钢筋混凝土，显著提高了工程的安全性，大大提高了化冰融雪效果。

5.仿古建筑屋面现浇钢筋混凝土施工技术

1）技术成果产生背景

该仿古建筑屋面原计划采用木质结构，但考虑避免火灾风险，采用现浇钢筋混凝土结构。

2）施工技术要点

（1）框架梁

模板采用15mm厚多层板和50mm×100mm的方木现场组拼，根据梁的截面尺寸，现场加工成梁底模和梁侧模，如图6.34所示。

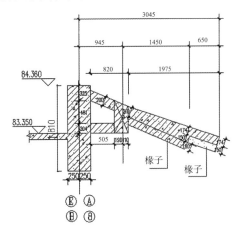

图6.34　挑檐梁及正身椽子模板图（标高单位：m；尺寸单位：mm）

（2）斜坡屋面板

模板斜坡面板采用100mm×100mm的方木双拼为竖向龙骨，面层模板侧压骨采用50mm×50mm方木，15mm厚多层板为面板，碗扣架、钢管及丝杠作为支撑、加固件，如图6.35所示。

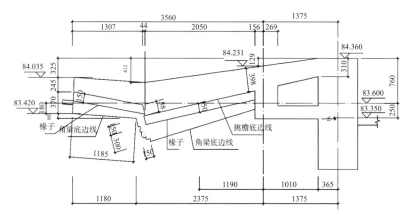

图6.35 老角梁和直角梁模板图（尺寸单位：mm；标高单位：m）

（3）梁、柱接头

根据梁、柱的截面尺寸，在工厂加工成专用柱头模板。

（4）混凝土浇筑

仿古屋面的坡度较大（0.75:1）、高度比较高（8.95m），施工前与搅拌站进行沟通，确定混凝土的坍落度，坍落度控制在100mm以内，分四次浇筑成型，一次浇筑高度2m，长度为3m，施工缝采用快易收口拦截混凝土，浇筑方向自下向上浇筑，四坡屋面依次浇筑，浇筑的混凝土采用塔式起重机作为垂直运输工具。

（5）施工工艺流程

屋面插筋→施工准备→基层处理→刷涂JS防水涂料底层→刷涂中层涂料→刷涂面层涂料→保护找坡层施工→审瓦→分中、号垄、排瓦当→吊顶安装固定→栓上下齐头线和腰线→冲垄→铺檐口瓦（图6.36）→挂瓦刀线→铺底瓦→背瓦翅→扎缝→贴筒瓦→捉节夹垄→清垄擦瓦。

3）节能效果

仿古建筑屋面现浇钢筋混凝土施工技术的应用提高了屋顶的使用寿命，在整体抗震性能、耐火极限和防腐、防虫害等方面具有突出优点。根据实际测算，比木结构屋顶降低工程造价40万元、提高施工期10天、节省木材约1000m³。

图6.36　檐口实施效果

6.圆柱与梁板节点定型木模板施工技术

1）技术成果产生背景

北京市广安门医院工程主体结构为框架—剪力墙结构，部分框架柱为直径900～1200mm圆柱，均采用木质圆柱模板工艺。圆柱外形美观，利于后期装修，但施工较方柱困难，尤其是梁柱接头位置模板施工，施工质量难以保证，同时造价昂贵、工期缓慢。项目先按照图纸进行模板设计，然后利用BIM技术对节点进行深化（图6.37），之后进行工厂化预制加工，运至现场进行安装（图6.38、图6.39），成型效果极好（图6.40），解决了工期和质量问题。

2）技术工艺流程

技术工艺流程如图6.41所示。

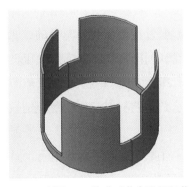

图6.37　利用BIM技术对节点进行深化

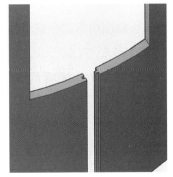

图6.38　模板子母扣拼接

3）节能效果

采用木质圆柱模板施工工艺与采用大型钢模板及玻璃钢模板施工相比，工期明显缩短，减少了周转模板材料约1500m² 和机械租赁费用，有效降低了施工成本。

木质圆柱模板组装灵活，梁、柱、板同时浇筑，节约了劳动力成本也保证了梁柱节点部位的外观效果，取得了良好的社会效益。

图6.39　实际施工中梁柱节点照片　　图6.40　拆模后节点照片

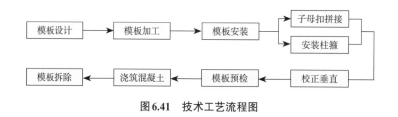

图6.41　技术工艺流程图

第三部分　总结

一、技术成果的先进性及技术示范效应

1.钢带浮石板隔墙内暗配管施工技术，通过将钢带代替龙骨的方式，直接现场拼装隔墙板，墙体基层免抹灰，减少了现场湿作业。加气混凝土砌块隔墙造价约70.49元/m²，钢带浮石板内隔墙造价约81.29元/m²，材料成本略有增加，但可通过减少的湿作业的成本进行成本平衡，并达到节约材料和保护环境的效果，且满足装配式施工。

2.琉璃瓦屋面化冰融雪系统施工技术，在不增加成本的情况下，显著提高工程的安全性，大大降低积雪高空坠落的发生概率。

3.仿古建筑屋面现浇施工技术，由原设计木质改为现浇，达到防火目的。支模现浇较木质榫卯结构，观感效果一致，且防潮湿、虫蛀，耐久性提高。该技术获得北京市级工法。

4.圆柱与梁板节点定型木模板施工方法，获得实用新型专利1项，辽宁省工法

1项，该技术采用木质圆柱模板施工工艺，与采用大型钢模板及玻璃钢模板施工相比，工期明显缩短，减少了周转材料、机械的租赁费用，有效降低了施工成本。木质圆柱模板组装灵活，梁、柱、板同时浇筑，节约了劳动力成本也保证了梁柱节点部位的外观效果，取得了良好的社会效益。

二、工程节能减排综合效果

1.环境保护

环境保护效果见表6.12。

环境保护效果　　　　　　　　　　　　表6.12

序号	主要指标	目标值	实际完成值
1	建筑垃圾	产生量每万㎡小于350t，本工程即1680t，再利用率和回收率达到50%	施工期间共产生垃圾1495t，回收利用568.1t，产生量每万㎡326.2t，再利用率为38%
2	有毒、有害废弃物控制	分类收集	分类收集率达到100%
		合规处理	100%送专业回收单位处理
3	噪声控制	昼间≤70dB 夜间≤55dB	昼间≤67dB 夜间≤53dB
4	污废水控制	pH值达到6～8	pH值达到6～8
5	抑尘措施	结构施工扬尘高度≤0.5m 基础施工扬尘高度≤1.5m	结构施工扬尘高度≤0.5m 基础施工扬尘高度≤1.5m
6	光源控制	无周边单位或居民投诉，达到环保部门的规定	无周边单位或居民投诉，达到环保部门的规定
7	资源保护	管线、土壤	施工范围内地下水、土壤按相关规定保护达到100%

2.节材与材料资源利用

材料节约及利用效果见表6.13。

材料节约及利用效果　　　　　　　　　　表6.13

序号	主材名称	目标值	实际值	实际损耗量	回收利用量	回收利用率
1	钢材	5933t	5881t	112t	51.8	材料损耗率比定额损耗率降低35.1%
2	商品混凝土	3600㎥	3583㎥	1168t	460t	39.5%
3	木方	520㎥	490㎥	30㎥	10㎥	94.2%

续表

序号	主材名称	目标值	实际值	实际损耗量	回收利用量	回收利用率
4	模板	钢模板周转4次、木模板周转2次、定型圆柱木模板周转4次	钢模板周转23次，木模板周转2次、定型圆柱木模板周转4次、框架柱采用可调截面钢模板实际周转68次	—	—	—
5	围挡等周转设备（料）	重复使用率100%	重复使用率100%	—	—	—
6	其他主要建筑材料	加气混凝土砌块实际总用量2450.25m³，约1225.13t。回收利用60.5m³，约30t(屋面找坡层等部位)，占建筑垃圾回收利用（1495t）的2.01%				
7		就地取材≤500km以内的占总量的92%				
8		回收利用率为38% [回收利用率=施工废弃物实际回收利用量（t)/施工废弃物总量（t)×100%]				

3. 节水与水资源利用

水资源节约及利用效果见表6.14。

水资源节约及利用效果 表6.14

序号	施工阶段及区域	目标耗水量	实际耗水量
1	生产作业区	41867m³	30814m³
2	节水设备（设施）配制率	100%	100%
3	非传统水源用量占总用水量	20%	7.8%

4. 节能与能源利用

能源节约效果见表6.15。

能源节约效果 表6.15

序号	施工阶段及区域	目标耗电量	实际耗电量
1	作业施工区	633533kW·h	485648kW·h
2	节电设备（设施）配制率	95%	95%

5. 节地与土地资源利用

临建设施占地面积有效率在基础施工阶段为99.4%，在结构施工阶段为94%，在装修施工阶段为94.9%，房屋建筑面积400m²，市政管线1150m，在施工场地狭小的情况下，项目部做到完全利用每一寸土地，且保护了周边环境。

三、社会、环境效益

本工程利用大基坑马道存土超常规方法完成了地下三层车库夹层级配碎石的回填，节省回填土3700m³，减少了土方外运，避免了扬尘污染和汽油消耗；应用重晶石防辐射混凝土加厚墙体施工技术，从结构上进行防辐射处理，有效提高了防辐射效率和容错率，提高了结构的整体性，降低了工程成本；首次应用钢带浮石隔墙板内暗配管施工技术，墙体基层免抹灰，减少了现场湿作业，实现了装配式施工；应用现浇钢筋混凝土结构仿古屋面，观感效果保持一致的情况下显著提高了屋顶的使用寿命、整体抗震性能、耐火极限，并且防潮湿、防虫蛀；应用琉璃瓦坡屋面化冰融雪系统，显著提高了工程的安全性，大大降低了积雪高空坠落的发生概率；应用圆柱与梁板节点定型木模板施工技术，与采用大型钢模板及玻璃钢模板施工相比，工期明显缩短，有效降低了施工成本，木质圆柱模板组装灵活，梁、柱、板同时浇筑，梁柱节点部位的外观效果佳；应用水泥成品吸音板施工技术，耐火性能增强，施工不受气候制约，便于安装，达到美观又降噪的效果。

本工程通过上述创新技术与小节拍流水段施工、大基坑马道存土、永临结合技术等绿色技术的应用，实现建筑垃圾产生量仅326.2t/万m²，建筑垃圾再利用率为38%，钢材损耗率降低35.1%，商品混凝土回收再利用率为39.5%，木方回收利用率达94.2%，节水率为35.9%，节电率为30%，节水设施配置率为100%，节电设施配置率为95%，临建设施占地面积有效率在整个施工期间均不低于94%，实现了"四节一环保"目标，综合节能减排效果突出，具有良好的示范作用。

工程中应用的重晶石防辐射混凝土加厚墙体、钢带浮石隔墙板内暗配管、现浇钢筋混凝土仿古屋面及琉璃瓦坡屋面化冰融雪系统等施工技术创新性强，为仿古类建筑和医院建筑绿色施工提供了有益的借鉴。特别是现浇钢筋混凝土仿古屋顶，绿色环保，适应当前施工企业的技术水平和施工条件，有利于改变城镇的人文景观，宜于在城镇建设中推广。

在广安门医院扩建门诊楼项目开展绿色施工科技实践活动过程中，使我们重新审视了施工生产方式。在实施过程中，管理层及项目经理部充分调动全员力量，发挥群体智慧，献计献策，想出了不少好办法，为绿色施工目标指标的完成做出了贡献，并取得了初步的成果，值得未来的绿色施工示范工程在此基础上加以进一步开展，对加深施工过程中应用和创新实用技术，具有辐射带动作用。

四、经济效益

通过采用节能降耗的绿色施工工艺，降低了项目总体费用，降低工程造价约1%。

专家点评

中国中医科学院广安门医院扩建门诊楼项目是集门诊、科研、教学、住院、远程医疗多功能于一体的综合型医疗建筑，仿古琉璃瓦屋面造型美观，工程地处闹市，与既有建筑紧邻，施工场地狭小。

工程利用大基坑马道存土超常规方法完成了地下三层车库夹层级配碎石回填，节省回填土3700m³，减少土方外运，避免扬尘污染和汽油消耗；应用重晶石防辐射混凝土加厚墙体施工技术，从结构上进行防辐射处理，有效提高了防辐射效率和容错率，提高了结构的整体性，降低了工程成本；首次应用钢带浮石隔墙板内暗配管施工技术，墙体基层免抹灰，减少现场湿作业，实现了装配式施工；应用现浇钢筋混凝土结构仿古屋面，在观感效果保持一致的情况下显著提高了屋顶的使用寿命、整体抗震性能、耐火极限，并且防潮湿、防虫蛀；应用琉璃瓦坡屋面化冰融雪系统，显著提高了工程的安全性，大大降低了积雪高空坠落的发生概率；应用圆柱与梁板节点定型木模板施工技术，与采用大钢模及玻璃钢模板施工相比工期明显缩短，有效降低了施工成本，木质圆柱模板组装灵活，梁、柱、板同时浇筑，梁柱节点部位的外观效果佳；应用水泥成品吸音板施工技术，耐火性能增强，施工不受气候制约，便于安装，达到美观又降噪的效果。

本项目技术创新性强，为仿古类建筑和医院建筑绿色施工提供了有益的借鉴。特别是现浇钢筋混凝土仿古屋顶，绿色环保，适应当前施工企业的技术水平和施工条件，有利于改变城镇的人文景观，宜于在城镇建设中推广。

7

南昌西站站房工程

第一部分 工程综述

一、工程概况

南昌西站是国家四纵四横高铁网络中的重要枢纽，项目位于赣江以南，南昌主城区的西南部，属大昌北新城，北部为基本建成的大学城，东部为南昌国际体育中心，西部为外商投资工业区。站场周边城市道路通达，交通条件良好，地势平整，规划中的地铁2号线、4号线经过南昌西站站区（图7.1）。

图7.1　区位示意图

项目总投资20.1亿元，占地面积104859m²，总建筑面积258875m²，其中站房面积114347m²，站台雨棚面积72514m²，其他出租车通道、高架落客平台、匝道等相关配套工程面积72014m²（图7.2）。站房建筑共3层，分别为地下出站层、站台层和高架层，站房主体建筑南北进深385.5m，东西面宽162m，站房主体最高点距地面41.7m。车场规模22站台面、22到发线、4条正线，分向莆城际和沪昆高速两个站场。站型采用"线侧+高架候车"型式，旅客流线采用"上进下出"模式。站房高峰小时旅客发送量8635人，最高聚集人数8000人。

图7.2 南昌西站鸟瞰图

南昌西站为"桥建合一"结构体系，地铁2号线位于地下出站厅正下方，从站房 ⑫ ～ ⑬ 轴南北向贯穿通过，为三跨箱涵结构（图7.3）。站房基础为 ϕ800mm钻孔灌注桩+承台基础；基坑采用明挖法施工，最大深度24.17m；轨道层为双向预应力劲性混凝土框架和箱形桥式框架；高架层为预应力钢筋混凝土框架结构，最大柱距25m；站房屋盖为倒三角钢管桁架结构，最大柱距61m，商业夹层为钢桁架梁+钢管柱框架结构，局部为跨层桁架。

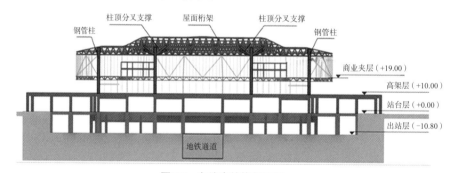

图7.3 主站房结构剖面图

南昌市地处亚热带湿润季风气候区，气候湿润温和，日照充足，雨水充沛。

本工程场地四周开阔，地势略微起伏，周边无建筑物及地下管线。基坑开挖深度除表层2～3m为素填土层、黏土层外，下部土层主要为中风化泥质粉砂岩，弱透水性，有少量裂隙水；勘察场内机井揭示在井深70m左右的粉砂岩层中见裂隙水，水量较小。

工程于2010年8月15日开工建设，向莆铁路于2013年9月26日开通运营，

2014年9月16日竣工。

工程建设单位为向莆铁路股份有限公司，施工单位为中铁建工集团有限公司，设计单位为中南建筑设计院股份有限公司，监理单位为北京赛瑞斯国际咨询有限公司。

二、工程特点、难点

1.设计理念

流线——采用"高架"候车的功能流线，体现"效率第一"的设计原则。站房设计体现以人为本的理念，合理组织站内外各类交通流线，按旅客在车站内步行距离最小、活动时间最短进行设计。

空间——对于人员密集的内部空间，将平面设计的流线与空间形式紧密结合，考虑旅客的多种需求，形成高效简明的各类空间形式，为旅客提供一种全新的旅行体验，保证各功能区合理、宜人。

生态——南昌西站作为昌赣新区重要标志性建筑，必须融入新区的大环境之中。除了与外部城市空间和周边生态环境相呼应外，更注重站房本身及内部的环境因素，注重自然通风、采光系统的形成与完善，适应南昌气候环境的特点，实现真正意义上的可持续发展。

经济——建筑造型从功能和城市环境出发，简洁明快，便于实施；建筑结构简洁、安全、可靠，同时具有较好的经济性。站房设计中大量采用新材料、新技术、新设备、新工艺，打造面向未来的新一代铁路交通枢纽。

特色——站房外观独特，以八一军旗为主题，入口隐含"八一"文字形状，外形抽象出"军旗飘飘"的建筑主题，凸显出南昌"英雄城"的城市形象和南方秀美城市特色。

2.工程特点

（1）南昌西站融地铁、出租车通道、高架落客平台和站房结构合为一体（图7.4），既节约了造价，又最大限度地满足了建筑的使用功能。

（2）高铁车场轨道层结构借鉴房屋建筑的设计思想，采用双向框架结构，相比传统铁路桥简支梁或连续梁的结构形式，双向框架结构可以有效地控制框架梁的截面高度，提高建筑空间利用率，采用局部预应力使结构体系受力趋于合理，且可以节约预应力钢筋及混凝土用量（图7.5）。

（3）高架候车层为预应力钢筋混凝土结构，在同等规模站房中该结构形式较少

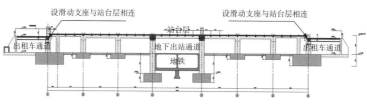

图7.4 车站布局剖面示意图

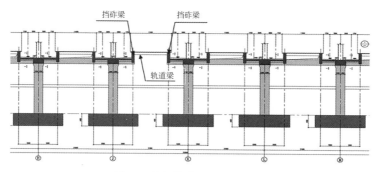

图7.5 车场轨道层结构剖面图

见，采用混凝土结构比钢结构节省投资约1亿元。

（4）站房钢屋盖结合建筑造型，采用正放四角锥桁架结构，充分借鉴网架受力合理的特点，尽量将钢屋盖的结构布置接近网架（图7.6）。

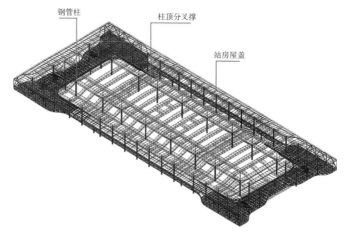

图7.6 钢屋盖示意图

（5）为表达南昌英雄城"八一"建筑主题，在站房南北立面中部设计为双曲面幕墙，由400片不同规格的双曲面铝板及玻璃面板相间组成，其特殊之处在于极具创造性地利用钢结构和双曲面幕墙面板组成连续的"八"字形空间双曲面，实现主题突出、寓意深刻、现代动感的建筑立面（图7.7）。

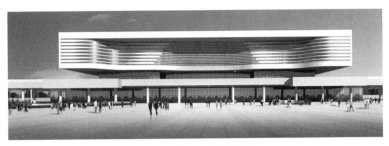

图7.7　站房立面效果图

（6）机电设备管理系统采用实时集散控制方式，对楼内的电力、照明、空调、送排风、给水排水、垂直交通等进行实时的监测及控制，起到优化管理、节约能源的作用。

（7）站房空调冷热源采用地源（土壤源）+水冷冷水机组的方式。地源热泵采暖是当前国家大力推广的可再生能源系统，具有良好的节能效果。

（8）空调系统设计中采用了热回收技术，将热回收系统与空调系统有机结合在一起，利用排风中的能量预冷或预热新风，可回收约70%排风中的能量。

（9）绿色智能公共建筑，充分利用自然采光，配合新型节能、环保材料及地源热泵空调系统的综合使用，实现了节能、降噪、隔声等绿色交通建筑设计理念。

3. 施工难点

1）工程体量大、建设工期紧，施工组织难度大

工程总建筑面积近26万 m²，由站房、地铁、雨棚、正线桥、出租车通道、高架落客平台等众多单体工程组成；工程于2010年8月15日开工，需在2011年9月30日完成出租车通道和轨道层结构，具备屋面钢结构吊装条件，2012年2月28日完成四电用房的交付，2013年9月26日开通运营（图7.8）。基于现场施工条件，按正常施工顺序难以保证施工工期，需要不断优化施工方案，研究最优施工顺序。

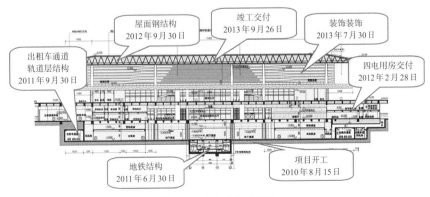

图7.8　建设时序示意图

2）结构形式多样，专业交叉多，成本管控难

主体结构体系复杂，交叉施工面多，施工体量巨大，周转材料、机械设备投入多，成本压力大（图7.9）。

图7.9　施工现场

3）安全质量风险高

南昌西站规模大、专业多，高速铁路标准高，工期紧，交叉作业多，施工中存在诸多较大的安全质量风险。

4）施工技术难度大

（1）地质条件复杂，开挖难度大[图7.10（a）]。施工场地开挖范围内除表层部分为黏土外多为中风化、微风化泥岩层，土质坚硬，传统钻孔成桩工艺及机械开挖工艺无法正常作业。

（2）梁柱节点构造复杂、钢筋密集、劲性节点多、预应力曲线段矢高控制难度大[图7.10（b）]。

（3）钢结构屋盖桁架单元多、吊装难度大，吊装通道下部空间需加固，投入成本高[图7.10（c）]。

（4）站台层底板、轨道层、高架层最大平面尺寸为383.5m（垂直于轨道方向）×154m（顺轨方向），均属于超长、超宽、大体积混凝土结构，混凝土裂缝控制要求标准高[图7.10（d）]。

（5）主体结构跨度大（钢结构跨度最大61m）、层高高、构件截面大，模板支架技术要求高。

（a）地质条件复杂

（b）梁柱节点构造复杂

（c）钢结构屋盖桁架单元多、吊装难度大

（d）超长、超宽混凝土结构裂缝控制难度大

图7.10   工程难点示意图

第二部分   工程创新实践

一、管理篇

1.组织机构

在集团公司总工程师的领导下，采取直线职能与矩阵制相结合的组织结构，由技术中心负责科研课题的开发、研究及创新工作（图7.11）。

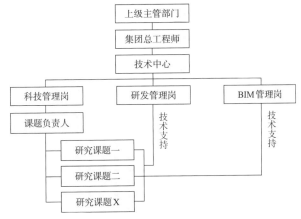

图7.11   组织机构图

集团公司技术研发机构的主要特点：

（1）集团公司及部门领导直接参与重大重点课题研究开发，减少管理层次，提高组织效率和效能。

（2）集团公司技术中心是科技研发的主管部门，对研发课题的研究内容、深度、进度及经费进行总体把控。

（3）科技管理岗作为科研工作的直接负责人，负责集团公司科技管理工作的规划和落实；参与指导公司科技进步活动，指导项目技术管理工作成果的汇总与总结；落实四新技术应用管理工作，进行实用性技术成果及新技术的推广。

2.管理制度

项目部编制了"四节一环保"及科技创新管理制度25项，前期编制绿色科技创新策划，确定科技创新课题，并细化分工，集团公司进行阶段指导与验收（表7.1）。

科研课题计划表

表7.1

序号	科研课题	序号	科技计划
1	南昌西站建造施工技术研究	7	钢筋混凝土环梁包变截面钢管柱施工工法
2	大跨度桥式框架结构与空间钢结构"逆作"施工技术研究	8	中风化泥岩地质条件下钻爆结合承台开挖施工工法
3	中风化岩石爆破技术研究	9	三维曲面铝板幕墙施工工法
4	超长超宽超厚结构"跳仓法"施工技术研究	10	地铁接地系统放热焊施工工法
5	南昌西站三维曲面装饰系统施工技术研究	11	高耐腐轻钢节能电缆桥架施工工法
6	南昌西站自建拌合站及工地试验室的策划及应用	12	地源热泵施工技术应用研究

3.体制机制创新点

（1）坚持技术创新与制度创新、管理创新相结合的原则。

（2）强化创新激励，集团公司定期对四新技术研究与应用、科技成果推广应用、科技管理、技术革新、技术改造、技术引进等方面做出突出贡献的单位、人员给予表彰和奖励。

（3）集团公司将技术创新成果作为技术人员职务晋升、职称评定的必备条件。

4.重大管理措施

1）施工组织优化

（1）方案的提出

工程体量大、单体数量多，地铁通道、出租车通道和站房结构为合一结构体系，屋盖采用曲线倒三角桁架结构，跨度大、吊装难度高，屋面钢结构施工技术复杂。综合考虑合同工期、施工组织及成本控制要求，提出三个方案（表7.2）：

施工组织方案比选表　　　　　　　　　　　　　　　　　表7.2

方案	施工顺序	吊装模式	特点	比较
方案1	顺序施工：即地铁2号线→地下室底板→地下室顶板（轨道层结构）→高架层结构→屋面钢结构→四电用房交付→室内外装修完成	吊车行走于高架候车层	（1）常规的施工顺序。 （2）施工工期长。 （3）成本高，轨道层及高架层均为预应力结构，周转材料投入极大，为双层全面积投入。 （4）结构加固成本大：钢结构吊装通道下部需进行双层钢结构加固	（1）基本方案。 （2）不满足合同工期要求，结合现场情况，采用此方案，四电用房交付推迟6个月，总工期推迟8～10个月。 （3）结构加固及栈桥投入约2200万元，成本投入巨大
方案2	逆序施工：即地铁2号线→地下室底板→地下室顶板（轨道层完成）→屋面钢结构→高架层结构→四电用房交付→室内外装修完成	吊车行走于轨道层	（1）创新的施工顺序。 （2）施工工期较长。 （3）投入负二层地铁及负一层轨道层周转料。 （4）投入一层工装对吊装通道进行加固。 （5）高架层施工水平、垂直运输难度巨大，极大地增加施工成本	（1）投标方案。 （2）工期不能满足合同工期要求，采用此方案四电用房推迟交付3个月，总工期推迟6个月。 （3）结构加固及栈桥投入约1400万元，成本投入大
方案3	逆序施工：即地铁2号线→地下室底板→地下室东西两侧轨道层完成（地铁上空25m跨预留）→南北两端线侧高架站房（地铁上空预留）→屋面钢结构吊装→地铁上空轨道层、高架层补全（四电用房交付）→室内外装修完成	吊车行走于地铁顶板两侧与出租车通道顶板	（1）创新的施工顺序。 （2）满足合同工期要求。 （3）投入方案1的25%的周转料；无需投入工装加固地铁上方结构。 （4）轨道层和高架层合龙期间，水平运输和垂直运输难度大，成本增加	（1）优化施工组织设计。 （2）全面满足合同节点工期要求。 （3）无需结构加固及架设栈桥，节约大量成本

（2）确定方案

经过全面论证和研究，南昌西站站房主体结构采用方案3对结构进行拆解，实施中部预留、钢构先吊装、结构后合龙的半逆序法施工，即采用"南北分向、东西合龙、免除加固、落地吊装，错层跳仓、立体流水"的总体施工方法（图7.12）。

先行施工地铁两侧⑦～⑪轴及⑭～⑰轴区域轨道层及高架层结构，地铁上方⑪～⑭轴上部结构甩项暂不施工，竖向形成高低错层，待屋面钢结构完成后再进行中区⑪～⑭轴结构补全，各自错层流水推进，最终完成结构合龙。通过优化施工组织和施工顺序，解决了地铁施工制约上部结构和屋盖吊装进度的难题。

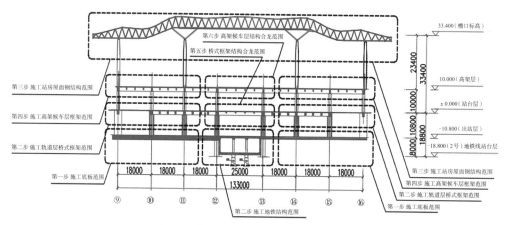

图7.12 施工组织方案示意图（单位：mm）

（3）方案优化

方案确定后，根据现场实际情况，为进一步加快混凝土结构施工进度，使屋面钢结构吊装和⑦～⑪轴、⑭～⑰轴范围高架层土建施工同时进行，对方案3进行再次优化：

①原计划屋盖钢结构吊装投入8台履带式起重机，改为投入4台履带式起重机。

②原计划由向莆正线桥南北同时吊装，改为先吊装向莆正线桥北侧，然后再吊装向莆正线桥南侧，依次退吊完成。

③高架夹层钢结构随屋面钢结构同步吊装完成。

④中间吊装通道东西两侧+10.000m高架层（即⑦～⑪轴、⑭～⑰轴高架层）先一步于屋面钢结构吊装前施工，与屋面钢结构吊装形成流水，加快土建结构施工进度。

如图7.13所示，流程一为4台履带式起重机先行吊装向莆正线桥正上方的屋面钢结构，作为钢结构施工的样板段。流程二为吊装北侧的屋面钢结构，商业夹层随屋面钢结构同步进行安装。流程三为向莆正线桥北侧屋盖吊装完成后，4台履带式起重机转场至向莆正线桥南侧进行吊装。

2）大跨度预应力框架梁优化

轨道层和高架层结构部分框架梁采用后张法预应力施工技术，通过预应力优化、3D施工模拟、分区分段张拉等技术，解决了钢柱预留孔洞、预应力筋与非预应力筋位置冲突、超长预应力筋分段张拉等技术难题。

（1）预应力设计优化

原设计图纸预应力筋用量为2109t，通过优化设计，施工图预应力筋用量为1856t，节省12%，实现了预应力合理减量的目标，降低了施工成本（图7.14、图7.15）。

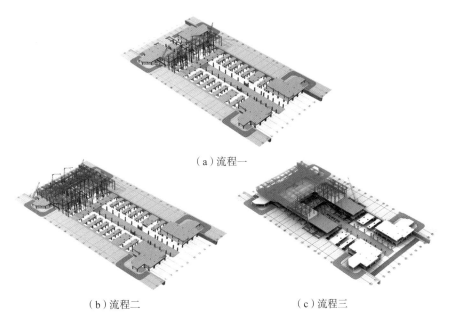

（a）流程一

（b）流程二　　　　　　　　　　　　（c）流程三

图7.13　施工方案优化

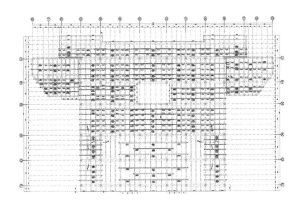

图7.14 Ⓟ～Ⓤ轴高架层横向次梁预应力平面布置图（招标图）

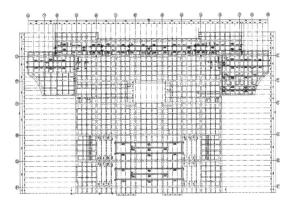

图7.15 Ⓟ～Ⓤ轴高架层横向次梁预应力平面布置图（施工图）

（2）节点优化

采用3D技术进行施工模拟（图7.16），研究钢筋、预应力筋的排布方式和施工顺序，钢筋、预应力筋与劲性柱的穿绕方式，对钢筋排布、预应力筋布束、劲性柱预留孔洞位置进行准确定位。

图7.16　梁柱节点三维图

（3）高架层环梁节点优化

南昌西站高架层结构为"钢管混凝土柱+预应力钢筋混凝土框架结构"，梁柱节点共设计134个环梁，环梁环宽1200mm，高度1500～2750mm不等，共计32种规格。环梁上、下环筋采用ϕ40钢筋，内、外侧环向腰筋采用ϕ36，间距为200mm。环梁箍筋采用ϕ12（7肢箍），箍筋与圆心连线夹角为9°。环梁节点深化图如图7.17～图7.19所示。

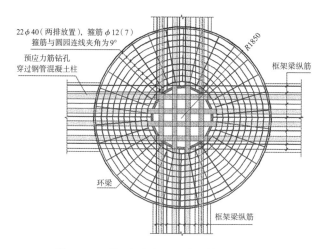

图7.17　环梁、框架梁及预应力筋布置示意图

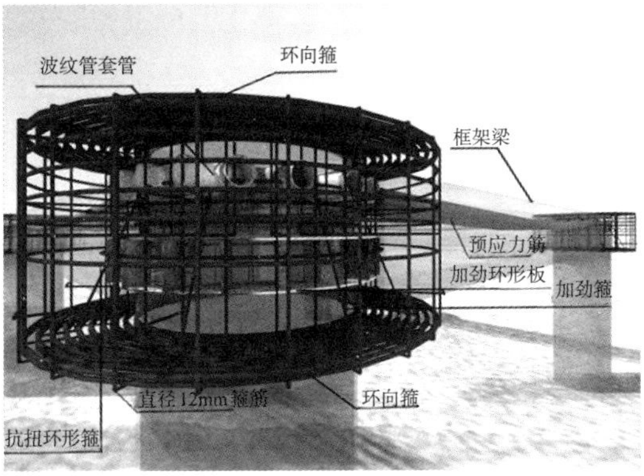

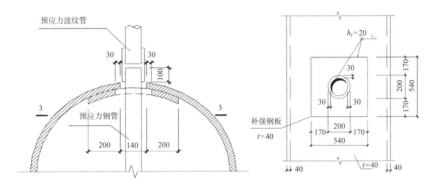

图7.18 环梁节点三维图

图7.19 预应力钢管与柱钢骨穿孔、补强详图（单位：mm）

框架梁端加宽深化：根据环梁支座处框架梁承受弯矩较大的特点，会同设计对环梁间框架梁截面进行优化，框架梁在梁端支座处加宽，跨中范围截面不变（图7.20、图7.21）。

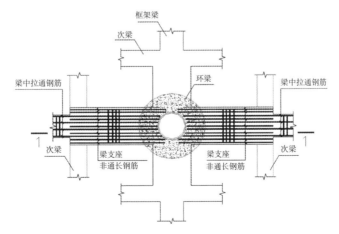

图7.20 主梁支座处加宽做法平面示意图

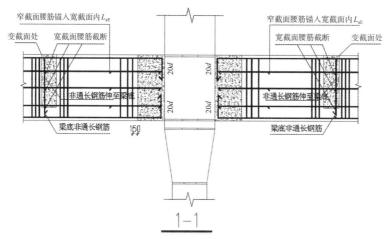

图7.21 主梁支座处加宽做法剖面示意图

南昌西站高架层结构通过环梁将钢管柱与框架梁连接成整体，而不采用钢牛腿，避免了大量钢结构作业带来的与土建交叉影响以及钢结构焊接专项质量检验工序；同时采用钢筋混凝土环梁节点，实现了工厂化预制及机械化整体吊装作业，在节约材料、减少工序、加快施工进度等方面取得了显著的经济效益。对同类型工程施工具有一定的推广价值和良好的应用前景。

3）利用BIM技术进行深化设计

南昌西站在项目策划、施工阶段积极推广应用"建筑信息模型"（BIM）技术进行系统设计、协同施工、虚拟建造、工程量计算、造价管理，消除各种可能导致工期拖延和造价浪费的设计问题，利用BIM技术平台强大的数据支撑和技术支撑能力，提高项目全过程精细化管理水平，大幅提升项目效益（图7.22、图7.23）。

本工程通过BIM技术创新应用解决了安装专业交叉碰撞点149处，减少了管线弯转数量，节省材料，减少管线安装返工率，共计节省成本约20万元。

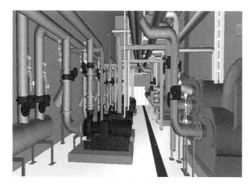

图7.22 BIM模型

图7.23 现场实景

4）高强混凝土配合比优化

南昌西站承轨层混凝土为C50高性能混凝土，项目采用自建搅拌站及试验室（图7.24），对配合比进行了合理优化（图7.25），在保证水胶比的前提下，减少水泥用量并掺入适量粉煤灰和硅粉取代部分水泥用量，可以有效缓解水化热，显著提高混凝土的和易性，有利于保证混凝土的各项性能。

图7.24 自建混凝土搅拌站　　　图7.25 轨道层C50混凝土配合比

本工程选用早期水化热低、C_3A含量低和细度适合的普通硅酸盐水泥，粉煤灰选用Ⅰ级粉煤灰，粉煤灰的掺量控制在胶凝材料用量的30%左右。严格控制加水量和坍落度，水胶比控制在0.4左右，掺加高效减水剂，用水量控制在160～170kg/m³，坍落度控制在140±20mm（表7.3）。

C50高性能混凝土配合比（单位：kg/m³）　　表7.3

配合比编号	水泥	粉煤灰	细骨料	粗骨料	矿渣粉	拌合用水	外加剂
NF20115002	308	121	726	1088	—	163	4.3

本工程C50混凝土共计42474m³，通过优化配合比减少水泥5139t。

5.技术创新激励机制

集团公司《科技开发奖励办法》《工法开发管理办法》《专利开发管理办法》明确了各级奖项奖励标准，对获得集团公司级、省部级、国家级科技成果奖分别给予课题组5000～15000元、20000～60000元、80000～200000元奖励。

每年组织一次科技奖项的表彰和奖励工作，对于技术创新、具有推广价值并获得奖项的成果以正式发文形式公布并进行奖励，同时公司将技术创新成果作为技术人员职务晋升、职称评定的必备条件。

二、技术篇

1.旋挖钻机干作业成孔灌注桩技术

1）关键技术成果产生的背景

南昌西站工程桩多达2000余根，桩径为700mm、800mm、1300mm，桩长10～25m不等，原设计采用泥浆护壁钻孔灌注桩，制备泥浆用水量大，桩身混凝土灌注完成后废弃泥浆处置成本高且易污染环境。本工程桩身穿越土层及桩端持力层均为中风化泥岩，根据土层承载性状、桩身穿越地层条件、桩底标高在地下水位以上及桩端持力层性质，创新采用旋挖钻机干作业成孔施工技术（图7.26、图7.27）。

图7.26　旋挖钻机　　　　　图7.27　旋挖钻机干作业成孔施工

2）技术特点

与传统泥浆护壁钻孔灌注桩相比，旋挖钻机干作业成孔具有施工速度快、成孔质量高、无需用水、零泥浆排放、环境污染小等诸多优点。

3）主要施工措施或施工方法

旋挖钻机主要由主机、钻杆和钻头三大部分组成。其成孔工艺原理为利用钻杆和钻头的旋转及重力使土屑进入钻斗，土屑装满钻斗后，提升钻斗出土，如此通过钻头多次反复地旋转、削土、提升和出土而成孔。

根据土层坚硬程度，旋挖钻头可选用锅底式钻头（图7.28）、多刃切削式钻头（图7.29）。为减少空钻工作量，同时避免扰动基底土层，待土方开挖至桩顶标高以上2m开始进行桩基施工。

当桩身混凝土灌注距桩顶2m位置时，使用插入式振捣棒进行振捣，以保证桩顶混凝土密实。为保证桩头混凝土强度，桩顶混凝土面标高比设计标高超灌0.2～0.3m。

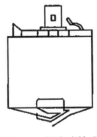 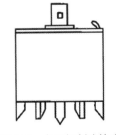

图 7.28　锅底式钻头　　　图 7.29　多刃切削式钻头

4）绿色科技综合效果

本工程桩基采用旋挖钻机干作业成孔工艺，节约用水约 2.6 万 m³，减少泥浆排放量约 3.25 万 m³，不仅有效保证了桩基施工进度和施工质量，还从源头解决了泥浆产生污染环境的难题，节水、环保效果十分显著。

5）技术的先进性

旋挖钻机干成孔作业适用于地质条件好、地下水位低的情况。与其他成孔方式相比，干作业成孔具有施工速度快、对周边环境影响小、节约泥浆制备及处置费用、更好实现文明施工等优点（表 7.4）。

旋挖钻机干成孔作业与其他成孔方式对比　　　　　　表7.4

成孔形式	旋挖钻机干成孔	旋挖钻机湿成孔	回旋钻湿成孔	人工挖桩干成孔
施工速度	2～3小时	3～5小时	5～8小时	3～7天
对周边环境的影响	不产生泥浆，对环境基本无影响	产生少量泥浆，对环境影响较小	产生大量泥浆，对环境影响较大	不产生泥浆，对环境基本无影响
经济效益	不需要泥浆，节省泥浆制备及处置费用；挖出的土可以继续利用，节约购土费用	需要泥浆护壁，产生泥浆制备及处置费用；挖出的土晾晒后可以继续利用，相对节约购土费用	需要泥浆护壁，产生泥浆制备及处置费用；挖出的土不可以继续利用	不需要泥浆，节省泥浆制备及处置费用；挖出的土可以继续利用，节约购土费用

2. 基岩条件下深基坑及深大承台钻爆结合土方开挖技术

1）关键技术成果产生的背景

本工程基坑南北长 405.27m，东西宽 202.1m，深 11.95m（中部地铁基坑深 24.17m），土石方量高达 120 万 m³，且大部分为中风化泥岩。鉴于中风化泥岩硬度介于土与岩石之间，放弃了常规镐头机破碎、挖掘机开挖方式，创新采用先钻孔隔离再爆破，最后挖掘机开挖方式。

深度 3m 以上大体量承台开挖采用钻爆结合的施工工艺，先钻孔隔离后爆破破碎，再机械开挖，达到施工技术效果最佳、成本最优。

2）技术特点

钻爆结合土方开挖技术的原理为先沿深基坑及深大承台四周采用钻孔机钻孔，形成一圈隔离孔带后，再用爆破技术对中间区域岩层进行爆破破碎，最后对初步成型的承台基坑使用镐头机进行修整，形成光滑平整面直接作为承台混凝土的胎膜。

3）主要施工措施或施工方法

（1）本工程深基坑采用二级放坡，先分区爆破再机械大开挖、人工修坡，基坑支护采用土钉墙支护形式，坡面挂设钢筋网喷射100mm厚C20细石混凝土面层（图7.30）。

图7.30　基坑施工现场照片

（2）深度3m以上承台，先沿四周用旋挖钻机钻孔，形成一圈隔离孔带后，再用爆破技术对中间区域岩层进行爆破破碎，有效降低了中间土体爆破产生的冲击波对承台外圈土体扰动的影响。

（3）通过试验确定合理的火药量、火药埋深、药孔间距等技术参数，使泥岩爆破后形成的岩块大小能够通过挖掘机直接开挖，不需进行二次破碎而使爆破成本增加（图7.31、图7.32）。最后对初步成型的承台基坑四周，使用镐头机进行修整，形成光滑平整面直接作为承台混凝土的胎膜。

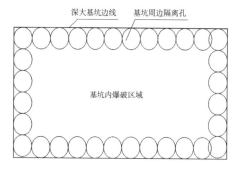

图7.31　深大承台钻孔爆破示意图

图7.32　深大承台爆破开挖现场照片

（4）地铁基坑开挖则充分利用基岩特性，采用免支护垂直开挖方式减少土方开挖工作量（图7.33、图7.34）。

图7.33　现场钻爆结合开挖实景图　　　　图7.34　地铁基坑两侧垂直开挖图

4）绿色科技综合效果

深基坑及深大承台基坑采用钻爆结合土方开挖施工技术，加快了土方开挖进度，节省工期2个月，同时减少机械台班912个，节约柴油169371L；深大承台直接利用基坑侧壁土体作为胎模，取消砖胎膜4845m³，抹灰面积20189m²；地铁基坑利用基岩特性采用无支护垂直开挖，减少土方开挖量50656m³，节约机械台班183个，节约柴油33872L。

5）技术的先进性

基岩条件下深基坑及深大承台基坑采用钻爆结合土方开挖施工技术，不仅大幅减少了机械台班使用量，还加快了土方开挖进度，有效控制了爆破影响范围，且使泥岩在爆破后形成大小合适的岩块，挖掘机可以直接开挖，避免超爆或欠爆的二次处理。通过设置隔离孔将待爆破土体与周边土体隔离，最大限度减少对土体的扰动，保护周边自然生态环境。

3.站房主体结构错层流水施工技术

1）关键技术成果产生的背景

站房主体采用"框架结构+钢结构屋盖"结构体系，2号线地铁通道及站厅位于站房出站层 ⑫～⑬轴下方，依托 ⑫、⑬轴两条后浇带将站房结构拆解为东、中、西三部分。由于受地铁施工进度制约，先行组织东、西两侧轨道层及高架层结构施工，中部结构甩项暂不施工，竖向形成高低错层，待屋面钢结构吊装完成后再进行地铁上方结构补全施工，各自落层流水推进，最终完成结构合龙（图7.35）。

综合考虑合同工期、施工组织及成本控制要求，经全面论证和研究，南昌西站站房主体结构采用"南北分向、东西合龙，免除加固、落地吊装，错层跳仓、立体流水"的总体施工方法。

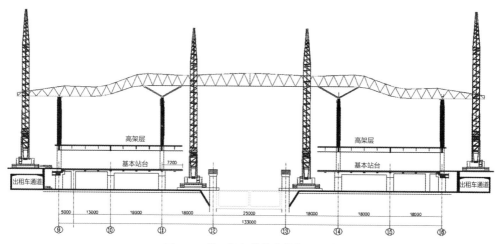

图7.35 施工组织优化（单位：mm）

2）技术特点及重难点

（1）结构施工分区划分：充分研究结构设计情况，结合现场实际，制定结构分区方案。

（2）主体结构施工流程：认真分析结构分区状况，调整施工缝或后浇带位置，制定主体结构施工组织方案。

（3）钢结构施工流水程序：结合主体结构施工组织流程和向莆正线桥先行施工的情况，研究钢结构流水施工及与高架层、高架夹层的施工组织关系。

（4）结构合龙施工和材料水平垂直运输：在屋面钢结构已经全覆盖的工况下，室内中部轨道层和高架层尚未施工，重点解决材料水平和垂直运输的问题。

（5）钢管混凝土柱及屋盖结构的稳定性：在中部轨道层、高架层未施工工况下，重点保证钢管混凝土柱和屋盖钢结构的稳定性。

3）主要施工方法

（1）总体施工组织流程

地铁上方轨道层和高架层结构甩项，根据结构特点、施工缝留设位置及钢结构吊装通道布置需要，先行施工两侧⑦～⑪轴、⑭～⑰轴区域轨道层及高架层结构，中部⑪～⑭轴区域结构甩项，待屋面钢结构安装完成后，再在室内进行轨道层和高架层结构的补全施工（图7.36～图7.40）。

（2）屋面钢结构吊装及支撑卸载技术

采用通用有限元分析设计软件MIDAS/GEN V7.8.0计算分析，在充分论证局部结构甩项可行性及钢结构稳定性满足要求的前提下，选用"分区施工、地面拼装、辅以临时支撑高空分段（单元）吊装"的施工方案，按照自下而上、先北后南的总

图7.36　⑪ ～ ⑭ 轴结构甩项

图7.37　钢结构屋盖先行吊装

图7.38　高架层结构同步施工

图7.39　钢结构屋盖吊装完成

图7.40　室内结构合龙完成

体顺序进行吊装（图7.41）。

　　临时支撑安装与拆除总体施工顺序是：吊装钢管混凝土钢管柱，并浇筑核心区混凝土→1、2、3分区依次吊装→1、2、3分区支撑依次拆除→4、5、6分区依次吊装→4分区支撑拆除→7分区吊装→5分区支撑拆除→8分区吊装→6、7、8分区依次支撑拆除→9、10、11分区依次吊装→9、10、11分区支撑依次拆除（图7.42）。

　　根据结构特点，经过计算分析，临时支撑采用依次分区安装、分区卸载施工方案，只需配3个分区的支撑（临时支撑工装投入1189t）即可满足施工需要，减少一次投入支撑工装497t（图7.43～图7.45）。

图7.41 分区施工、地面拼装

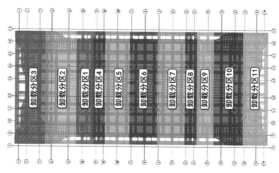

图7.42 卸载分区平面布置图

图7.43 支撑拆除，分区卸载

图7.44 屋盖卸载过程

图7.45 卸载完成

（3）地铁、出租车通道结构的利用

通过吊装工况的计算分析，充分利用地铁和出租车通道侧墙刚度，架设大型路基箱保证钢结构吊装机械行走通道（图7.46～图7.48）。

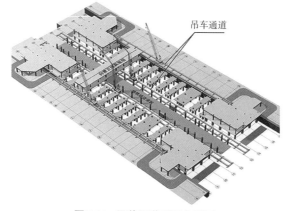

图7.46 吊装通道平面布置图

地铁结构侧墙强度和刚度能够充分满足吊装设备承重的需要。出租车通道顶板要进行加固，加固后能够充分满足吊装设备行走的需要（图7.49）。

（4）错层跳仓、立体流水施工

根据总体施工组织的安排，先行施工 ⑪ 轴以西、⑭ 轴以东部分轨道层和高架

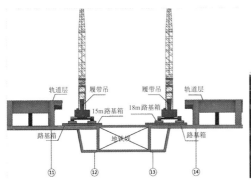

图7.47 地铁通道顶板两侧吊机行走立面示意图

图7.48 地铁通道顶板两侧吊机行走实例图

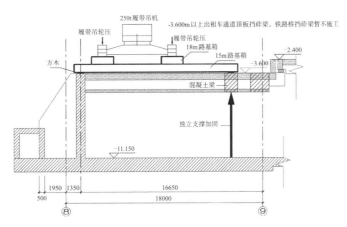

图7.49 Ⓜ轴~Ⓓ轴出租车通道顶板吊机行走剖面示意图（尺寸单位：mm；标高单位：m）

层结构，⑪ ~ ⑭轴上部结构甩项暂不施工，竖向形成高低错层，待屋面钢结构完成后再进行中区结构补全，各自落层流水推进，最终形成结构合龙，脚手架、模板等周转材料随错层流水、分区分层逐步周转，周转材料只需投入"全顺作"施工的25%。

①平面分区划分

根据结构设计特点，并综合考虑后浇带、施工缝的设置情况，将平面整体划分为24个区，如图7.50~图7.52所示，按跳仓法原理，先行施工A、B区。

②水平合龙

C区为地铁上方甩项结构，待屋面钢结构完成后，组织流水施工C区出站层底板、轨道层及高架层合龙，具体合龙顺序如下：

出站层底板合龙顺序：C4、C2→C3、C1、C5→C6→C7→C8

轨道层合龙顺序：C4、C1→C2、C3、C5→C6→C7→C8

高架层合龙顺序：C3、C1→C2、C4→C5→C6→C7→C8

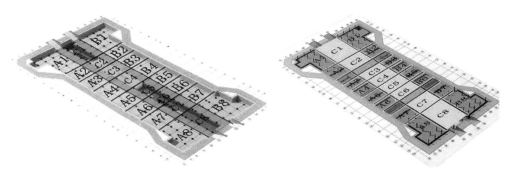

图7.50　出站层施工分区平面图　　　　图7.51　轨道层施工分区平面图

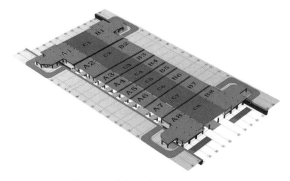

图7.52　高架层施工分区平面图

③纵向分区及合龙施工顺序

根据基坑开挖进度、整体结构形式、工期安排及屋面钢结构吊装需要，轨道层桥式结构采取两侧先行施工、中间合龙的施工方案，即先行施工A、B区，待屋面钢桁架施工完成后（图7.53），再行施工C区轨道层桥式框架。

图7.53　屋面钢桁架施工

（5）交通运输（室内框架结构塔机应用）

①水平运输

出站层底板结构合龙施工时，自卸汽车行走在出站层 ⑪ ～ ⑫ 轴、⑬ ～ ⑭

轴之间底板结构或 ⑫ ～ ⑬ 轴之间地铁顶板结构，完成材料的水平运输（图 7.54），通过汽车式起重机或塔式起重机完成作业面内的高空垂直运输。

图 7.54 水平运输布置

地铁上空 ⑪ ～ ⑭ 轴轨道层及高架层结构合龙施工，先进行 ⑪ ～ ⑫ 轴和 ⑬ ～ ⑭ 轴之间模板搭设，中间地铁区域待两侧材料完成运输后再进行模板支架搭设，自卸汽车行走在地铁顶板上方完成材料的水平运输，作业面上的运输通过布置的可移动塔式起重机完成。

②垂直运输

根据站房结构设计方案，⑫、⑬ 轴两列钢管柱在 9.85m 标高高架层结构封顶，两侧 ⑪、⑭ 轴钢管混凝土柱继续向上延伸，支撑上部屋盖钢结构，钢结构下弦吊顶底标高 34.2m，与高架层之间净空 24.2m，⑪ ～ ⑭ 轴间形成轴距 61m 的大跨，混凝土结构合龙部位位于 ⑫、⑬ 轴间，故在最大 61m 跨间、可移动塔式起重机两个限制条件下，选择室内移动塔式起重机设置方案，经综合分析，本工程选用 TCT5513-6 压重式塔式起重机（图 7.55）。

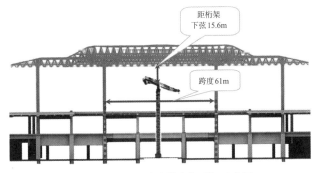

距桁架
下弦 15.6m

跨度 61m

图 7.55 室内移动式塔式起重机示意图

4）绿色科技综合效果

站房采用主体结构中部甩项后做和大空间钢结构屋盖提前安装的施工流程，解决了地铁施工制约上部框架结构及屋盖钢结构吊装的施工难题，大型履带式起重机投入数量减少50%，节约机械台班480个，节约柴油7110L；结构水平分区跳仓，竖向形成高低错层，待屋面钢结构完成后再进行中区结构补全，各自落层流水推进，最终形成结构合龙，只需投入"全顺作"施工方案25%的周转材料；履带式起重机借助路基箱行走在出站层底板和出租车通道上方，无需架设栈桥，节省工装材料2756t，全面满足项目工期要求（表7.5）。

结构"逆作"与结构"顺作"对比　　　　　　　　　　　　表7.5

项目	主体结构"顺作"	主体结构"逆作"	节约数量
工期	不满足合同工期要求，四电用房交付推迟6个月，总工期推迟8～10个月	加快工期，满足工期要求	—
节材	钢结构吊装通道下部需进行双层钢结构加固。结构加固及栈桥投入钢材2756t	无需结构加固及高空架设栈桥	节省加固工装钢材2756t
节材	轨道层及高架层均为预应力结构，周转材料投入大，为双层全面积投入，碗扣式钢管脚手架35031t、模板278183m²	投入"全顺作"25%的周转材料	节约75%的周转材料
节能	8台履带式起重机	4台履带式起重机	节约机械台班480个，节约柴油7110L

5）技术的先进性

（1）通过对指导性施工组织方案、投标施工组织方案、已实施的施工组织方案的比较，确定站房主体结构"南北分向、东西合龙、免除加固、落地吊装、错层跳仓、立体流水"的总体施工流程，是科学、先进、合理的。

（2）通过对地铁、站房底板、轨道层、高架层及高架夹层结构的分析研究，确定了框架结构的分区及总体施工顺序，保证了全结构立体流水实施的实现条件。

（3）经过全面论证和计算机模拟研究，站房主体结构只有采用"屋盖钢结构先行吊装、地铁上空轨道层及高架层甩项"的分层流水施工方案，方可满足钢结构吊装和四电用房节点工期要求。

（4）通过总体施工流程分析，合理划分施工分区，优化分层流水方案，解决了屋盖钢结构和土建结构同步施工、互相制约的难题，实现了工期可控、流程最优的目标。

（5）南昌西站结构分层分区流水的创新实践，为大型综合性公共建筑的建造提供了新思路，是工程建设领域的一项重大创新。

4.超长无缝结构跳仓法施工技术

1）关键技术成果产生的背景

轨道层结构平面尺寸为274.2m（垂直轨道方向）×132m（顺轨方向），高架层结构平面尺寸为383.5m（垂直轨道方向）×154m（顺轨方向），属于超长混凝土结构。结构长度方向原设计有2条后浇带，后浇带需在两相邻板浇筑完毕60天及预应力张拉完成后才能封闭，影响预应力张拉和模板支架拆除，无法满足工期要求。综合考虑质量和工期要求，经充分研究和专家咨询，改为"跳仓法"施工。

2）技术特点及重难点

（1）技术特点

跳仓法是充分利用混凝土在5～7天期间水化热缓慢接近环境温度，释放早期温度收缩应力的"抗与放"特性原理，将建筑物大体积混凝土结构划分成若干块，按照"分块规划、隔块施工、分层浇筑、整体成型"原则施工，隔一块浇一块，相邻两块间隔时间为7～10天，避免混凝土施工初期不同块的较大温差及干缩作用。分块跳仓替代了后浇带的作用，避免了超大面积、超长结构混凝土有害裂缝的产生，大大提高了施工质量。"跳仓法"将超长混凝土结构分为若干仓位，可以灵活选取先行施工的仓位，确保节点工期。

（2）技术重难点

通过应力计算，结合现场条件，合理确定分仓块的划分、跳仓及补仓施工顺序。轨道层、候车层采用预应力混凝土框架结构，大体积混凝土裂缝控制是工程重难点，解决措施为混凝土配合比的设计优化、混凝土原材料优选及施工质量控制。

3）主要施工措施或施工方法

（1）分仓设置原则

①结合楼板的结构设计情况，分仓缝避开高应力区域，分仓长度一般不宜超过50m。

②因支架支撑在轨道层上，分仓划分应考虑轨道层和支架的均匀、对称承载。

③相邻仓混凝土浇筑间隔时间为10天。

（2）分仓浇筑顺序

地下室底板及各楼层板设置纵横向施工缝，平面划分为24个仓位（图7.56）。

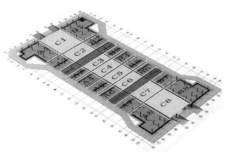 

图7.56　跳仓法施工

轨道层结构分仓设计见表7.6。

跳仓顺序　　　　　　　　　　表7.6

轨道层跳仓施工顺序	轨道层跳仓方法
①A区：A4、A1→A2、A3、A5→A6→A7→A8	A4、A1同步施工，10天后封闭A2、A3和施工A5，再10天后封闭A6和施工A8，再10天后封闭A7
②B区：B4、B1→B2、B3、B5→B6→B7→B8	B4、B1同步施工，10天后封闭B2、B3和施工B5，再10天后封闭B6和施工B8，再10天后封闭B7
③C区：C4、C1→C2、C3、C5→C6→C7→C8	C4、C1同步施工，10天后封闭C2、C3和施工C5，再10天后施工C6，C6～C8依次流水施工，相邻仓块混凝土浇筑时间间隔为10天

（3）优化配合比

①原材料选择

选用早期水化热低、C_3A含量低和细度适合的普通硅酸盐水泥，适量加粉煤灰。所用水泥3天水化热不宜超过240kJ/kg，7天水化热不应超过270kJ/kg。在保证混凝土强度及各项指标的前提下水泥用量宜控制在300kg/m³以内，尽可能降低水泥用量，减小水化热。

细骨料选用级配良好的中砂，细度模数为2.4～2.8，含泥量少于2%；粗骨料选用5～16mm、16～25mm二级配碎石，对梁柱节点钢筋密集部位选用5～10mm、10～20mm二级配碎石。

粉煤灰选用Ⅰ级粉煤灰，粉煤灰的掺量为胶凝材料用量的30%左右。适当提高粉煤灰的比例，可降低水化热、水胶比和延缓混凝土内部温度峰值出现时间，提高其密实度和耐久性，减少混凝土早期裂缝。

外加剂：在实现低水胶比、低胶凝材料且强度、耐久性满足设计要求下，采用减水率高、坍落度损失小、适量引气、质量稳定且能满足混凝土耐久性能的水性外加剂。

加水量和坍落度：严格控制加水量和坍落度，水胶比控制在0.4～0.5，掺加高效减水剂，用水量控制在160～170kg/m³，坍落度控制在140±20mm。

②配合比的选定（表7.7、表7.8）

C40高性能混凝土配合比（单位：kg/m³）　　表7.7

配合比编号	水泥	细骨料	粗骨料	粉煤灰	矿渣粉	拌合用水	外加剂
NF20114003	278	746	1120	99	—	147	3.73

C50高性能混凝土配合比（单位：kg/m³）　　表7.8

配合比编号	水泥	细骨料	粗骨料	粉煤灰	矿渣粉	拌合用水	外加剂
NF20115002	308	726	1088	121	—	163	4.3

③混凝土浇筑及养护

仓段内混凝土采用分层或推移式连续浇筑，不留施工缝。

在第一次抹平至初凝前采用抹光机进行二次抹压，消除混凝土表面缺陷及早期塑性裂缝，并提高表面密实度。

在混凝土初凝后，使用喷雾器对混凝土表面进行不少于18小时的连续喷雾湿养，按梅花状布置，喷雾应呈雾状，以免冲刷混凝土表面。

在喷雾湿养后，用麻布或土工布覆盖于混凝土表面并随时浇水保持湿润，部分区段采用蓄水养护，总养护时间不少于14天。

4）绿色科技综合效果

本工程采用"跳仓法"施工工艺取消后浇带，对需要提前投入使用的区域先行施工，节省工期30天；取消原设计中的混凝土抗裂纤维和高性能膨胀抗裂剂，节约材料6276t；采用聚羧酸高效减水剂，降低用水量，节约用水14705t。

5）技术的先进性

对于超长混凝土结构，跳仓法通过采取合理的分仓和跳仓、优选的原材料和配合比、合理的构造配筋及裂缝验算、适当的混凝土强度等级、严格的混凝土浇筑控制以及良好的保湿养护等技术措施，有效避免了混凝土结构产生有害裂缝，满足了工程使用功能和高速铁路耐久性的要求。跳仓法施工工艺简单，简化了施工工序，经济效益显著，在超长混凝土结构中具有良好的推广价值和应用前景。

5.高大空间吊顶施工管件合一脚手架技术

1）关键技术成果产生的背景

高架候车厅采用八字形曲面吊顶，吊顶投影平面尺寸为373.5m×132m，吊顶高度为30.4～35.2m。传统吊顶作业平台多采用扣件式钢管脚手架搭设，钢管使用量大、搭拆耗时费力且难以保证工期。根据候车厅空间高大、吊顶造型特点，创新采用插接式管件合一脚手架+高空滑移轨道移动桁架车作为吊顶作业平台。

2）技术特点及重难点

由于吊顶作业平台高度、宽度大，桁车向下传递荷载较大，同时与标高10.000m候车厅、标高19.000m商业夹层装饰施工相穿插，需将稳定的落地结构变为悬跨、悬挑结构，对于支撑架体受力要求较高。

3）主要施工措施或施工方法

吊顶作业平台架体落于标高10.000m的高架候车层上，架体从左到右依次为A座、B座、C座、D座，其中A、D和B、C为对称布置（图7.57）。

吊顶作业平台采用悬跨结构设计，分上、下两层搭设，上层为移动桁车，下层

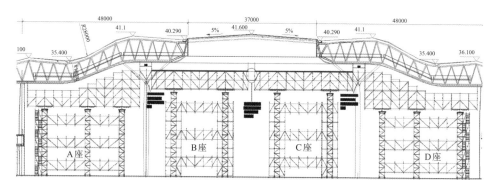

图7.57 吊顶作业平台剖面图（尺寸单位：mm；标高单位：m）

为移动车导轨支撑架。考虑现场条件、作业要求及受力情况等因素，移动桁车采用4辆桁车设计，当4辆桁车运行到同一平面，用钢管进行拉接，上铺踏板，构成一个长133m、宽12.5m的作业平台，供吊顶龙骨及面板安装作业使用。下层移动车导轨支撑架采用ADG系列60三脚架搭设，纵立面塔架之间采用横杆全部连接，横剖面采用横杆设置三道拉接，保证轨道支撑架的稳定性（图7.58、图7.59）。

图7.58 插接式脚手架节点

图7.59 吊顶操作平台现场照片

4）绿色科技综合效果

本工程根据高架候车厅空间高大、场地开阔的特点，采用插接式管件合一脚手架+高空滑移轨道技术，与常规满堂扣件式钢管脚手架相比节约周转材料509t，搭拆快捷，适应性强，节材环保。

5）技术的先进性

高大空间吊顶施工管件合一脚手架具有构造新、承载力高、安全可靠等特点，与常规扣件式钢管脚手架相比，在同等荷载情况下，可节约材料约1/3，进度较传统施工方法加快4倍，且满足了天地墙平行施工的进度要求。

6.定型钢模板施工技术

1）关键技术成果产生的背景

向莆正线桥中间3、4号桥墩高16.26m，其他桥墩高6.94m，横向桥面两侧设圆弧，宽度6.2m，顺桥向采用花瓶形，墩顶壁厚1.9m，墩底壁厚1.45m，墩身混凝土强度等级为C40。沪昆正线桥中间3、4号桥墩高16.306m，其他桥墩高7.001m，横桥向两侧设圆弧，宽度6.6m，顺桥向采用花瓶形，墩顶壁厚为1.9m，墩底壁厚为1.45m，墩身混凝土强度等级为C45。站台层为现浇混凝土框架结构，柱为钢骨混凝土柱或钢筋混凝土柱，圆柱直径2.5m，混凝土强度等级为C50。

为保证正线桥桥墩及站台层圆柱混凝土观感质量，模板采用专业厂家定制钢模，现场机械吊装。

2）技术特点

定制钢模具有混凝土成型质量好、光滑平整、周转使用次数多等优点，同时钢模自重较大，安装时需要汽车式起重机或塔式起重机配合吊装就位。钢模安装精度要求高，操作工人需经培训合格后方可上岗，以保证施工质量达到质量验收标准要求。

3）主要施工措施或施工方法

（1）正线桥定型钢模板施工技术

正线桥桥墩模板采用专业厂家定制整体钢模（图7.60），面板采用6mm厚钢板，纵横向均采用12号槽钢焊接加固，背肋采用20号槽钢，拉杆采用ϕ25圆钢，外套PVC管。墩高为6.78m，制作标准节1节，高度为3m，另设2m和1.78m的花瓶端各一节（图7.61）。立、拆模采用25t汽车式起重机吊装，人工配合安装。

图7.60 桥墩柱定型钢模

图7.61 墩柱混凝土观感效果

（2）圆柱定型钢模施工技术

站台层圆柱直径2.5m，模板采用定型钢模板（图7.62），面板采用6mm厚钢板，竖肋为10号槽钢，间距300mm，圆端腰箍为14a号槽钢，间距750mm。每个圆柱按标准节2m进行制作，由2个半圆拼接为一个整圆（图7.63）。

图7.62 圆柱定型钢模

图7.63 圆柱混凝土效果

4）绿色科技综合效果

定型钢模是一种单块面积较大、模数化、通用化的全钢模板，强度高、拼缝少、施工方便，模板周转使用次数多、摊销费用低、回收价值高，有较好的综合经济效益。直径2.5m大圆柱采用钢模不仅施工方便，混凝土外观质量更易保证，与圆形木模相比可节约成本5.8万元（表7.9）。当钢模的周转使用次数越多，成本优势更加明显。

直径2.5m大圆柱木模板和钢模板对比 表7.9

项目	传统木模板	定型钢模板
模板价格	175元/m²	683元/m²
周转次数	4次	周转次数不受限
配置数量	配置12套	配置2套
配模面积	943m²	157m²
模板成本	16.5万元	10.7万元

5）技术的先进性

正线桥桥墩及圆柱模板采用专业厂家定制整体钢模，单块幅面大，加工精度高，施工操作简单，模板周转使用次数多，成型混凝土表面质量高，简单处理即可达到清水混凝土装饰标准，应用范围广，工业化、机械化程度高。

第三部分　总结

一、技术成果的先进性及技术示范效应

在工程建设过程中，集团公司攻坚克难、大胆创新，积极应用四新技术、创新技术和绿色科技施工技术，认真落实质量、安全、工期、投资、环境保护管理要求，坚持高起点谋划、高标准施工，优质、安全、高效地完成了南昌西站站房工程建设任务。同时根据"四节一环保"要求积极开展绿色施工科技示范活动，科学组织实施，取得了多项技术成果，其中，"钢筋混凝土环梁包钢管柱施工工法"获铁路建设工程部级工法，"干作业成孔桩质量控制"获2013年度全国工程建设优秀QC小组二等奖，"大跨度桥式框架结构与空间钢结构逆作施工技术研究"获2014年中国铁路工程总公司科学技术一等奖及中国施工企业管理协会科技创新成果一等奖。

"大跨度桥式框架结构与空间钢结构逆作施工技术研究成果"经科技查新及中国中铁股份有限公司科学技术成果评审委员会评审，评审意见为：该技术先进、合理，经济和社会效益显著，达到国际先进水平，对类似工程具有推广应用价值。该研究成果填补了我国铁路客站大跨度桥式框架结构与空间钢结构逆作施工技术研究的空白，促进了铁路客站施工技术水平的提高。

此外，本工程荣获2012年度中国钢结构金奖、2015年度全国建设工程优秀项目管理成果二等奖、2015年度住房和城乡建设部绿色施工科技示范工程、2016年度铁路优质工程二等奖。

二、工程节能减排综合效果

南昌西站工程通过绿色科技创新及应用，取得了显著的综合效益，减少建筑垃圾5182t，节约电能32.6万kW·h，节约水资源量4.07万m³，利用非传统水（雨水）用量3.35万m³，节约工装钢材2756t，节省工期7个月，节约成本1256.8万元。

三、社会、环境效益

南昌西站作为东南区域省会高铁综合大型枢纽，肩负着"承东启西、沟通南

北"的使命，承担着长三角、闽东南、珠三角地区进入华中、华西的主要通道作用，进一步强化南昌交通枢纽的地位。

南昌西站的建成将区域的交通优势转化为区域经济、社会和生态优势，成为带动鄱阳湖生态经济区、九龙湖新城开发建设的强大引擎，为江西科学发展、进位赶超、绿色崛起、建设鄱阳湖生态经济区发挥了示范引领作用，产生了重大而深远的影响。

南昌西站绿色科技创新成果在集团公司后续承建的马鞍山体育馆、厦门站、赣州西站、杭州西站、雄安站等项目中得到了推广应用，该技术成果对降低施工组织难度，降低成本，保证工期、质量、安全，提高绿色施工效果等方面起到了极大的保障作用。

四、经济效益

本工程通过绿色科技创新和科学管理，节约成本1256.8万元，最大限度地节约资源与减少施工活动对环境的负面影响，降低消耗、减少污染、改善生态，较好地实现了促进生态文明建设、人与自然和谐共生的目标。

专家点评

一、施工方案

南昌西站站房工程在要求预留地铁及沪昆线提前开通并保证旅客正常乘降的情况下，项目突破传统施工顺序，开展了科学的施工策划，综合工期、安全、成本、绿色施工诸要素，将整体结构施工流程进行了优化，划分东、中、西三区施工，即东、西两区先行顺作轨道层、高架层及高架夹层的施工与屋盖钢结构吊装，中区先行吊装大跨度空间钢结构屋盖；待合龙后，再进行地铁上部大跨度框架结构补全施工，利用出租车通道侧墙、地铁箱涵结构实现钢结构落地吊装，减少吊装期间临时支撑加固，最终形成南北分向、东西合龙、错层跳仓、立体流水、顺逆结合的施工方案，解决了地铁施工制约上部框架结构与大跨度屋盖钢结构吊装的施工难题，也为沪昆铁路接触网架设和全线联调联试提供了保障，确保了沪昆铁路提前开通和南昌西站的正常使用，获得建设单位的高度评价。

南昌西站站房工程施工方案是一个思想解放、大胆创新、科学先进、安全适用、系统完整的方案。

二、施工组织设计

施工组织设计是项目实施的总纲，纲举目张，科学、先进、合理、经济、完整的施工组织，不仅可指导项目有序施工，更可直接节约人力、物力、资源投入和降低能源消耗，在保障施工安全、质量、工期、成本及绿色施工等方面发挥出巨大作用。南昌西站主站房工程因地制宜、因情制宜所编制的施工组织设计，包含了多项自主创新，应该说是大型站房施工的经典文件。这些重大创新成果，为今后大型综合性公共建筑的施工，提供了新思路、新方法、新案例，具有指导和借鉴意义。

三、持续开展设计、施工双优化

1.项目施工过程中，对轨道层、高架层的双向多跨预应力框架梁进行预应力优化和二次深化设计，使超静定预应力混凝土结构设计更加合理、施工更加简化，取得节约预应力筋12%的效果。

2.运用3D模拟施工技术，对钢柱预留孔、预应力筋、非预应力筋的位置、排布方式、施工顺序，以及劲性柱的穿绕方式、分段张拉等进行施工模拟，做到位置定位准确；对梁柱节点进行优化，将钢管柱与框架梁连接处的环梁预制成型，实现了工厂化加工、整体吊装施工。在节约材料、减少工序、加快施工、缩短工期等方面具有显著的经济效益。在同类结构工程施工中具有良好的推广价值和应用前景。

3.应用BIM技术对站房进行深化设计和建立数据技术平台，优化了机电设备系统布局，提高了机电安装效率和项目管理精细化管理水平。

四、绿色施工技术创新应用

1.创新采用旋挖钻机干作业成孔施工技术，与传统泥浆护壁钻孔灌注桩相比，工效高，无须用水和泥浆，具有节水和环保的优势。

2.自主创新开发的中风化泥岩钻爆结合土方开挖施工技术，加快了深基坑开挖进度，特别是对桥梁承台深基坑的开挖，能有效控制开挖的平面尺寸，做到垂直开挖，直接利用基坑侧壁作为胎模，从而减少土体扰动、土方开挖和回填量，节约成本195万元。

3.自建混凝土搅拌站，自主研发符合高铁标准的高性能混凝土，从源头上节约水泥5000余吨。

4.结构错层跳仓施工，取消了后浇带，加快了施工进度，特别是研制的低收缩混凝土及跳仓法施工的系列措施，有效防止了有害裂缝的产生，为超长、超宽、大体积混凝土的施工提供了宝贵经验。

5.利用成品脚手架自主创新的候车大厅可移动吊顶安装平台以及"桥建合一"的桥墩柱定型钢模板等应用技术，节约了大量周转材料，"四节一环保"效果显著。

五、技术创新成果与推广应用

南昌西站站房工程获2012年度中国钢结构金奖、2013年度中国铁路总公司铁路优质工程，2015年通过住房和城乡建设部绿色施工科技示范工程验收。其形成的多项关键技术、工法，均具有直接推广应用价值，特别是"大跨度桥式框架结构与空间钢结构逆作施工技术研究"成果，技术先进、合理，经济和社会效益显著，该研究成果对我国铁路大型客运站房施工开创了新的思路，是工程建设领域的重大创新，对今后大型公共建筑具有借鉴和指导意义。

8

上海丁香路778号商业办公楼工程

第一部分 工程综述

一、工程概况

1.工程概述

本工程基地面积19863m²，东西长约210m，南北宽约100m。建筑面积150427m²，其中地上82505m²，地下67922m²。整个项目包括东西对称的两栋塔楼（主要屋面高度为99.50m）和南北两栋裙房（最大高度为17.35m），其中地下4层，平均挖深24.4m，最深处达28.2m（图8.1、图8.2）。

图8.1 现场效果图

图8.2　实景图

2.工程简介

工程简介见表8.1。

工程简介　　　　　　　　　　　　　　　　　　　　表8.1

工程名称	丁香路778号商业办公楼	
工程地点	上海市浦东新区丁香路778号	
工程造价	90797万元	
层次及功能	裙楼	商业
	地下室1、2层	商业
	地下室3、4层	平时用作地下车库，战时地下4层局部作为人防
	东、西塔楼	办公
结构概况	楼结构形式为框架−核心筒混凝土结构体系。裙楼结构形式为框架结构体系。整个工程地下4层采用筏板＋桩基础，工程桩为灌注桩	
围护结构	本工程地下室采用逆作法施工，围护结构为1200mm厚地下连续墙，"两墙合一"，利用4道钢筋混凝土梁、板作为水平向内支撑；地下室结构剪力墙等区域留设开洞，待开挖至基底后由下而上顺作施工，部分楼板开洞作为土方开挖的取土口。竖向支承系统采用一柱一桩永久ϕ550mm×20mm钢管混凝土（C60）柱以及临时530mm×530mm，L200mm×20mm格构柱两种形式，钢管混凝土柱待逆作完成后外包钢筋混凝土形成主体结构柱	
建筑产品节能设计	（1）屋面保温：STP保温板（防火等级：A1级）。 （2）地下室顶板：水泥基无机保温砂浆。 （3）外墙外保温：水泥基无机保温砂浆。 （4）外墙幕墙：岩棉板。 （5）幕墙玻璃：8半钢＋1.52PVB＋8半钢双银Low-e＋12A＋8钢化中空夹胶玻璃和8钢化双银Low-e＋12A＋8钢化中空玻璃。 （6）裙房中庭采光顶玻璃：8＋12A＋8＋12A＋8＋1.52PVB＋8钢化夹胶中空玻璃。 （7）外窗：8＋12A＋8厚和10＋12A＋8厚共两种双银钢化中空Low-e玻璃，共1种开启方式：平开。 （8）采暖、通风与空调节能工程：橡塑保温棉板、离心玻璃棉板及风机盘管	

3.基坑周边环境、管线

本工程基地位于浦东新区丁香路以南、民生路以东、长柳路以西。四周以道路和高层建筑为主，道路下有较多地下管线，基地红线距离周边道路、地下管线及建筑物距离均较近（图8.3）。

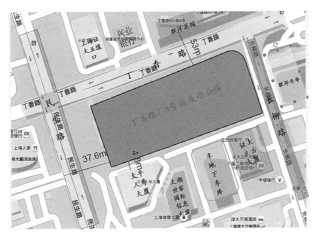

图8.3 场地位置

1）本工程基地北侧地下室外墙距离红线6.8m

红线外侧为丁香路，丁香路下有电力、煤气和上水等地下管线分布（表8.2）。马路对面的两幢12层居民楼距离地下室外边线约53m。

丁香路下主要管线分布　　　　　　　　　　表8.2

序号	管线名称	管径（mm）	延伸方向	距离围护结构外边线距离（m）
1	电力	—	东—西	8.8
2	煤气	—	东—西	11.7
3	上水	500	东—西	13.1
4	信息	—	东—西	30.9

2）基地东侧红线距离地下室外墙约为3.8m

红线外侧为长柳路，长柳路下也有较多地下管线分布（表8.3）。外侧的21层居民楼距离地下室外边线约37m。

长柳路下主要管线分布　　　　　　　　　　表8.3

序号	管线名称	管径（mm）	延伸方向	距离围护结构外边线距离（m）
1	信息	24孔	南—北	10.2
2	上水	500	南—北	13.4
3	煤气	—	南—北	27.8
4	电力	—	南—北	28.7

3）基地南侧红线距离地下室外墙最近处约为4.80m

红线外侧有三幢高层建筑，由西向东依次为太平人寿大厦、太湖世家国际信息大厦、证大立方大厦。其中太平人寿大厦距离地下室外墙16m；太湖世家国际信息大厦距离地下室外墙40.70m；证大立方大厦距离地下室外墙20.40m。太平人寿大厦主楼高18层，裙楼5层，该建筑地下一层，底板埋深约4m，采用250方桩基础，桩底埋深约30m和35m。

在高层建筑之间是公共绿地及半地下车库，距离基坑围护外边线的最近距离约为13.60m。南侧有一条上水管线，管径为500mm，与基坑围护外边线的最近距离仅为7.50m。

4）基地西侧红线距离地下室外墙约为3.80m

红线外侧为民生路，道路距离地下室外墙约为37.60m，民生路是比较繁忙的干道，道路下也有较多地下管线分布（表8.4）。

民生路下主要管线分布　　　　　　　　表8.4

序号	管线名称	管径（mm）	延伸方向	距离围护结构外边线距离（m）
1	上水	300	南—北	30.2
2	煤气	—	南—北	31.7
3	上水	600	南—北	37.7
4	电力	—	南—北	46.9
5	煤气	—	南—北	66.0
6	信息	36孔	南—北	67.7
7	上水	300	南—北	79.2

综上所述，基地东、南、西、北侧的道路及地下管线和东南角的方桩基础高层建筑，是本次工程重点保护的对象，不仅在围护结构设计与施工中采取加强措施，而且重视对其的监测工作，根据监测结果反馈设计与施工，调整施工顺序与过程，确保周边环境安全。另外，也对道路对面的建筑进行监测，并给予保护。

4.地质条件

场地的工程地质条件及基坑围护设计参数见表8.5。

场地的工程地质条件及基坑围护设计参数　　　　　　表8.5

土层编号	土层名称	层厚（m）	重度（kN/m³）	C（kPa）	j（°）	渗透系数k（cm/s）
②	粉质黏土	1.1	18.3	23	15.5	3.5×10^{-6}
③	灰色淤泥质粉质黏土	1.5	17.4	15	16.5	5.0×10^{-6}

续表

土层编号	土层名称	层厚（m）	重度（kN/m³）	C（kPa）	j（°）	渗透系数k（cm/s）
③夹	砂质粉土	1.7	19	3	36.5	1.0×10^{-4}
③	灰色淤泥质粉质黏土	4.3	17.4	15	16.5	5.0×10^{-6}
④	灰色淤泥质黏土	7	16.7	14	11	4.0×10^{-7}
⑤$_{1-1}$	黏土	3	17.5	19	11	2.7×10^{-7}
⑤$_{1-2}$	粉质黏土	4	18.1	20	17	3.4×10^{-6}
⑥	粉质黏土	4	19.7	44	18.5	4.4×10^{-6}
⑦$_1$	黏质粉土	3.5	18.9	11	32	5.8×10^{-5}
⑦$_{2-1}$	砂质粉土	11.3	18.7	3	36	2.0×10^{-4}
⑦$_{2-2}$	粉细砂	17.2	19.2	0	38	5.0×10^{-4}

1）潜水

拟建场地浅部土层中的地下水属于潜水类型，潜水的主要补给来源为大气降水，水位埋深随季节变化而变化，钻探期间测得钻孔静止水位0.90～1.60m（绝对标高为2.55～3.16m）。设计计算按上海常年平均地下水位埋深0.50m考虑。

2）承压水

本场地浅部第③夹层为微承压水，深部⑦层粉土、砂土为承压含水层，场地第⑦$_1$层最浅层面埋深为27.67m（C4孔，绝对标高-23.67m）。本次勘察期间，承压水尚未稳定，建议在施工前进行观测。根据上海长期观测调查，其水位埋深呈周期性变化，一般为3.00～11.00m。设计时按最浅水头埋深3.00m考虑。因为本工程基坑开挖深度较深，坑底土体抗承压水稳定性问题比较突出。

3）不良地质现象一：暗浜

根据勘察结果，拟建场地有暗浜分布，主要分布在地下室南部，少量在地下室东北，暗浜深2.50～3.70m，上部以黏性土为主，含少量建筑垃圾，底部局部有黑色淤泥，对基础施工及基坑围护影响较大。在G1号孔附近处有化粪池，有临时建筑覆盖，没有查明，在平面图标有大致范围。因此在围护结构施工和土方开挖过程中需考虑其不利影响，采取适当措施进行处理，确保围护结构施工质量。

4）不良地质现象二：软弱土层

场地内第③层、第④层均为淤泥质软土层，属于饱和、流塑状态，两层总厚度超过10m。这两层土抗剪强度低，灵敏度中～高，具有触变性和流变性特点，是上海地区最为软弱的两个土层；同时也是导致基坑围护体变形、内力增大的两个土层。在基坑围护结构设计和施工中，注意这几层土对基坑开挖的影响，尽量避免对主动区土体的扰动；并采取适当、合理的措施对被动区土体进行加固，控制围护结构体的变形在允许的范围之内。

5）不良地质现象三：管涌与流沙

根据勘察报告，场地内第③夹层为砂质粉土，且为微承压含水层。另根据经验，场地内第③层淤泥质粉质黏土层通常都夹有砂质粉土。这两层土透水性好，水平渗透系数大，基坑开挖易产生流沙、管涌等不良地质现象，并且这层土在围护结构施工过程中也极易对围护体施工质量产生影响，因此基坑开挖过程中注意此段土层内围护体和止水帷幕的施工质量，采取合理的施工工艺，避免塌孔等工程事故的发生；同时确保此区域止水帷幕的止水效果，避免发生渗漏、流沙、管涌等不良地质现象，一方面保护基坑工程施工安全，另一方面减少周边地层因水位降低导致的沉降变形，保护周边环境安全。

6）不良地质现象四：承压含水层

本场地浅部第③夹层为微承压水，第⑦层为承压含水层。场地第⑦$_1$层最浅层面埋深为27.67m（C4孔，绝对标高-23.67m）。本次勘察期间，未测明承压含水层水位，暂按水头埋深3m考虑。建议在基坑施工之前查明第⑦$_1$层灰色砂质粉土层的承压水头。

5. 参建单位

建设单位：上海山川置业有限公司

设计单位：上海现代建筑设计（集团）有限公司

勘察单位：上海豪斯工程勘察设计研究院有限公司

监理单位：上海海龙工程技术发展有限公司

总承包单位：上海建工二建集团有限公司

二、工程难点

1. 周边环境复杂，基坑工程变形控制要求高

本工程地处繁华闹市区，基坑周边环境复杂，需要保护的市政管线距离基坑较近，基坑开挖深度较深。另外，东南角的18层高层建筑因建造年代较早，采用250mm的方桩基础，桩基埋深30m和35m，距离基坑只有16m。本基坑在该区域的开挖深度为24.4m左右，一方面地墙的水平位移对方桩基础会产生影响；另一方面，基坑开挖后土体隆起和降低承压水头后在坑外产生的沉降也会对该方桩基础造成一定影响。因此对其控制线之内的水平变形和竖向沉降的控制要求极为严格。基

地周边环境异常复杂，保护要求极高，常规的顺作法施工会对该建筑物基础造成一定的影响，会对施工带来极大风险，故采用逆作法施工可保证对基坑变形的保护要求。

2. 基地可利用施工场地紧张、难度高

本基坑工程面积大，地下室边界距离周边现存的建（构）筑物的退界线较近，最短距离仅 3.8m，施工用地面积比达 90% 左右，施工期间可利用施工场地十分紧张。

3. 施工作业环境安全措施复杂

同样由于地处城市繁华地段，施工区域扬尘控制、噪声控制、排水排污等要求高，常规顺作法大开挖施工过程中产生的大量扬尘和噪声都会对周边区域造成较大影响，因此，采用逆作法施工可保证施工过程中产生的扬尘和噪声得到有效控制。

第二部分　工程创新实践

一、管理篇

1. 组织架构

1）公司组织架构图

公司组织架构图如图 8.4 所示。

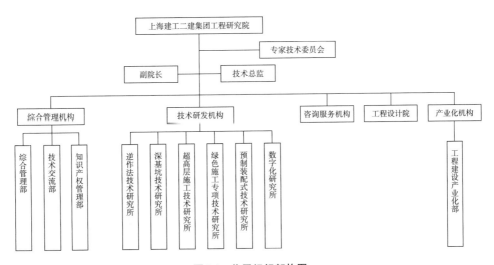

图8.4　公司组织架构图

2）项目组织架构图

项目组织架构图如图 8.5 所示。

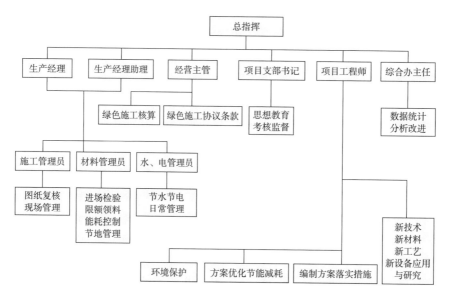

图8.5　项目组织架构图

2.绿色创新管理职责

1）公司组织架构管理职责

（1）综合管理机构

综合管理部：负责工程研究院日常行政及服务工作，包括日常行政管理、人力资源管理、资产财务管理、科研资料及档案管理等。

技术交流部：负责组织专业技术人员的培训及交流、前沿技术的探讨和学习、先进技术成果的推广和普及等。

知识产权管理部：负责科技研究成果的出版物发表、专利申请及受理、工法总结及申报，以及相关知识产权的保护。

（2）技术研发机构

逆作法技术研究所：以逆作法工程研究中心为载体，主要负责逆作法设计、施工技术的研究和推广工作，以及逆作法技术的社会推广和咨询服务工作。

深基坑技术研究所：结合集团在深基坑施工方面的优势，对社会进行围护设计、深基坑施工进行咨询服务，长期设想是发展成具有基坑围护设计资质的工作室。

超高层施工技术研究所：超高层历来是市场的主流，集团应该利用目前公司内一大批超高层项目，总结和开发具有集团特色的超高层施工技术。

绿色施工专项技术研究所：绿色施工专项技术成为集团的核心技术，依托已有、现有工程项目，大力研发绿色施工专项技术及设备。

预制装配式技术研究所：主要从事预制装配式设计、施工技术的研究。

数字化研究所：主要从事 BIM 的研究以及对外承接 BIM 服务。

2）项目组织架构管理职责

项目经理对施工现场的绿色施工负总责。分包单位服从项目部的绿色施工管理，并对所承包工程的绿色施工负责。

项目经理为第一责任人的绿色施工管理体系，制定绿色施工管理责任制度，定期开展自检、考核和评比工作。

项目副经理按照施工项目创建绿色施工（节约型工地）的要求，组织有关责任人员开展管理活动，确保各项工作和措施得到实施，并定期组织自查、自纠、讲评、改进活动。

项目经理部总工在施工组织设计中编制绿色施工技术措施或专项施工方案，并确保绿色施工费用的有效使用。

项目部组织绿色施工教育培训，增强施工人员绿色施工意识。

项目部定期对施工现场绿色施工实施情况进行检查，做好检查记录。

按照建设单位提供的设计资料，施工单位统筹规划，合理组织一体化施工。

预算主管编制施工项目原材料预算计划，定期组织原材料消耗核算、分析，提出改进意见。

综合办主任实施公司节能降耗各项目标、指标的分解和落实，并进行专项资料收集、统计、汇总，审核施工项目有关节能与能源利用、节水与水资源利用、节材与材料资源利用、环境保护以及资源综合利用的措施，并对节能降耗以及相关工程实物材料和物资进行管理和监控。

材料主管按创建绿色施工（节约型工地）的有关要求，做好物料的采购、进场验收和日常管理工作，确保物料合理使用、循环使用和综合利用；做好新型材料，粉煤灰、矿渣、石粉等替代材料的推广利用工作。

安全部审核施工项目有关节能、员工健康与安全防护管理措施，并对相关工作进行管理和监控。

在施工现场的办公区和生活区设置明显的有节水、节能、节约材料等具体内容的警示标识，并按规定设置安全警示标志。

施工前，项目部根据国家和地方法律、法规的规定，制定施工现场环境保护和人员安全与健康等突发事件的应急预案。

施工管理员负责现场施工图纸复核及日常施工中绿色施工相关措施的交底，实施过程监控，减少不必要的消耗。

水、电管理员对日常用水用电进行管理，建立消耗台账，落实奖罚措施。

3.重大管理措施

1）策划管理

在工程的各个阶段都有各阶段要求。工程开始阶段要从源头出发，在方案策划、工艺机械的选择、各项方案编制、各类设计深化过程中，时刻将绿色节能理念贯穿在内。

工程过程中要注重以下几点：

（1）严控质量标准，避免因为质量标准掌控不严格，造成返工、浪费及不必要的修补。

（2）严密监控各种材料能源的消耗情况，对异常情况进行分析及处理，在工程中出现变更及修改时，要及时跟进节能环保措施，避免产生工作漏洞。

（3）工程各重要节点完成后，对节能措施进行评估，对实际效果与计划进行讨论，比较及改进所采取的工作方法及采用的手段，提高节能效率，满足工程需要。

2）实施管理

（1）在创建活动中，项目部严格执行国家、行业、地方节能降耗减排的法律法规及禁止与限制使用落后淘汰技术、工艺、产品的有关规定，积极采用新技术、新材料、新工艺和新产品。

（2）项目部编制了施工组织设计和创建绿色施工工地专项方案，完善了管理网络，明确了节能降耗、绿色施工的目标和指标以及相关的管理职责、措施和要求。

（3）开展创建绿色施工工地的宣传教育活动，并对分包单位进行创建绿色施工工地交底，营造创建绿色施工工地的氛围，增强员工的节能降耗、环保减排意识（图8.6）。

图8.6 组织学习绿色施工规范

（4）结合质量、安全、文明施工，加强施工交底活动，将节能降耗、绿色施工措施和要求落实到实处。

（5）项目部关注员工的职业健康安全，施工与生活办公区域分离，不受施工有害影响，设有专门医疗设备，建立医疗急救制度和应急预案。

（6）项目部定期组织能源、水资源、原材料消耗及绿色施工专项检查、评估和分析，明确纠正和预防措施，并确保得到有效执行。

（7）在现场设立创建绿色施工工地公示牌，包括目标、能源资源项目分解指标、项目责任人员、主要措施等内容，自觉接受社会各界的监督。

（8）严控质量标准，避免因为质量标准掌控不严格，造成返工、浪费及不必要的修补。

（9）严密监控各种材料能源的消耗情况，对异常情况进行分析及处理，在工程中出现变更及修改时，要及时跟进节能环保措施，避免产生工作漏洞。

（10）根据《关于推进本市建筑工地污染防治实时监控试点工作的通知》（沪建交联〔2012〕985 号）文件（图 8.7），建立污染防治实时监控系统（图 8.8）。

图 8.7　沪建交联〔2012〕985 号文　　图 8.8　视频监控，噪声、风速测试仪

（11）在装饰施工前，组织人员对图纸上的材料进行分类，选择绿色材料进行施工，并在装饰材料进场前进行复试，严格控制建筑内环境。

3）绿色施工评价管理

项目部在各施工阶段每月进行自我评价，对各阶段"四节一环保"控制指标进行对比、分析和评价。

4）职业健康管理

（1）项目部积极采取措施确保人员安全与健康，保护生活及办公区不受施工活动的有害影响。

（2）项目部建立健全了施工现场卫生急救、保健防疫制度，并建立了预防、应急机制，在安全事故和疾病疫情出现时提供及时救助（图8.9）。

图8.9　健全施工现场卫生急救、保健防疫制度

（3）项目部积极采取措施，为员工提供卫生、健康的工作与生活环境，并加强对施工人员的住宿、膳食、饮用水等生活与环境卫生等管理，有效改善了施工人员的生活条件（图8.10、图8.11）。

图8.10　厕所设专人保洁　　　　**图8.11　食堂保证菜品卫生、健康**

5）作业条件及环境安全管理

施工现场必须采用封闭式硬质围挡，高度不得低于1.8m。

施工现场设置标志牌和企业标识，按规定设有现场平面布置图和安全生产、消防保卫、环境保护、文明施工制度板，公示突发事件应急处置流程图（图8.12）。

施工单位采取保护措施，确保与建设工程毗邻的建筑物、构筑物和地下管线的安全。

施工现场高大脚手架、塔式起重机等大型机械设备与架空输电导线保持安全距离，高压线路采用绝缘材料进行安全防护。

施工期间对建设工程周边临街人行道路、车辆出入口采取硬质安全防护措施，夜间设置照明指示装置（图8.13）。

图8.12　宣传板　　　　　　　　图8.13　安全通道

施工现场出入口、施工起重机械、临时用电设施、脚手架、出入通道口、楼梯口、电梯井口、孔洞口、桥梁口、隧道口、基坑边沿、爆破物及有害危险气体和液体存放处等危险部位，设置明显的安全警示标志，安全警示标志必须符合国家标准。

在不同的施工阶段及施工季节、气候和周边环境发生变化时，施工现场采取相应的安全技术措施，达到文明安全施工条件。

二、技术篇

1.逆作法施工技术研究

1）顺、逆作法优化与对比

顺、逆作法优化与对比见表8.6。本工程采用逆作法施工。

顺、逆作法优化与对比　　　　　　　　　　　　　表8.6

	逆作法	顺作法
地下室费用	较顺作法费用节约，地下层次越多越节省。暂估5500元/m²，按建筑面积67922m²，合计37357万元	暂估6000元/m²，按建筑面积67922m²，合计407532.2万元
工期	$N-12\% \times N$（上下同步施工，节省时间更多）	N个月
经济性	无支撑及拆除费用	有支撑及拆除费用，设计栈桥时更大
围护墙变形	$0.25\%H$	$0.413\%H$甚至更大
对周边环境保护	易控制	较难控制
地下建筑面积增加	较顺作法面积增加	—
受气候影响	施工受风雨影响小	雨季难以施工

	逆作法	顺作法
施工场地利用	除取土口外，±0.00 板面基本能用作施工场地用，车辆行走	围护墙以外范围或另设栈桥
绿色施工要求	易满足	周边场地小，不易满足

2）逆作法施工技术

本工程开工前，曾准备采用顺作法进行地下室施工，其围护基坑围护设计采用钻孔灌注排桩+三轴水泥土搅拌桩止水帷幕方案，水平支撑体系采用六道钢筋混凝土支撑（图8.14）。

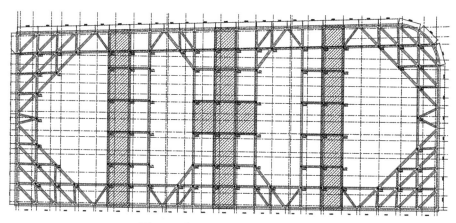

图8.14 优化前本工程基坑围护形式

依托上海建工二建集团有限公司对于逆作法施工工艺的成熟经验，与业主、设计单位多次商议，决定优化本工程地下室围护施工方案，将顺作法施工改为逆作法施工。工程围护体系改为采用筏板+桩基础，工程桩改为灌注桩，工程中结构混凝土柱、板采用逆作法施工，采用地下连续墙作基坑围护，同时也作为永久地下结构的外墙，即两墙合一。周边结构采用逆作法由上至下施工地下各层结构梁、板，使其在基坑开挖过程中形成基坑的水平支撑构件，随后由下而上施工竖向结构。

（1）本工程地下室逆作法施工流程

①首先是首层土开挖，采用盆式分层开挖，盆边挖至-3.700m标高留设10m宽平台，采用1:2的比例放坡挖至-6.700m标高处，随挖随浇筑200mm混凝土垫层，分块搭设排架施工B0板结构。

②待B0板混凝土强度达到设计要求，分层开挖第二皮土方。周边开挖至-7.850m放坡至-8.750m，随挖随浇筑200mm垫层，跟进施工B1板结构。

③B2板、B3板的施工同B1板。

④待B3板混凝土强度达到设计要求，分层开挖下皮土方，开挖时基坑周边留设10m宽放坡平台，平台土标高为-21.050m，放坡开挖至盆心-24.300m，随挖随浇筑垫层，施工中心结构底板、深坑及周边钢筋混凝土斜抛撑；待中心底板和斜抛撑达到设计强度后，挖除周边土体，浇筑300mm厚C30配筋垫层，施工周边区域结构底板；最后拆除钢筋混凝土斜抛撑，施工竖向结构。

（2）逆作法水平结构施工分区

本工程因基坑面积较大，因此挖土施工中采用分区开挖方式，B0、B1板分为8个区域，B2、B3板分为9个区域（图8.15），其中第9区为了保护基坑西南侧太平人寿大厦（18层高层建筑，因建造年代较早，采用250mm的方桩基础，桩基埋深30m，距离基坑只有16m），施工时对其控制线之内的水平变形和竖向沉降的控制要求极为严格，保护要求极高。

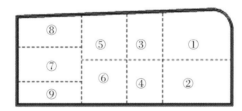

图8.15　B2、B3板水平分区平面图

（3）底板中心岛与抛撑体系介绍

开挖并施工土体时，将整个底板水平分为16块区域，其中1、2、3、4区域为中心岛区域，1-1、1-2、1-3、1-4、2-1、2-2、3-1、3-2、4-1、4-2、4-3、4-4为边坡土体及抛撑区域（图8.16）。总体思路：充分运用"时空效应"原理，先施工中心岛及抛撑，待强度满足后施工周边区域，保证基坑稳定。

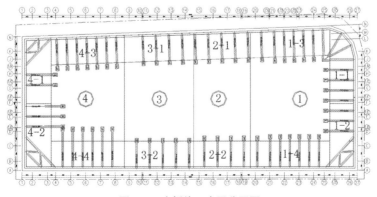

图8.16　底板施工水平分区图

待B3板混凝土强度达到设计要求时，开挖底板1区土体（1:2放坡，周边留设10m宽土体，随挖随浇筑20cm垫层）→1区中心区域底板施工，周边抛撑及角撑施工→开挖底板2区土体（1:2放坡，周边留设10m宽土体，随挖随浇筑20cm垫层）→2区中心区域底板施工，对称抛撑施工→开挖底板3区土体（1:2放坡，周边留设10m宽土体，随挖随浇筑20cm垫层），同时开挖1区周边土体（即1-1、1-2、1-3、1-4区域，随挖随浇筑30cm配筋垫层）→3区中心区域底板施工，对称抛撑施工，同时进行1区周边底板结构施工→开挖底板4区土体（1:2放坡，周边留设10m宽土体，随挖随浇筑20cm垫层），同时开挖2区周边土体（即2-1、2-2区域，随挖随浇筑30cm配筋垫层）→3区中心区域底板施工，周边抛撑及角撑施工，同时进行2区周边底板结构施工→3、4区周边土体（即3-1、3-2、4-1、4-2、4-3、4-4区域，随挖随浇筑30cm配筋垫层）→3、4区域周边区域底板结构施工。

（4）逆作法场地布置

由于场地狭小，采用逆作法可以利用顶板作为场地。临房、材料堆场、临时设施可以设置于加强过的顶板上。

（5）逆作法取土口设置

坑内共设置16个取土口，以满足挖土施工的要求，洞口分别利用了结构原有洞口及核心筒结构（图8.17、图8.18）。

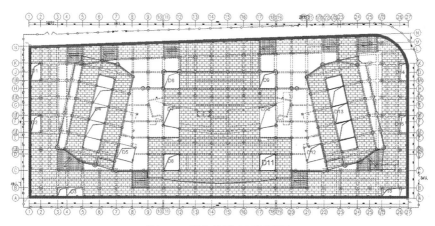

图8.17 逆作法取土口设置图

（6）逆作法竖向结构浇捣孔设置

逆作法因需施工竖向结构混凝土，所以在施工水平结构时按需要设置相应的浇捣孔以便后期浇筑竖向结构（图8.19、图8.20）。

（7）逆作法工程中取土口封闭

采用模板排架方式进行楼板补缺（图8.21）。

图 8.18 取土口

图 8.19 现场浇捣孔设置图

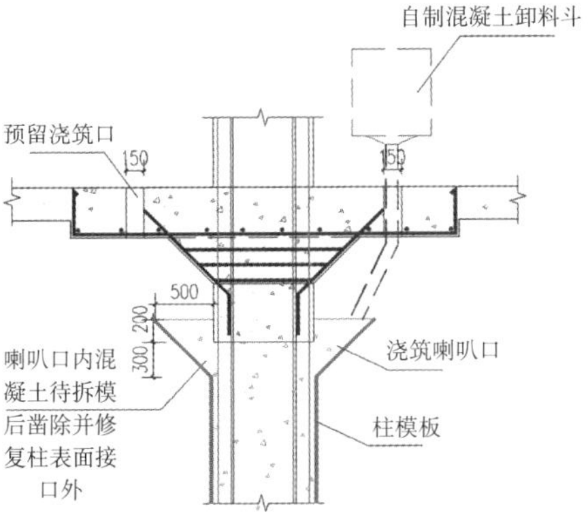

自制混凝土卸料斗

预留浇筑口

150

500

300 200

喇叭口内混
凝土待拆模
后凿除并修
复柱表面接
口外

浇筑喇叭口

柱模板

图 8.20 逆作法竖向结构浇捣示意图
（单位：mm）

图 8.21 楼板补缺

（8）逆作法快速取土措施

根据低碳连续运输设备运输速度和传统设备运输速度关系可以算出，采用传统设备需要 193 天，而采用新设备施工需要 161 天，可以缩短工期 32 天，提高了社会经济效益，降低了施工风险。

本工程采用电动式克令吊作为垂直取土设备（图 8.22），与常规运输方案相比，高效运输设备可以减小基坑围护结构最大水平位移 15%，减小顶板最大竖向变形 20%。

（9）逆作法施工对绿色施工的促进

逆作法施工有助于地下室建筑面积的扩大，可实现城市规划地下空间的充分利用。丁香路地下连续墙距离建筑红线仅 2m，空间得到充分的利用，能够降低地下室外墙防水层建筑成本。

采用逆作法，一般地下室外墙与基坑围护墙采用两墙合一的形式，一方面省去了单独设立的围护墙，另一方面可在工程用地范围内最大限度扩大地下室面积，增加有效使用面积。此外，围护墙的支护体系由地下室楼盖结构代替，省去大量支撑费用，而且楼盖结构即支撑体系，还可以解决特殊平面形状建筑或局部楼盖缺失所

图8.22 电动式克令吊

带来的布置支撑的困难，使受力更加合理。由于上述原因，再加上可有效缩短总工期，因此在软土地区对于具有多层地下室的高层建筑，采用逆作法施工具有明显的经济效益。本工程采用逆作法施工后节省支撑混凝土约9333m³、钢筋1400t，建筑垃圾减少10000多吨。

采用逆作法施工不会受到季节和环境的影响。当建筑顶板完成后，施工地下室时基本不受季节和天气影响，四季如一。

噪声方面：由于逆作法在施工地下室时是采用先表层楼面整体浇筑，再向下挖土施工，故其在施工中的噪声因表层楼面的阻隔而大大降低，从而避免了因夜间施工噪声问题而延误工期。夜间进行结构施工，外围噪声基本没有影响。

扬尘方面：通常的地基处理采取开敞开挖手段，产生了大量的建筑灰尘，从而影响了城市的形象；采用逆作法施工，由于其施工作业在封闭的地表下，可以最大限度地减少扬尘。

3）"两墙合一"施工工艺

本工程地下连续墙厚度1.2m，成槽深度42～55m，施工中对成槽设备性能、槽壁稳定要求较高，最大钢筋笼重量达到65t，如此重量钢筋笼的整体吊装对钢筋笼制作的整体刚度和吊装机械的要求都相当高。

在地下连续墙体施工前，使用三轴搅拌桩进行槽壁加固。邻近西南角太平人寿大厦区域地下连续墙外侧设置一排 ϕ 700@1000钻孔灌注桩，以减小地下连续墙施工对建筑的扰动，且此处地下连续墙底标高为-56.000m。蓝色区域地下连续墙底标高为-43m，黄红色区域地下连续墙底标高为-44m，粉红色区域地下连续墙底标高为-47m，绿色区域地下连续墙底标高为-46m。为更好地控制基坑开挖过程的变形，在地下连续墙内侧进行三轴搅拌加固，主楼挖深区域采用高压旋喷桩加固。

4）一柱一桩立柱桩优化

工程前期策划中优化逆作法顶板设计，明确逆挖土方水平通道。本工程采用逆作法竖向支承系统采用一柱一桩，对立柱桩方案进行了优化。在原方案240根工程桩和185根立柱桩的支撑体系基础上，共减少了89根立柱桩。

5）一柱一桩调垂系统

工程一柱一桩采用钢管柱和格构柱两种形式，其中钢管柱桩约216根、格构柱桩约206根需要进行垂直度控制监测，钢管立柱桩垂直度偏差不大于1/500，格构柱立柱桩垂直度偏差不大于1/300（图8.23）。

图8.23　钢管立柱桩与格构柱立柱桩

由于要求一柱一桩钢管混凝土立柱垂直度控制在1/500以内、型钢格构柱垂直度控制在1/300以内，因此必须有专门的设备对其进行定位和调垂，并且工程施工的钢构柱数量较大、工期紧，使得调垂技术变得相当重要。在经过大量工程实践以及对实际情况进行综合分析后，本工程选用"激光倾斜仪实时测量＋调垂架"法（图8.24）。

一柱一桩调垂系统避免了后期柱子因垂直度问题带来的柱调整，节省了工期、保证了工程质量。

图8.24　上海建工自主研发的垂直度检测设备——激光倾斜仪

6）逆作法节点倒锚埋件的设置方法

逆作法施工中地下室顶板梁柱节点构造复杂，钢筋密集，施工难度极大，本工程通过倒置埋件的形式很好地解决了这一问题，在符合设计要求的前提下简化了施工难度，缩短了工期，减少了电焊工作量，从而更有效地减少了电焊作业产生的一氧化碳、臭氧、一氧化氮、氟化氢、氧化锰等有害气体，并且大大节省了材料（图8.25、图8.26）。

图8.25　环梁节点　　　　　　　图8.26　顶板倒锚埋件节点

7）逆作法接缝处理

超灌法是最常用的逆作法接缝处理方法（图8.27），它可以单独后做进行也可以与柱墙混凝土浇灌工作连续进行，浇灌的混凝土基本与柱混凝土采用相同的材料，通过设置较高的反口或浇捣通道，形成足够的超灌压力，一般浇灌的超高至少要500mm（规范300mm）。在完成混凝土浇灌后，要等到柱混凝土强度达到设计值的100%后才能去除超灌部分。

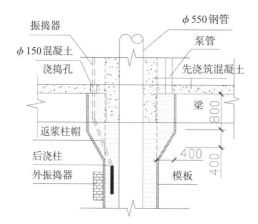

图8.27　超灌法接缝示意图（单位：mm）

8）逆作法接缝试验

（1）为验证接缝连接成果，现场对灌浆部位（竖向结构与水平结构接缝处）进行取芯来测试其部位的混凝土强度是否满足规范要求，并在外墙接缝部位取芯验证其抗渗性（图8.28、图8.29）。

图8.28　接缝灌浆

图8.29　接缝取芯试验

（2）采用逆作法施工后期，地下结构接缝节点、柱墙顶板接缝高强灌浆试验报告如图8.30所示。

（3）经过实践对超灌法总结出了如下六条经验：

①采用超灌法在止水钢板内侧必须增设排气孔。

②灌浆液面宜高于浇筑面50cm以上（规范30cm）。

③混凝土坍落度在13～16cm之间也能满足流动性要求。

④混凝土浇捣口间距不宜大于1500mm。

⑤振捣口附近容易产生空气夹层。

⑥分层振捣时每层混凝土厚度不宜大于35cm。

9）用于提前大梁拆模的逆作法预埋吊筋设置方法

图8.30　地下结构接缝节点、柱墙顶板接缝高强灌浆试验报告

根据现行国家标准《混凝土结构工程施工质量验收规范》GB 50204的规定，拆除底模时，当板、梁、拱、壳类构件跨度大于8m时，要求构件混凝土强度达到混凝土立方体的设计抗压强度标准值的100%以上时才可进行拆模，这无疑会延长施工工期。

本工程采用一种新型的吊筋结构，通过在框梁与框柱相交处设置吊筋单元，实现逆作法施工中在有限的操作空间内对框梁的支撑，能够让跨度大于等于8m的框梁只需达到设计强度的75%就能够提前拆模，加快模板的周转时间（图8.31）。

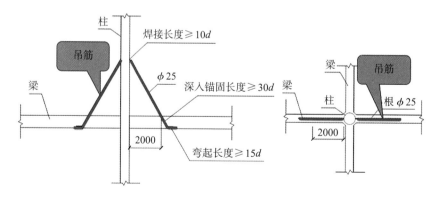

图8.31　大跨度吊筋施工（单位：mm）

10）逆作法一段式钢筋连接方法

逆作法施工中，竖向结构的插筋留置及连接是逆作法施工的技术难点。传统的逆作法竖向结构插筋工艺往往是在施工首层板时先预留一段向上的柱钢筋，在施工第二层结构板时预留一段向上的柱钢筋，同时预留一段向下的柱钢筋；在随后的竖向结构顺作施工时，再利用一根钢筋与上部及下部的预留钢筋焊接连接，从而完成竖向结构的钢筋绑扎。而本工程在一柱一桩垂直度施工精度较高的前提下，采用一种全新的"一段式"插筋方式：在施工首层结构板时先预留一段向下的柱钢筋，在施工第二层结构板时，设置一根通长钢筋，向上用接驳器连接首层板的预留柱钢筋，同时再向下预留下一层的柱钢筋（图8.32、图8.33）。此方法相比于传统的逆作法插筋工艺，不仅节约了钢筋原材料（以每层内竖向钢筋节约一个搭接长度用量，节省了竖向结构钢筋100.552t）、减少了施工工序、提高了施工效率，同时也明显提升了施工质量。

图8.32 一段式插筋预留

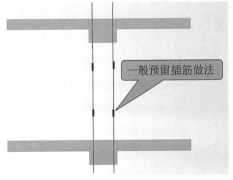

图8.33 一般预留插筋

2.超深基坑围护体系措施（抛撑）中心岛

在土质较软的地区，由于基坑周边环境需要，在基坑深度大于10m时，通常采用围护墙+水平支撑的支护形式。但对于面积较大的基坑来说，多设置一道水平支撑或多道支撑，虽可以使基坑能够均匀开挖、支护体系能够受力均匀，较好地控制基坑开挖时周围土体的变形，但存在造价高、工期长、支撑拆除产生大量固体废弃物等问题。

本工程使用中心岛抛撑围护体系，即在满足设计要求的前提下，首先进行盆式挖土，并在地槽处浇筑厚2m的钢筋混凝土作为中心岛，且在中心岛上部搭设混凝土牛腿。外部围护结构与中心岛上的牛腿用钢筋混凝土梁作为连接。然后根据工程需要决定优先开挖、优先施工的位置，且分开开挖、分块施工基础底板和地下结构，尽量减少基坑与结构变形。

　　中心岛抛撑体系可显著缩短大面积基坑中高层建筑的施工工期，尤其是在基坑深度较大时更为突出，很大程度上减少基坑支护造价和支撑拆除形成的固体废弃物，满足现代施工要求。并且支撑结构中有良好的力学性能，可以满意强度要求，有利于支撑形式研究的发展。

3.基坑施工封闭降水技术

　　本工程共设置4层地下室，基坑开挖深度达到了22.7~24.4m；基坑开挖面积大，超过16000m²，属超大型深基坑工程。基坑四周环境以道路、地下管线为主。基坑施工影响范围广，环境保护要求较高。本工程采用逆作法施工，即考虑利用主体结构的楼板体系作临时挖土支撑系统，并在楼板上预留出土洞口。逆作法围护结构采用地下连续墙，同时利用地下连续墙作为地下室外墙，即"两墙合一"，并利用地下室楼结构体系作为内支撑体系。利用了刚度较大的地下室楼板结构体系作支撑，节约了临时支撑；支撑体系刚度大，围护结构体及土体变形小，更有利于保护环境安全。地下连续墙两侧采用ϕ850@600三轴水泥土搅拌桩进行槽壁加固处理，桩底标高-26.400m，基坑内侧水泥掺量为20%，基坑外侧水泥掺量为25%。通过采用基坑封闭降水技术，减少了本工程的抽降水量，且有效地保护了周边环境（图8.34）。

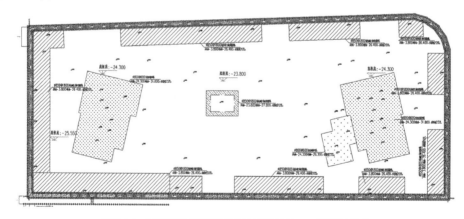

图8.34　工程基坑围护形式（地下连续墙+三轴搅拌桩）

4.深基坑降水方案

　　（1）本工程降水方案通过前期的数字化降水模拟与现场抽水试验确立，主要因为地下连续墙未隔断7层水的特点，布置疏干井75口，为加强观测，选择3口疏干井作为观测井。在基坑内布设59口减压井，其中8口为观测井，坑外布设13口观测井兼回灌井，做到了"按需降压"的要求（图8.35）。

　　（2）根据工程挖土不同深度需要，设置24m和27m深两种疏干井以及42m和

54m深两种不同降压井。为了减少对周边环境的影响，在挖土至不同深度时开启不同深度的降水井以达到减少地下水流失的目的，并在坑外增设13口回灌井以便在周边沉降过大时回灌地下水。

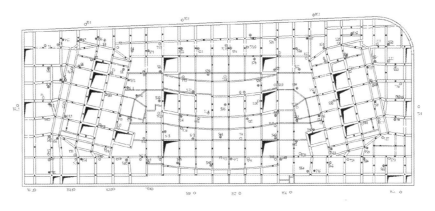

图8.35　基坑降水平面图

5.地下水平结构

为了减少钢管排架支撑的沉降和结构变形，施工时需对土层采取措施进行临时加固。加固的方法：浇筑一层素混凝土，以提高土层的承载能力和减少沉降，待墙、梁浇筑完毕，开挖下层土方时随土一同挖去（图8.36）。

图8.36　水平结构模板形式钢管排架

6.无排吊模施工方法

无排吊模施工流程为（图8.37、图8.38）：

（1）在垫层上安装格栅体系。

（2）铺设模板、绑扎钢筋，在吊筋上穿PVC套管。

（3）浇筑混凝土，达到设计强度后安装吊筋螺母。

（4）在不拆模板的情况下继续挖下一层土体并做好垫层。

（5）拆除上一层模板格栅体系，移至下一层使用。

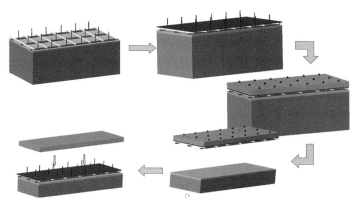

图8.37　无排吊模施工流程图

图8.38　无排吊模施工场景

7.模板方案优化

本工程水平结构模板形式采用钢管排架支撑模板，施工B2层前，考虑到为了减少钢管排架支撑的沉降和结构变形，项目部决定对B2层非核心筒区域采用吊模施工，可以直接省去排架支撑同时能控制挖土深度。

8.柱模板支撑体系

对逆作板下立柱混凝土浇捣时，在柱模板顶端设置簸箕口，立柱顶部方向两边上各设置一个簸箕口，大小尺寸如图8.39、图8.40所示。

因考虑到本工程框架柱皆为圆柱，采用木模板进行柱模施工耗时耗材。因此，项目部进行了柱模优化，改用定型钢模板形式进行施工，提高了周转次数。同时，在钢模板上口设置簸箕口，便于浇筑，并保证了竖向结构和水平结构接缝密实，共计节约模板11842.82m²。

图8.39 定型柱钢模板　　　　　　　图8.40 簸箕口

9.浇灌口设置

为方便今后顺作施工时剪力墙及结构柱混凝土浇筑施工，在各楼层梁板上留设混凝土浇筑孔，预留孔可采用150～200mm方孔或直径150mm以上圆孔的防水套管（图8.41）。

图8.41 浇筑孔设置图

10.钢与混凝土组合技术

本工程东西两栋塔楼13～14层局部采用了型钢混凝土转换平台，钢梁与楼板的组合作用可显著提高梁的承载力与稳定性，有效降低梁高、节省钢筋混凝土用量。同时，在焊接工程中广泛采用了无损探伤方法来检测焊缝的表面和内部质量，取得了很好实效，保证了钢结构与混凝土组合平台整体施工质量。

11.厚钢板焊接技术

本工程裙房采光顶、观光电梯及四夹层钢结构采用厚型钢板约400t，采取厚钢板焊接技术，经济效益约58.5万元（图8.42）。

图8.42　裙房钢结构

12. BIM技术与深化设计的结合

综合布线同传统布线相比较有着许多优越性，其特点主要表现在它具有兼容性、开放性、灵活性、可靠性、先进性和经济性。而且在设计、施工和维护方面也给人们带来了许多方便。

本工程项目部利用CAD绘制管线综合布置图，在工程图纸拿到手后，由项目工程师组织各专业施工员进行各专业管线的综合平衡，确定各种管线的布局、安装高度、水平坐标。项目部根据设计功能要求和现场实际情况，按照先大后小、主次分明、排列整齐、布局合理等原则，优化管线走向和布置，把水、电、风三个专业各类系统综合在一个平面图上，避免产生各种管道相互碰撞、走向不一的局面，确保管线走向合理、错落有序、标高准确。

运用BIM技术，进行管线综合排布，有效地提升了机电综合管理，扩大了工厂化预制的工作面，减少了施工现场的返工量，促进了机电设备安装的绿色施工，推动了建筑施工的节能减排。

13. 试压循环水利用

优化前：试压前需先进行打水工作，试压完成后将水直接通过排水系统放入雨水井内，下次打水时还需重新打水和放水。

经过优化，可以综合考虑试压楼层的布置，从10层样板层开始分两路试压，将一个楼层试压完成的水不直接排至排水沟，而是引至储水箱，运抵下移试压楼层，故整个过程只需整体引水两趟，大大节省了垂直运输的需求量，也大大减少了对试压水的需求（图8.43）。

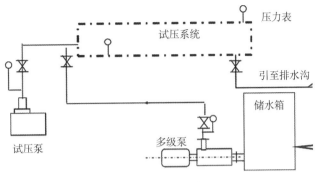

图 8.43　循环水系统图

14.绿色安装技术综合利用

采用红外线轴线定位仪进行管线定位安装，大大提高了工作效率，减少了人力投入（图8.44～图8.46）。

图 8.44　管线安装图

图 8.45　共用支架

图 8.46　轻型镀锌支吊架

15.沟槽连接技术应用和变风量系统应用

1）沟槽连接技术优点

操作简单，系统稳定性高，维修方便，配件工厂化加工大大降低了人工的投入，经济效益可观，并且有利于施工安全（图8.47）。

图8.47　沟槽连接

2）变风量系统优点

本项目采用VAV变风量系统，其节能效果十分显著，也符合当下绿色建筑的
要求，有其先进性和适宜性（图8.48）。

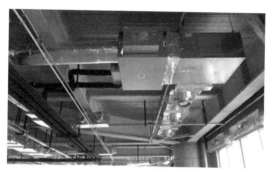

图8.48　变风量系统连接

第三部分　总结

一、项目产值完成情况

本工程施工总产值90796万元，其中基础施工阶段15218万元、结构阶段
43210万元、装饰装修阶段32368万元（图8.49）。

图8.49　产值情况分析图

二、项目资源消耗分析

1. 项目用电分析表

项目用电情况见表8.7。项目从开工至竣工为止用电消耗总量5320228kW·h，节约用电127571kW·h。

项目用电分析表			表8.7
	桩基阶段	结构阶段	装饰装修阶段
项目用电指标	60kW·h/万元		
计划用量（kW·h）	913027	2592654	1942118
实际用量（kW·h）	915027	2469529	1935672
节约量（kW·h）	-2000	123125	6446
节约率	-0.22%	4.75%	0.33%
实际万元产值消耗（kW·h/万元）	60.13	57.15	59.80

2. 项目用水分析表

项目用水情况见表8.8。工程累计用水消耗总量351004m³，比计划用水节约12185m³。

项目用水分析表			表8.8
	桩基阶段	结构阶段	装饰装修阶段
项目用水指标	4.0m³/万元		
计划用量（m³）	60870	172844	129475
实际用量（m³）	63707	168856	118441
节约量（m³）	-2837	3988	11034
节约率	-0.47%	2.31%	8.52%
实际万元产值消耗（m³/万元）	4.19	3.91	3.66

3. 项目用油分析表

项目用油情况见表8.9。工程累计用油消耗246934升，比计划用油节约32055升。

项目用油分析表			表8.9
	桩基阶段	结构阶段	装饰装修阶段
项目用油指标	3.6升/万元		
计划用量（升）	106523	133624	38842

续表

	桩基阶段	结构阶段	装饰装修阶段
实际用量（升）	103374	119981	23579
节约量（升）	3149	13643	15263
节约率	2.96%	10.21%	39.30%
实际万元产值消耗（升/万元）	6.79	2.77	0.73

4. 节材与材料资源利用

原材料消耗控制指标完成情况见表8.10。

原材料消耗控制指标完成情况 表8.10

项目		计划消耗	定额损耗率	实际消耗	计划节约指标值	实际节约数量
钢筋		27616t	2.5%	27369.36t	207t	246t（节约率0.89%），定额损耗率下降35.68%
木材	木模	98273m²（393092/4）m²	5%	95690m²（"3×6"57147张）	1474m²	周转4.1次，节约2583m²，定额损耗率下降52.6%
	木方	1511m³	5%	1478m³	23m³	33m³（节约率2.18%），定额损耗率下降43.6%
	其他措施节约木材	圆柱通过采用定型钢模代替木模，节约木材710.28m³；通过短木接长措施，节约木材22.6m³				
商品混凝土		191235m³	1.5%	190189m³	861m³	1046m³（节约率0.55%），定额损耗率下降36.7%
干混砂浆		3793t	2%	3767.66t	23t	26t（节约率0.68%），定额损耗率下降34%

三、垃圾回收情况

本项目基础施工阶段、结构阶段以及装饰装修阶段建筑垃圾产生及消纳情况见表8.11~表8.13与图8.50。

基础施工阶段建筑垃圾统计表 表8.11

建筑垃圾种类	产生原因及部位	产生数量（t）	消纳方案	消纳数量（t）
混凝土碎料	围护梁凿除	500	外运或现场临时道路基础回填	250
	桩顶截除	200	外运、破碎作为道砟或再生混凝土原材料	120

续表

建筑垃圾种类	产生原因及部位	产生数量（t）	消纳方案	消纳数量（t）
混凝土碎料	混凝土浇筑余料	30	自制混凝土砖块，部分作为现场临时道路浇筑材料	20
废旧木/模板	翘曲、变形、开裂、受潮	25	短木接长处理	18
废旧钢筋	施工过程中产生的钢筋断头和废旧钢筋等	50	现场制作钢筋支架，回收外运	40
合计		805		448

结构阶段建筑垃圾统计表　　　　　　表8.12

建筑垃圾种类	产生原因及部位	产生数量（t）	消纳方案	消纳数量（t）
废混凝土	混凝土浇筑余料	410	修补临时设施，制作混凝土砖块	333
废旧木/模板	翘曲、变形、开裂、受潮	232	短木接长处理	90
废旧钢筋	施工过程中产生的钢筋断头和废旧钢筋等	620	植筋接头、过梁钢筋、临时支架	438
合计		1262		861

装饰装修阶段建筑垃圾统计表　　　　　　表8.13

建筑垃圾种类	产生原因及部位	产生数量（t）	消纳方案	消纳数量（t）
废混凝土	临时道路设施破除、设计变更、临时围墙凿除	1440	室外总体回填，制作混凝土砖块；回收外运	995
废旧木/模板	翘曲、变形、开裂、受潮	40	短木接长处理	20
废旧钢筋	施工过程中产生的钢筋断头和废旧钢筋等	103	构造柱拉筋	70
包装袋、纸盒	施工材料包装	185	成品保护	100
安装废料	加工损耗	295	外运回收	0
装饰垃圾	加工损耗	370	外运回收	0
合计		2433		1185

截至工程竣工，共产生垃圾4500t，现场垃圾回填以及废品回收公司、厂家回收废料总计2494t，回收再利用率达55.4%，超过了50%的回收再利用的目标。

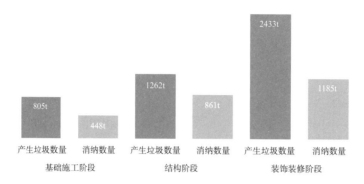

图8.50 产生垃圾与消纳数量对比图

四、社会效益

2012年7月14日下午，中国土木工程学会及中建、中铁、北京建工、北京城建等建筑行业兄弟单位的领导及专家，近280人，来到丁香路778号商业办公楼项目工地进行参观，主要参观了项目逆作法施工工艺、措施、节点等。本次参观活动由中国土木工程学会主办，上海建工二建集团有限公司承办。

项目通过绿色创新实践，获得了多项荣誉：

（1）完成了项目初期制定的节能、节水、节材、节地及环保目标。

（2）获发明专利2项：立柱桩及其施工方法；格构柱校正架调垂体系以及施工方法（表8.14）。

（3）获实用新型专利7项：逆作法顶板梁柱节点结构；逆作法格构柱与首道结构连接；一种逆作法基坑支护结构；一种逆作法柱体钢筋连接结构；竖向结构接缝的定型钢模结构；竖向结构与水平结构接缝处理设备；一种吊筋结构（表8.14）。

专利统计 表8.14

序号	发明专利名称	专利号	专利权人
1	立柱桩及其施工方法	ZL20121G249581.3	上海建工二建集团有限公司
2	格构柱校正架调垂体系以及施工方法	ZL201210249622.0	上海建工二建集团有限公司
3	逆作法顶板梁柱节点结构	ZL201320829380.0	上海建工二建集团有限公司
4	逆作法格构柱与首道结构连接	ZL02014020044674.7	上海建工二建集团有限公司
5	一种逆作法基坑支护结构	ZL201320829599.0	上海建工二建集团有限公司
6	一种逆作法柱体钢筋连接结构	ZL201320867730.2	上海建工二建集团有限公司
7	竖向结构接缝的定型钢模结构	ZL201320829422.0	上海建工二建集团有限公司

续表

序号	发明专利名称	专利号	专利权人
8	竖向结构与水平结构接缝处理设备	ZL201320883910.X	上海建工二建集团有限公司
9	一种吊筋结构	ZL201320867729.X	上海建工二建集团有限公司

（4）完成浦东新区科技发展基金创新资金项目——复杂地质条件下安全高效逆作法建造工艺的技术应用拓展及标准化研究。

（5）工程获奖情况：

①获 2012 年度上海市文明工地；

②获 2012 年度浦东新区区级文明工地；

③获上海市施工现场保证体系认证；

④获二星级绿色建筑设计标识证书；

⑤获上海市浦东新区建设施工优质工程；

⑥获 LEED 银奖认证。

五、环境效益

1.噪声控制

由于逆作法在施工地下室时是采用先表层楼面整体浇筑，再向下挖土施工，故其在施工中的噪声因表层楼面的阻隔而大大降低，从而避免了因夜间施工噪声问题而延误工期。夜间进行结构施工，外围噪声基本没有影响。在地下室逆作法施工阶段，施工现场噪声未超过现行国家标准《建筑施工场界环境噪声排放标准》GB 12523 规定的要求，真正做到了不扰民。

2 扬尘控制

通常的地基处理采取开敞开挖手段，产生了大量的建筑灰尘，从而影响了城市的形象；采用逆作法施工，由于其施工作业在封闭的地表下，可以最大限度地减少扬尘。在地下室逆作法施工阶段，施工现场扬尘高度满足指标要求，保证了现场施工环境及人员健康。

六、经济效益

1.环境保护产生的经济效益

环境保护产生的经济效益统计见表 8.15。

环境保护经济效益统计　　　　　　表8.15

序号	名　称	目标值	实际完成值
1	建筑垃圾	建筑垃圾产量小于350t/万m²，再利用率达到50%	截至工程竣工，共产生垃圾1715t，在现场被利用1473.68t，废品回收公司、厂家回收废料953t，回收再利用率达55.6%，超过了50%的回收再利用的目标
2	噪声排放	昼间≤70dB，夜间≤50dB	由于逆作法施工，其施工阶段噪声控制在规定范围内
3	污水排放	pH值在6～9之间，其他达到《污水综合排放标准》DB 31/199—2009要求	污水排放达到《污水综合排放标准》DB 31/199—2009要求
4	扬尘排放	扬尘高度基础施工阶段≤1.5m，结构、装饰装修阶段≤0.5m，裸土绿化	由于采用逆作法施工，大大降低了扬尘的产生，因此基础施工扬尘高度≤1.4m；结构、装饰装修施工扬尘高度≤0.4m；裸土全部绿化
5	光污染控制	减少夜间施工；室外灯具加设灯罩，投光方向集中在作业区	防污染措施得当，周边居民无投诉
6	土壤保护	做好排水设施，防止土壤流失。危险品仓库做好防渗漏措施	排水设施完整有效，危险品仓库防渗漏措施齐全

2.十项新技术产生的经济效益

本工程采用了十项新技术，其中涉及了全部10个大项、33个小项，取得经济收益约1718.47万元，占总造价的1.89%（表8.16）。

十项新技术经济效益统计　　　　　　表8.16

十项新技术		小项内容	应用部位	应用数量	经济效益（万元）
一	地基基础和地下空间工程技术	1.1 灌注桩后注浆技术	钻孔灌注桩	1000根	50
		1.9 逆作法施工技术	本工程地下室结构	节省钢筋1400t、混凝土9333m³，建筑垃圾减少10000多吨	500
二	高性能混凝土	2.1 混凝土裂缝防治技术	基础筏板、主体现浇板	抗裂商品混凝土45000m³	110.23
三	高效钢筋与预应力技术	3.1 高效钢筋应用技术	基础、主体结构	6979t	324.28
		3.2 大直径钢筋直螺纹连接技术	基础、主体结构	26680m²	18.68
		3.3 建筑用成型钢筋制品加工与配送技术	基础、主体结构	104870个	52.53
四	新型模板与脚手架应用技术	4.2 钢（铝）框胶合板模板技术	主体结构圆柱	11842.82m²	34.45
		4.4 新型脚手架应用技术	主体结构	31200m²	55

续表

十项新技术		小项内容	应用部位	应用数量	经济效益（万元）
五	钢结构技术	5.1 深化设计技术	本工程所有钢结构部位	1200t	330
		5.2 厚钢板焊接技术	夹层钢结构、采光顶钢结构等	400t	58.5
		5.5 钢与混凝土组合结构技术	东、西塔楼 13 层转换层梁、柱	32t	3.3
六	安装工程应用技术	6.1 管线综合布置技术	地下室各类管道	ϕ400，240m；ϕ300，120m；ϕ100，210m；ϕ80，98m；ϕ150，170m	5
		6.2 金属矩形风管薄钢板法兰连接技术	暖通工程	风管 15000m²	10
		6.3 变风量空调系统技术	弱电工程	控制线 4km；电源线 5 万 m；通信线 3.8 万 m	5
		6.5 大管道闭式循环冲洗技术	给排水工程	ϕ219，15m；ϕ159，49m；ϕ108，118m	2.5
		6.7 管道工厂化预制技术	地下室各类管道	ϕ700，169m；ϕ500，40m；ϕ400，48m	8
七	绿色施工技术	7.1 基坑施工封闭降水技术	地下室基坑	16815m²	保证基坑施工安全
		7.2 基坑施工降水回收利用技术	坑外回灌、地下水回收利用	中水 30000m³	15
		7.3 预拌砂浆技术	工程二次结构部位	2173t	降低扬尘高度
		7.4 外墙自保温体系施工技术	出屋面楼梯间、机房等外墙	500m²	建筑节能
		7.12 建筑外遮阳技术	工程外立面玻璃幕墙	46700m²	建筑节能
八	建筑防水新技术	8.1 防水卷材机械固定施工技术	屋面、地面防水	三元乙丙防水卷材 20000m²	保证基坑防水
		8.3 预备注浆系统施工技术	地下连续墙	13200m²	保证基坑防水
		8.4 遇水膨胀止水胶施工技术	地下室	2289.49m	6
		8.7 聚氨酯防水涂料施工技术	屋面、地面及地下室内衬墙防水	JS 防水涂料 33200m²	保证基坑防水

续表

十项新技术		小项内容	应用部位	应用数量	经济效益（万元）
九	抗震、加固与改造技术	9.3混凝土构件粘贴碳纤维、粘钢和外包钢加固技术	主体结构部分梁	100m²	15
		9.5结构无损拆除技术	部分结构修改切除	800m²	15
		9.7深基坑施工监测技术	深基坑施工全过程	25000m²	保证基坑安全
		9.8结构安全性监测（控）技术	深基坑施工全过程	16815m²	保证基坑安全
十	建筑企业管理信息化技术	10.1虚拟仿真施工技术	工程全过程	工程全过程	80
		10.2高精度自动测量控制技术	工程点位测设	莱卡高精度全站仪1台	减少建筑误差
		10.4工程量自动计算技术	工程全过程	—	30

3.方案优化产生的经济效益

（1）工程中结构混凝土柱、板采用逆作法施工，采用地下连续墙作基坑围护，同时也作为永久地下结构的外墙，即两墙合一。逆作法施工比顺作法施工共计节省钢筋1400t，节省混凝土9333m³，建筑垃圾减少10000多吨。

（2）采用优化方案进行底板中间裙房区域施工，实际工期比预计工期提前半个月，地下连续墙变形量控制在2cm以内，节省了中间裙房区域支撑18根、混凝土666m³、钢筋100t。

（3）逆作法施工中地下室顶板梁柱节点构造复杂，钢筋密集，施工难度极大，本工程通过倒置埋件的形式很好地解决了这一问题，节省钢筋约100t。

（4）采用一段式预留插筋，即浇捣下层板前连接柱钢筋，实现了逆作法过程中精准钢筋施工，提高了加工绑扎精度，节省了竖向结构钢筋100.552t。

（5）塔式起重机基础采用可回收循环使用的钢结构平台，相比混凝土基础节约混凝土25m³。

（6）绿色施工成本投入统计见表8.17，共计1018900元。

绿色施工成本投入统计　　　　　　　　　　　　　　　　表8.17

序号	内容	成本增加（元）	备注
1	绿色施工所需监测仪器	100000	包括CO测试仪器、噪声测试仪、监控设备
2	定型化电箱	48500	100个
3	定型化钢扶梯	66000	22个

续表

序号	内容	成本增加（元）	备注
4	定型化灯架	10000	10 个
5	三级沉淀池	25000	2 个
6	地下室施工通风设备	120000	8 台
7	钢管	124000	15000m
8	扣件	150000	30000 个
9	电表	1000	50 个
10	水表	1000	10 个
11	循环水箱	3600	2 个
12	扫水车	18000	2 台
13	洗车池	4800	4 个
14	绿网	300000	9000m²
15	绿色节能标识、宣传物品	1000	若干
16	太阳能热水器	36000	4 套
17	消防水泵房配套	10000	若干

专家点评

丁香路 778 号商业办公楼工程建筑面积 15 万余平方米，其中地上 82505m²，地下 67922m²。整个项目包括东西对称的两栋塔楼（主要屋面高度为 99.50m）和南北两栋裙房（最大高度为 17.35m），工程规模较大。工程地下 4 层，开挖深度 24.4m，最深处达 28.2m。

由于工程地处上海闹市区，项目三面紧邻城市干道，道路下部市政管线密集。特别是距离项目最近的一栋需要保护的老建筑，基础底板埋深 4m，距离项目地下室外墙约 16m，在新建项目 1 倍开挖深度范围内。上海市属于高水位软土地基地质条件，项目的 4 层地下室开挖、建设在技术上具有相当的难度和挑战性。工程建设中如何对周边环境即道路、管线和既有建筑进行保护，同时又要节约造价、减少材料消耗是本工程绿色低碳创新的典型特色。

该项目在施工中根据周边环境保护的要求，优化选择了"逆作法"施工方案，虽然逆作法施工在技术上难度较大，工艺措施、施工程序复杂，但是上海建工二建集团有限公司在项目施工中发挥了企业在逆作法施工技术上多年来积累的技术优势，通过设计结合和方案优化在施工中研究、开发、应用了"底板中心岛与抛撑体系支撑技术""逆作法快速取土技术""一桩一柱优化方案"以及"（逆作后浇构件）灌口设置""逆作法接缝处理"等一整套细部节点的施工技术措施。优质高效地完成了工程建设任务。

逆作法施工技术适用于建筑、道路、管线密集的中心城区多层地下建筑施工，这种技术对周边环境影响小，能够更有效地保护邻近的老旧建筑。当施工企业与设计单位能够密切配合，且施工方案得当时，可以实现地上建筑与地下结构同步施工，提高施工效率，缩短施工工期。

丁香路778号商业办公楼工程的特色是逆作法施工，同时对BIM技术、绿色安装技术、节水技术等也进行了有效的应用。项目采用逆作法施工，很好地解决了软土地基下闹市区施工的难题，极大地达到了降低消耗、减少污染、改善生态、促进生态文明建设、实现人与自然和谐共生的目标。

9

哈尔滨万达文化旅游城产业综合体
——万达茂工程

第一部分　工程综述

一、工程概况

哈尔滨万达文化旅游城产业综合体——万达茂工程位于哈尔滨新区世茂大道与宏源街交口处，南侧为科技创新城，与施工现场距离100m，东侧为多层住宅小区，距离现场300m，西、北两侧为施工场地，场区内无地下管线。

工程占地面积19.25公顷，总建筑面积36.96万 m^2，最大建筑高度120m，是以经吉尼斯认证的世界最大室内滑雪场为核心，配套设置室内滑冰场、冰壶馆、电影科技乐园、商业步行街的体育文化综合体。下部为钢筋混凝土框架结构，基坑最大深度12m，上部为大跨钢结构，钢结构用钢量4.5万t。工程投资概算60亿元，竣工决算55亿元。

哈尔滨属于严寒地区，冬季寒冷，历史最低气温零下39.8℃，夏季炎热，历史最高气温零上39.8℃，冬夏温差达79.6℃。另外，工程位于松花江北侧平原地带，春秋季风力大，对施工影响较大。

工程所处大地构造单元为松嫩中凹陷带，地下以细沙、粉细砂、中砂为主，渗透系数大，初见水位埋深0.80～9.20m，静止水位埋深0.50～8.00m，丰水期接受松花江补给，平水年地下水年水位变幅2.0m左右。

工程相关方：

建设单位：哈尔滨万达城投资有限公司

勘察单位：黑龙江省第一水文地质工程地质勘察院

设计单位：北京维拓时代建筑设计股份有限公司；北京市建筑设计研究院有

限公司

    监理单位：中咨工程建设有限公司

    总承包单位：中国建筑第二工程局有限公司

二、工程难点

1.设计理念

工程整体设计为新颖灵动的"大钢琴"造型，完美契合哈尔滨"音乐之都"的美誉，寓意开启"振兴东北"、实现"体育强国梦"的演奏大幕（图9.1、图9.2）。

本工程为我国首个将冰雪运动与配套商业相结合的综合体工程，开创了国内室内滑雪运动与配套商业结合、实现效益共赢的先河。可全年候、全时段举行各类专业冰雪比赛及训练，突破了滑雪运动的地域性、气候性限制，实现了全民便捷滑雪。

图9.1　工程正立面照片

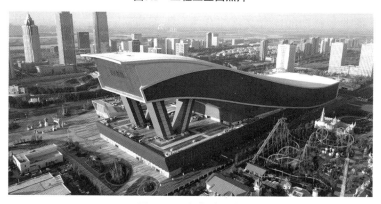

图9.2　工程鸟瞰照片

2.施工难点

（1）"大钢琴"造型独一无二，长度487m，最大跨度151m，结构落差75m，设计难度大。

（2）工程地处严寒地区，冬季最低气温39.8℃，冬夏最大温差79.6℃，变形控制难度大。

（3）钢结构跨度大、高度高、造型独特，位于承载力较低的混凝土结构上，施工场地狭窄，施工难度大。

（4）为抵抗大跨门式桁架产生的巨大拱脚推力，钢结构设19道125～150m超长线预应力混凝土梁，施工难度大。

（5）滑雪场屋面及围护板为双曲面异形结构，作业高度高、工程量大、保温要求高，且在哈尔滨秋冬季施工，风大且寒冷，施工环境差。

（6）室内滑雪场8万m^2，净高30m，最大高差100m，斜向烟囱效应明显，环境要求高，除了达到积雪状态之外，还要确保温度、湿度、CO_2浓度、风速等满足人员的舒适度要求，控制难度大。

（7）室内滑雪场冷库板吊顶高度高，距地面30m，地面为不规则的大倾角雪道，施工作业难度大。

（8）6.5万m^2室内滑雪道最大倾角25.4°，远大于目前室内滑雪场的17°最大倾角，做法层多，雪道层自下而上有10余道做法层，切向变形和混凝土裂缝控制难。

（9）多业态空间交错布置，交叉作业多，场地狭窄，施工管理难度大。

第二部分 工程创新实践

一、管理篇

1.组织机构

项目成立绿色创新劳模工作室，由项目经理担任工作室主任，项目总工为副主任，下设设计创新、项目管理创新、土建技术创新、钢结构专业创新、设备专业创新、信息化创新6个工作组，展开工程全生命周期的绿色创新工作（图9.3）。

工作室每周至少召开一次全体会议，发掘创新点并对目前创新工作进行总结。各个工作组每天对创新工作进行组内研究，确保创新进展满足施工需求。创新点实施前，采用BIM进行反复模拟，提升可操作性。

2.制度

项目部定期、不定期进行培训和检查；编制了绿色施工管理制度，明确"四节一环保"目标、新技术应用和创新计划；严格按各项规章制度和措施进行现场绿色施工管理，记录实施效果，并持续改进。

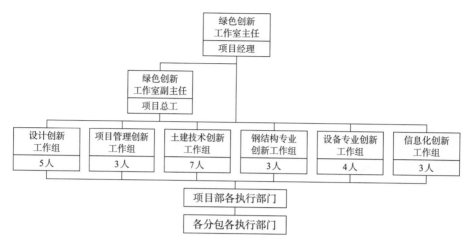

图9.3 项目绿色创新工作室机构图

1）绿色施工方案编制、审批制度

项目部编制的施工组织设计中，有单独章节的绿色施工内容，编制绿色施工专项方案，组织进行绿色施工方案交底。现场所有施工方案，具备实施条件的，结合现场实际施工情况，均考虑增加绿色施工内容。施工组织设计中单独说明绿色施工内容。

根据工程使用功能不同的特点，分单位工程编制各分项工程的施工方案，对复杂节点、重要施工部位和关键工序均在方案中进行重点阐述，并绘制详细的施工节点图。初稿确定后召集各部门人员对方案进行会审，使其更具有指导性和针对性。方案编制完成后进行内部评审会签，对方案内容和指导思想进行交底。

2）绿色施工培训制度

项目部定期、不定期进行培训和检查；并组织员工参加协会组织的绿色施工交流培训会，提高项目所有参建员工的绿色施工意识和技能水平。所有新进场施工作业人员必须接受绿色施工工艺标准培训，了解本岗位工作的注意事项。施工过程中根据施工阶段中基础工程、主体结构、装饰工程等环节进行分部分项工程绿色施工注意事项培训。

3）图纸会审制度

在施工图纸会审过程中，对图纸中绿色施工、节能减排内容，依据国家及行业要求，集中进行审查；对不符合项，以书面形式提交说明，以便对图纸进行修改调整，同时建议业主单位及设计单位对原设计进行持续优化，促使环保、节约。

4）绿色施工评价制度

项目在施工全过程中严格按各项规章制度和措施进行现场绿色施工管理，记录实施效果，并进行持续改进。对整个实施过程按月、按阶段实施动态监督管理，严格执行过程监控管理，同时制定持续改进措施，并记录绿色施工的落实情况，施工全过程共检查评价33次。

5）创新激励制度

工作室每名成员都需要签订目标责任书，责任书中明确创新研究方向和创新成果，每年进行考核。完成创新目标的成员会获得其创新技术带来效益金额0.5%的奖金，未完成的则进行一定程度的处罚，有效提升了大家的创新动力。

3. 重大管理措施

项目成立包含业主、监理、设计、施工单位的绿色施工领导小组。

项目开工前编制《绿色施工专项方案》，并邀请国内绿色施工专家进行评审指导。

工程设计方案、整体施工方案、钢结构施工专项方案均邀请国内专家进行多次论证，确保最终方案经济合理。

加强对整个施工过程的动态管理，施工策划、施工准备、现场施工、工程验收等各阶段的管理和监督。

成立评价小组，结合工程特点，对项目绿色施工情况定期进行自我评价。

制定施工防尘、防毒、防辐射等职业危害的防护措施及相应卫生急救、应急救援制度。保证施工人员长期职业健康。

1）环境保护措施

（1）建筑垃圾控制

①开工前进行图纸会审，对图纸上相互矛盾、不合理的地方提出来，在开工前及时处理，避免施工过程中发生返工现象。

②有毒、有害、不可回收垃圾分类处理。

③材料分类码放，防止材料混乱堆放，造成不必要的浪费。

（2）光污染控制

夜间照明灯加设灯罩，随施工进度的不同随时调整灯罩反光角度，透光方向集中在施工区域，减少灯光对周围的影响，避免灯光直射生活区。电焊作业尽量避开夜间作业，错开作业时间。

（3）扬尘控制措施

①现场设置洒水汽车一台、道路清扫车一台负责洒水降尘绿化。

②现场建立洒水清扫制度，配备洒水设备，现场直接裸露的土体表面和集中堆放的土方采取临时绿化、覆盖隔尘布。

③在项目主要环场道路位置设置4台雾炮，可节约大量施工用水，同时达到了

抑制扬尘的效果。

（4）噪声与振动控制措施

①现场用机具必须使用低噪声、低振动的机具，并采取隔音与隔振措施，避免或减少施工噪声和振动。

②合理安排施工工序，将噪声大的工序安排在早7点～晚10的时间段内，将噪声小、影响小的工序安排在夜间施工。

③所有进场车辆不得乱鸣笛，特别是在夜间施工，严禁鸣笛。

④现场切割机加设防护罩，木工机具均设在木工房内，木工房进行封闭，以防噪声扩散。

⑤结构施工期间，混凝土泵车布置在远离人行道和居民区位置，并设有隔音棚，减少噪声污染。

⑥在施工场界对噪声进行实时监测与控制，对邻近居民区的场界噪声应重点监测，确保白天和夜间施工噪声控制在目标范围之内。

2）节材与材料资源利用

（1）节材与材料资源利用管理制度

①根据施工进度、材料周转时间、库存情况等制定采购计划，避免积压或浪费，制定材料进场、保管、出库计划和管理制度。

②对周转材料进行保养维护，延长使用寿命；按照要求进行材料存放、装卸和临时保管，避免因现场存放条件不合理而导致浪费。

③依照预算实行限额领料，严格控制材料的消耗。

④建立可回收再利用物资清单，实行可回收废料回收管理，提高废料利用率。

⑤现场材料堆放有序，布置合理，保管制度健全，责任明确。

⑥材料运输工具适宜，避免和减少二次搬运损坏。

⑦推行信息化管理，实现无纸化办公，开通视频会议，提高工作效率，节省差旅费。

⑧实行办公网络自动化、实施动态管理，办公纸张双面打印，减少办公用品消耗。

（2）结构材料节材措施

①采用商品混凝土和预拌砂浆，混凝土中掺加粉煤灰和矿粉，减少水泥的使用量，降低资源的消耗。

②混凝土、砂浆每次浇筑前精确计算方量，对不可避免产生的混凝土余料，可用于制作混凝土预制块或门窗过梁等。

③采用HRB400高强钢筋，钢结构采用Q345高建钢，减少资源消耗。

④钢筋直径≥16mm时，钢筋接头采用直螺纹套筒连接，减少接头浪费。

⑤准确计算钢筋用量，合理优化钢筋方案。

⑥钢筋加工采用数控弯箍机，可自动完成钢筋调直、定尺、弯箍、切断等工序，改变传统钢筋加工落后的模式，产量多，速度快，精度高，质量好。

⑦模板、砌体等块材施工前进行排板布置，杜绝现场随意切割。

⑧应用清水混凝土，节省抹灰层。

（3）资源再利用措施

①废旧模板用作楼梯踏步护板、墙体阳角保护、做工具箱等。

②将破碎后的桩头及局部场地硬化破碎后的混凝土碎块用作现场施工临时道路使用。

③应用短木方接长技术，有利于节省木材，降低工程成本。

④废旧钢筋经除锈后制作钢筋马镫支架、临时排水沟和沉淀池盖板，未利用的运至废钢筋处理厂进行处理。

⑤废旧编织袋的回收利用率达到100%。

（4）就地取材

项目在策划时，与建设单位进行沟通，所用的材料就近取材。施工现场500km以内生产的建筑材料用量占建筑总重量的94%。

（5）BIM应用

①应用BIM技术对机房综合布线进行排布优化，避免拆改，节约材料和人工，确保施工进度和质量。

②运用BIM技术对钢结构进行深化设计，优化钢结构节点连接，优化施工工艺，减少焊接工作量，降低劳动强度，节约钢材用量。

③幕墙安装过程中，应用BIM技术进行放样，确定每块铝板尺寸并编号，既方便安装，又避免了板材浪费。

（6）方案优化

①工程基坑位置分散，施工中采用白龙管作为支管合理布线，节约主干管。

②钢结构施工使用1000t、850t、500t等大型履带式起重机进行施工，采用底部山皮石压实、上部铺设路基箱充当履带式起重机行走道路。

③设置配重式塔式起重机，底部加铺碎石，免去了塔式起重机基础破碎后产生的混凝土垃圾。

3）节水与水资源利用

（1）提高用水效率

①制定切实可行的节水方案。

②推广应用节水型器具，厕所、浴室安排专人管理，控制水量。

③施工区域、办公区、生活区分区安装水表，在用水处张贴节约用水提示标识。

④对施工现场用水量较多的部位或过程（如混凝土养护、砂浆的搅拌、消防水源的贮备、抹灰及其他湿作业等）进行重点控制。

⑤施工现场设置两处消防水泵房，以保证用水达到作业面。

⑥制定用水定额，签订劳务分包合同时，节水指标纳入合同条款。

（2）非传统水源利用

①施工现场喷洒路面、绿化浇灌尽量多使用来自沉淀池中经过沉淀的水。

②搅拌用水、养护用水取自基坑周边降水井中的水。

③混凝土养护采用覆盖保水养护，混凝土独立柱采用包裹塑料布养护，墙体采用喷水养护，节约施工用水。

④现场设置雨水收集池，用于道路降尘使用。

⑤在非传统水源和现场循环再利用水的使用过程中，制定有效的水质检测与卫生保障措施，避免对人体健康、工程质量以及周围环境产生不良影响。

（3）水污染控制

①现场制定详细的排水平面图，不同的施工污水，设置沉淀池、水回收池，污水必须经三级沉淀检测合格后方可排出。

②生活区设置隔油池、化粪池，设置冲水装置并定期冲刷，不允许将污水直接排入城市地下水网。

③污水处理选择有资质的单位进行处理，并签订合同。

4）节能与能源利用

（1）利用场地自然条件，合理设计生产、生活及办公临时设施的体形、朝向、间距和窗墙面积比，使其获得良好的日照、通风和采光，临建采用可拆卸彩钢房，墙体、屋面使用隔热性能好的材料，减少夏天空调、冬天取暖设备的使用时间及耗能量，办公区无人时，关闭电脑、打印机、照明灯、空调。

（2）对施工人员强化教育，提高节能意识。

（3）生活区、办公区、施工区单独计量，设置明显的节约用电标识，制定节能奖罚措施，建立能源消耗台账，合理控制施工用电量。

（4）充分利用太阳能，现场淋浴可设置太阳能淋浴，减少用电量。

（5）施工现场分别设定生产、生活、办公和施工设备的用电控制指标，定期进行计量、核算、对比分析，并采取预防与纠正措施。

（6）优先使用节能、高效、环保的施工设备和机具，现场垂直运输的大型工具均为电力设备，能源利用率高于耗油设备，使用的大型机械做到一机一表，合理控制用电。

（7）选用自密实混凝土减少振捣工具耗能。

（8）厕所及走廊安装了声控灯，节约用电。

（9）项目部要求冬季室内空调温度设置不得高于20℃，夏季室内空调温度设置不得低于26℃，空调运行期间应关闭门窗，进出室内随手关门。

（10）在各用电开关处张贴节约用电标识。

5）节地与施工用地保护

现场平面布置合理、紧凑，在满足环境、职业健康与安全文明施工要求的前提下尽可能减少废弃地和死角，临时设施占地面积有效利用率大于90%。

（1）土方平衡

根据设计标高进行全过程的土方平衡设计，统筹考虑整个哈尔滨万达城的土方挖填区域平衡关系，做到最大限度地减少土方来回调运概率，降低成本消耗。

（2）施工总平面布置

根据施工规模及现场条件等因素合理确定临时设施占地指标。临时办公和生活用房采用多层轻钢活动板房标准化装配式结构，生活区与生产区分开布置。

（3）支护桩

电影乐园基坑最深部位达到12m，将支护形式改为钢板桩锚杆体系，钢板桩可周转使用，节约用地。

（4）生活区场地硬化永临结合

现场办公区及生活区位于工程规划的广场位置，现场办公区硬化标高及硬化厚度满足后期广场基础的条件，在后期园林景观施工过程中，只需局部进行破除施工。

通过BIM技术提前根据施工进度布置现场，建立场地布置动态模型，使施工场地利用率最大化，解决场内材料堆放与场地狭小的矛盾。

工程混凝土结构分两期施工，其中二期施工部分在一期施工中用作施工场地；借用工程周边后期开工的工程用地作为钢结构施工场地，达到土地资源高效利用。

6）人员健康与安全标准化措施

（1）标准化管理

①临边封闭标准化宣传，道路临边采用定型化防护，采用标准的钢筋防护棚。

②现场实行封闭式管理，采用了门禁系统，实现劳务实名制管理，现场门禁IC卡动态记录项目一线工人出勤状况等管理台账，保障了工人的合法权益。

③现场办公和生活用房采用周转式活动房，现场围挡采用装配式可重复使用围挡封闭，工地临房、临时围挡材料的可重复使用率达到90%。

④根据《安全防护标准化图集》，现场临建设施、安全防护设施采用定型化、工具化、标准化构件。

⑤所有定型化的安全防护设施均为螺栓连接，不用电焊，在保证安全性能的同时提高了功效，有效降低了成本。

（2）人员健康

①施工组织设计有保证现场人员健康的应急预案，现场设置工人通勤车体现了人文关怀。

②不定期为相关人员进行体检。

③食堂人员定期体检，持有有效的健康合格证，食堂具备卫生许可证，生活驻地及工地设置能冲洗的厕所，专门人员负责清理打扫，并定期喷药消毒，以防蚊蝇滋生，病毒传播。

二、技术篇

1. 大倾角巨型框架结构体系和"纵向框架+黏滞阻尼器"的支承耗能系统

重载大跨、大落差是滑雪场的设计难点，为了减小结构长度影响，简化结构受力的复杂性，将其划分为东、中、西三个区（图9.4）。

图9.4 钢结构立面图

对滑雪场东侧，进行了系统的研究，先后对双根斜钢柱+混凝土结构支撑模型、双根斜钢柱+双根直钢柱模型等进行反复论证和优化修改，形成了受力合理的大倾角巨型框架结构体系，该体系组成部分包括钢筒体（即巨型框架柱）、滑雪层楼面结构（其中主桁架为巨型框架梁）、侧面大桁架以及屋面结构组成，解决了之前方案中钢柱水平推力大、结构异形引起的不利扭转效应等问题（图9.5）。

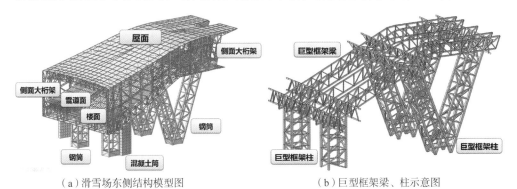

（a）滑雪场东侧结构模型图　　　　（b）巨型框架梁、柱示意图

图9.5　滑雪场东侧结构体系

通过多次设计优化，工程用钢量从原方案的5.4万t减少至4.5万t，节约结构用钢量9000t。

滑雪场中、西区位于下部的混凝土结构上，采用减少超静定约束的设计方案，保证结构纵向刚度，减小了温度响应和地震下结构的安全性：

（1）横向桁架、纵向框架结构，根部铰接，柱间不设斜撑。

（2）为减小上部钢结构纵向地震作用时的地震反应，在纵向两端设置黏滞阻尼器，实现了上下部结构刚度匹配。

（3）通过拓扑优化，得到了合理的结构形体，大幅度减小了构件的次弯矩。

工程使用期间历经最低温度-37℃，该结构体系在低温条件下结构安全可靠，西区、中区通过抗震阻尼器的使用，地震波下位移平均值为16.3mm，与无阻尼器方案相比减小39%，典型构件地震输入下应力减小率的平均值在37%左右。

该结构体系为国内外首创，经鉴定达到国际领先水平（图9.6、图9.7）。

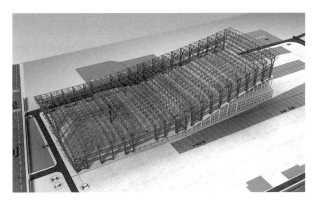

图9.6　滑雪场西侧结构模型图

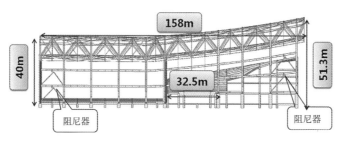

图9.7　滑雪场西侧结构体系侧立面图

2.大跨钢结构大倾角带支架滑移技术

滑雪场东区钢结构具有双层变坡度大倾角的特点，屋盖为双曲面，自东向西弧线型下降，从东西向的中轴线向南北两侧弧形下降（图9.8）；屋盖下方的雪道层钢桁架为变坡倾斜面，位于东端的水平段高度最高，自东向西呈25°角下倾，屋盖最低点低于雪道层最高点；另外，该部分屋盖最大跨度103m，构件最高点114.5m，总体量2500t，钢结构吊装场地狭窄，与土建施工交叉作业，只有位于钢结构东侧的区域能够长期使用。

采用滑移方案，在结构东侧设置拼装场地和组装平台。根据屋盖与楼板之间的关系图可知，轨道需要设计为下倾式，选择4°的最小轨道倾角。将支架顶端与轨道之间的连接节点设计为铰接，根部与楼板的连接节点则设置成刚接（图9.9）。

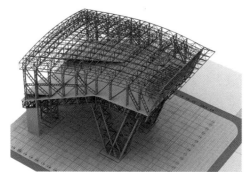

图9.8　大倾角巨型钢结构模型图

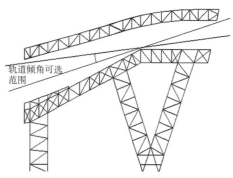

轨道倾角可选范围

图9.9　轨道倾角选择范围示意图

屋盖分为8个滑移分块，1~4块为一个滑移分段，5~8为一个滑移分段。每个滑移分段内的支架为一个整体，两个滑移分段相互独立。

为确保滑移支撑与屋面分块连接处节点的牢固性，对支架与分块所有连接节点采取钢管加固方式进行连接。屋盖及支架在顶推滑移过程中，沿滑移方向容易出现变形，为确保施工过程中整体稳定性，在滑移竖向支撑第2、4、6、9跨增加斜向格构支撑，在未设斜向支撑部位采用钢丝绳对拉布置（图9.10）。在滑移二段，因支架高度较高，为保证支架整个体系的侧向稳定，在第二排、第四排支撑横向设置斜撑（图9.11）。

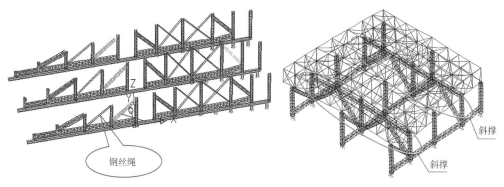

钢丝绳

图9.10　屋盖支架体系模型图　　　　图9.11　高区支架斜撑布置示意图

在滑靴一侧设置顶推油缸，另一侧为防滑夹轨器（图9.12）。顶推油缸收缸期间，滑靴另一侧的防滑夹轨器与轨道夹死，防止屋盖及支架在外力作用下自行下滑。选用由计算机智能控制的电液比例控制技术，并在滑移结构和油缸上设置精密传感器，确保多个油缸在顶推时动作一致，从而保证滑移结构姿势正确、就位精准（图9.13）。

顶推油缸　　防滑夹轨器

下倾4°

图9.12　动力及制动系统图　　　　图9.13　滑移照片

采用该技术施工时可将垂直运输机械固定在某个位置，提升作业效率、降低机械成本；施工时，大量的高空作业变为地面作业，工人操作难度降低，质量容易保证，安全性提升，而且施工速度快，节约胎架。以哈尔滨万达茂东区屋盖为例，工程量2500t，计划工期122天，实际节约15天，降低了能耗，并大幅降低了材料使用，节约用钢量160t，总体降低施工成本189万元。

通过国内外首创使用的沿滑移方向向下倾斜的轨道，以及双高支架体系，通过计算机智能控制的顶推油缸和防滑夹轨器确保了长距离累积滑移高效施工，经鉴定达到国际领先水平。

3.大跨屋盖跨中两点式有约束提升技术

西区、中区屋盖跨度151m，临时提升架高度55m，提升过程中提升架受水平荷载影响大，且整个钢结构下部为承载力较低的钢筋混凝土框架结构（图9.14）。

为克服屋盖跨度大、跨中变形大、杆件附加应力大的难题，将提升点设置在跨中四分之一等分点处，并在提升点处设置临时提升架（图9.15）。

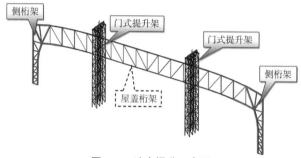

图9.14　跨中提升示意图

图9.15　提升架照片

每个吊点处设置两根四肢格构柱，分别位于提升点所在的主桁架两侧。格构柱尺寸为3m×3m，局部根据框架梁间距进行微调，确保其纵向杆件根部必须落在梁上或者柱端（图9.16）。在混凝土梁受荷点位置做人字撑的形式将竖向力通过支撑传递给两边混凝土柱上。当梁下空间小，不能进行人字撑施工时，在每个支撑架底部做框架转换形式，将支撑架传递的竖向力通过钢梁转换到周边的柱子上，利用柱子来承压（图9.17）。

在被提升的屋盖下设置由计算机控制的卷扬机约束系统，通过计算机控制卷扬机与屋盖之间连接的钢丝绳收放，在钢丝绳上设置传感器检测钢丝绳受力情况，通过钢丝绳受力情况判断水平晃动大小，即当拉力达到某一设定值时，则认为屋盖晃动很大，将停止提升，同时将卷扬机钢丝绳收紧锁定，晃动停止后方可继续进行提升施工作业，确保提升架安全（图9.18）。

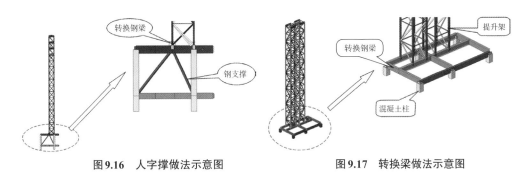

图9.16　人字撑做法示意图　　　　　　图9.17　转换梁做法示意图

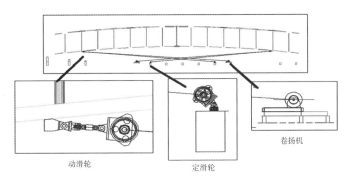

图9.18　水平约束系统在屋盖提升中应用示意图

采用穿芯式液压提升器，通过计算机控制上下锚片的张合和主油缸实现同步提升、合龙校准和卸载。

采用该工法施工操作简单，主要采用塔式起重机进行施工，机械成本低、作业效率高，将大量的高空作业变为地面作业，工人施工效率高，施工速度快。以哈尔滨万达茂工程为例，中、西区屋盖钢结构工程量6000t，计划工期178天，实际节约18天，节约施工成本162万元，达到国际领先水平。

4.V形组合格构柱无胎架安装施工技术

滑雪场东区大倾角巨型框架结构的两根框架柱设计为V形组合格构柱，格构柱V形支撑以70°角向上延伸直至滑雪道下平面处，与滑雪道下弦杆件相连，组成完整的受力体系（图9.19）。V形格构柱每个分肢截面尺寸为11.5m×17.5m，根部生根在-5.7m标高处，最高点标高87m。

两个组合筒体分支长度超过60m，沿地面呈70°角倾斜，若采用胎架进行支撑，倾斜的筒体将对胎架产生巨大的侧向推力，而且胎架高度高，胎架的稳定性难以保证，采用大型履带式起重机分片吊装，筒柱分片吊装过程中不需在下方设置临时支撑，利用结构自身作为可靠拉结的固定附着结构，在其内部用格构式临时支撑将两侧倾斜格构柱连接固定，形成稳定的三角结构体系（图9.20）。

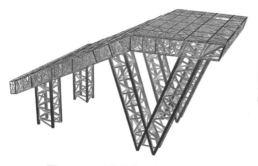

图9.19　V形格构柱示意图

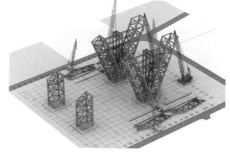

图9.20　无胎架安装示意图

由于结构倾斜，分片吊装前采用BIM软件通过仿真技术采集框架柱平面分片的空间三维尺寸和各节点、端头对接口中心三维坐标值，作为框架柱平面分片拼装控制理论值，找出分片安装定位时的重心，结合分片吊装重量，确定用于安装该分片时吊耳的规格、位置和钢丝绳的长度。

使用履带式起重机将框架柱平面分片脱离胎架，脱胎和吊装过程中，需两台履带式起重机协助脱胎翻身，更换吊点位置，通过滑车和电动葫芦调节钢丝绳长度至安装角度后吊装就位（图9.21）。

分片吊装应对称进行，安装完成对称侧平面分片后，用水平拉结格构支架连接固定两倾斜框架柱平面分片，再依次安装其余平面分片和拉结格构支架。安装过程中和安装完成后需多次复测框架柱平面分片定位坐标，确保安装施工精度（图9.22）。

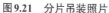

图9.21　分片吊装照片

图9.22　V形柱安装完成照片

格构式支架体系包括底部钢平台、竖向格构支架框架、水平拉结格构支架等部分，水平拉结格构用于拉结两侧的V形格构柱。

通过该技术施工可大幅节约用钢量、提升施工效率、降低施工成本。与一般在

V形筒两侧设置支撑胎架的施工方法相比,节约工期17天,节约用钢量577.8t,总体降低施工成本120.69万元。经鉴定,达到国际先进水平。

5.超长线后张法预应力梁"接力"施工技术

为抵消室内滑雪场上部大跨结构产生的巨大拱脚推力,每榀钢结构下均设置超长线预应力梁,长度为120~150m。预应力梁上部为室内滑雪场雪道,同一道梁在不同部位高度不一,在进行施工前需进行预应力的二次深化设计工作。因单根预应力筋最长达90m,与孔道间摩擦力大,预应力筋穿束困难。

技术理念:使用预应力的接力布管、接力穿束、接力灌浆等施工技术,可减少张拉次数、增大单次张拉长度、保证超长孔道灌浆质量,解决因结构超长、空间大、张拉次数多、单次张拉长度小、施工工期长等问题。

通过对孔道预应力损失、锚具损失计算,虽然预应力最长达90m,但是由于孔道平直,预应力损失少,将预应力设计为端头固定、跨中张拉(图9.23)。

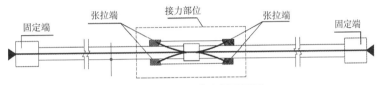

图9.23 单根预应力梁平面图

对于梁顶标高不同的连续梁,在高差较大部位将钢绞线断开布置,通过跨中的框架柱实现力的传递,梁高变化不大时,直接在梁高范围内进行布线调整(图9.24)。

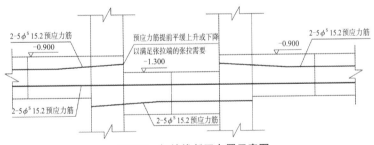

图9.24 钢绞线断开布置示意图

为解决预应力筋与孔道间摩擦力过大,导致无法穿束的施工问题,在布管施工中,采用预留穿束助力段的施工方法,缩短单次穿束距离,进行接力穿束,预留段在穿束完成后,用管径大一号管进行连接密封(图9.25)。

考虑本工程预应力筋较长,将中部排气孔作为灌浆孔,灌浆施工中,在灌浆点相连排气孔外溢水泥浆稠度同灌浆点且无气泡时,将相邻排气孔作为灌浆点施工。

通过该技术显著提升了穿束、灌浆等工序的施工时间,通过助力段设置大幅降

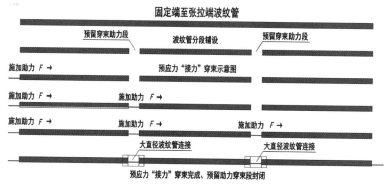

固定端至张拉端波纹管

预留穿束助力段　波纹管分段铺设　预留穿束助力段

施加助力 *F* →　预应力"接力"穿束示意图

施加助力 *F* →　施加助力 *F* →

施加助力 *F* →　施加助力 *F* →　施加助力 *F* →

大直径波纹管连接　大直径波纹管连接

预应力"接力"穿束完成、预留助力穿束段封闭

图9.25　钢绞线接力布线示意图

低了穿束难度，节约了机械投入，本工程应用该技术缩短工期41天，节约施工成本268.65万元，形成的技术成果经鉴定达到国际先进水平。

6.严寒地区大跨钢结构越冬技术

工程地处严寒地区，每年10月中旬至第二年的4月上旬期间，由于气温太低无法进行焊接作业，即工程进入越冬期。2014年冬歇前西区施工完成，中区屋盖原位拼装30%，东区雪道层主桁架及以下部分施工完成，屋盖前4榀屋盖滑移就位，侧桁架尚未开始安装。哈尔滨冬季极端最低气温将近-40℃，且多降雪、多大风天气，气候非常恶劣，给这个施工未完成、未形成按照设计受力的临时体系带来了很大的考验。

越冬前首先根据施工形象节点进行仿真计算。

屋盖施工时间在9月份，8～9月份最低温度15℃，最高温度30℃，合龙温度按照20℃考虑。哈尔滨地区冬季历史上极低气温为-39.8℃，则冬歇期间，结构降温荷载为-40℃ -20℃ =-60℃。

西区巨型桁架已经合龙完成，对极限低温状态下变形、应力、支座转动进行验算；东区屋盖尚未与两侧支座连接，所以只计算自重状态和自重+极限低温状态，选用的计算软件为Midas Gen（图9.26～图9.30）。

由上述结果可见，杆件应力仍远小于承载能力极限状态下杆件最大应力，故冬歇期间，结构所有杆件仍处于弹性状态，结构安全。西区抗震支座最大转动量为0.005rad，小于允许最大转动量0.05rad，故满足极端低温条件下的使用需要。

对焊缝低温性能进行研究，-40℃时焊缝的冲击功性能，满足规范E类钢材的性能，即按照该工艺施焊的焊缝能够保证在严寒气候下的韧性，结构安全。

对悬挑区上弦焊缝，用30mm×250mm×400mm卡板进行加强，卡板与上弦采用16mm双面角焊缝，主要起保险丝作用，冬歇前后通过对角焊缝的检查，判断

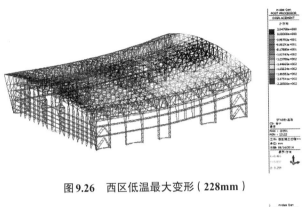

图9.26　西区低温最大变形（228mm）

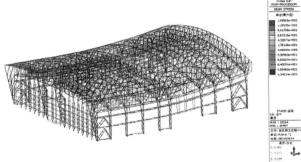

图9.27　西区低温最大应力（145MPa）

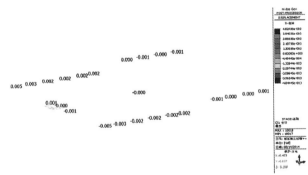

图9.28　西区低温铰支座转角（0.005rad）

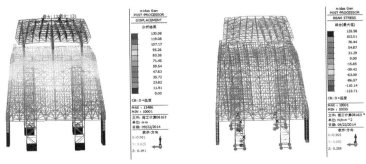

图9.29　东区低温最大变形（131mm）　　图9.30　东区低温最大应力（133MPa）

结构焊缝在冬歇期结束后是否安全。

抗震球铰支座使用温度为-40℃～70℃，抗震阻尼器的使用温度为-40℃～80℃，哈尔滨地区最低温度并未低于最低使用温度。但是考虑融雪结冰可能产生的冻胀影响，对所有抗震球铰支座，用彩钢板制作成一个方盒包围铰支座并用三防布在方盒外围包裹进行防护，抗震阻尼器则直接包裹三防布。

通过仿真计算配合局部的保护措施，为大型钢结构在严寒地区安全越冬提供了技术保证，避免了对钢结构进行大量的加热保温维护，节约了大量保温和加设材料，同时节约了加热所需用电。

7. 超高超长金属屋面现场工业化生产

滑雪乐园8万m^2直立锁边金属屋面形状为双曲面，材质为1.0mm厚铝镁锰合金。单跨最大达到150m，若采用工厂加工、运输到现场吊运安装的方法会产生大量的垂直运输费用，而且哈尔滨松北区常年风力较大，对高空吊装、搬运的安全实施造成很大的隐患。

在屋面两侧的排水沟处采用80mm×40mm×4mm方钢管焊制钢架平台，平面尺寸为2500mm×1500mm，考虑屋面倾斜，平台两端立柱高度分别为875mm和1000mm。将钢板压型设备和控制系统整体安装到集装箱内，吊运到钢架平台上。

在集装箱和地面之间设置传输索道，索道由ϕ25直径钢管焊接成"口"字形，宽600mm、高100mm，竖直方向每1.5m布置一组，由通长ϕ8钢丝绳通过镀锌圆管贯通连接（图9.31）。每组索道再由ϕ4钢丝绳连接，形成可伸缩、可变形的构造体系。同时每个20m处设置1组ϕ8缆风绳，进行地锚固定（图9.32）。

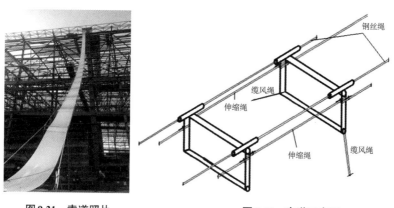

图9.31 索道照片　　　　　　　图9.32 索道示意图

在屋顶采用集装箱式屋面板压型机现场进行金属屋面的加工制作，制作完成后直接输送至屋面，每条金属板长度按照设计图纸进行加工成捆，中间无接头

（图9.33、图9.34）。金属屋面现场加工，减少了屋面板的运输时间，节约了大量屋面板材料运输费用，材料损耗率大幅度降低。经测算，现场共计消除接头约18000个，节约施工成本42.9万元。

图9.33　金属屋面加工制作

图9.34　屋面完成照片

8.大块冷库板反装施工技术

本工程滑雪场内净高最大30m，地面为雪道层，坡度变化不一、构筑物多，无法使用机械升降操作平台，而且万达茂滑雪场面积大，若整体搭设满堂脚手架会产生非常大的额外工程量，影响其他专业施工。

优化相邻冷库板之间的连接节点，长边为双企口对接（企口内满填胶粘剂）、短边可在吊顶以上反向施工密封条的节点（图9.35、图9.36）。

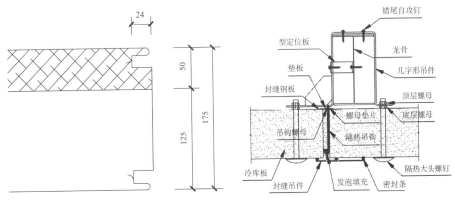

图9.35　长边双企口示意图（单位：mm）　　　图9.36　短边节点构造示意图

考虑雪道为坡面，在坡面上设置一个可移动式的作业平台，通过设置在雪道上的卷扬机轨道运输系统进行冷库板水平运输。在雪道上，将隔热大头螺钉固定在冷库板上，通过布置在屋盖下弦上的小型卷扬机将冷库板提升到屋盖部位，将冷库板上的隔热大头螺钉穿过跨在檩条上的Ω型连接件后再拧一个螺母，将冷库板就位（图9.37）。

位于冷库板上的照明灯孔，在现场进行切口加工，灯具框架与冷库板之间的空隙注满发泡聚氨酯保温（图9.38）。

图9.37 冷库板吊装照片

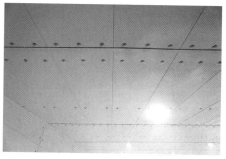

图9.38 冷库板完成照片

通过大块冷库板反装施工技术，使得冷库板安装过程中避免了在滑雪场内屋架下大量设置吊篮，经测算冷库板安装工期共计10个月，按照平均使用吊篮60个计，每个吊篮租赁费用2000元/月，合计节约成本120万元。

9.两侧悬臂式对拉预应力挡土墙施工技术

位于滑雪场南侧的履带式起重机行走临时道路需要跨过一处地下一层汽车连通道，由于该连通道位于预留结构区，而预留结构工期非常紧，不满足该处通道与预留区同步施工的要求（图9.39）。

挡土墙立板根部两侧加腋，立板钢筋按规范在底板内进行锚固，预应力张拉孔四周按设计要求设置构造加强筋（图9.40）。

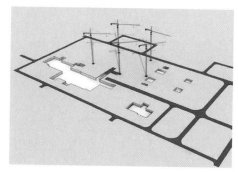

图9.39 地下室位置示意图

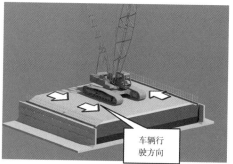

图9.40 挡土墙做法示意图

在模板施工时，正确预留预应力张拉预留孔及泄水管的位置，确保两侧挡土墙的预留孔在立板上的位置相同。

在混凝施工过程中，应确保混凝土振捣密实，重点监控挡土墙立板与踵板、趾板相交处混凝土施工；确保预应力预留孔、排水预留孔处混凝土振捣密实。

回填土施工中，保证回填土回填施工和预应力筋铺设交替进行，回填土压实系数不低于0.94；回填土施工至第一层预应力筋时，预应力铺设完成后再进行下层回填土施工。

该挡土墙承载能力可满足500t级履带式起重机在其上部自由行走，承载力高。

施工完成后，将两侧挡板及中间填土破碎运走后，从底板上开始施工地下室结构墙体，同时达到节约材料、节约工期的效果。采用该技术施工，节约施工成本53万元。

10. 钢筋集中加工配送技术

万达茂施工现场施工场地狭小，施工单位多。同时施工体量大、钢筋用量大，使用钢筋3.6万t。现场钢筋加工场地的加工能力不能满足施工要求。

为保证施工进度，项目部采用场外加工钢筋，考虑到箍筋加工速度慢且加工费用高，项目部决定现场使用箍筋全部在现场加工。为节约施工场地，项目部在现场设置数控钢筋加工厂（图9.41），购置数控箍筋加工设备两套（图9.42）。

图9.41　数控加工棚照片　　　　图9.42　数控加工机照片

传统箍筋加工需先定尺切断，后进行弯箍，不仅加工速度慢、占用劳动力多，而且占用场地大。数控弯箍机可自动完成钢筋调直、定尺、弯箍、切断等工序，改变传统钢筋加工落后的模式，产量多、速度快、精度高、质量好。

数控弯箍机可满足双线加工，钢筋加工速度也得到了大幅提升，每台数控弯箍机日产量达到5.7t。

数控弯箍机操作流程：核实熟悉钢筋下料单→将需加工钢筋截面尺寸数据输入数控机床电脑控制系统内→启动数控弯箍机进行加工（必要时可进行双钢筋加工）→将加工完毕箍筋倒运至一旁分类堆放。

技术优点：①箍筋及拉结筋加工尺寸精准（±1mm）；②钢筋损耗率低（损耗小于0.5%）；③加工速度快，操作工人少；④占用场地少。

技术局限性：一次性投入成本大，适合钢筋使用量较大项目采用。

采用数控钢筋加工设备，提高了钢筋加工准确度，节约人工，提高了生产效率。同时减少了钢筋损耗，产生的直接效益47.9万元。

11.大空间大落差多目标的环境营造技术及制冷系统废热回收技术

室内滑雪场面积大、室内净高高、空间落差大，除了达到积雪状态之外，还要确保温度、湿度、CO_2浓度、风速等满足人员的舒适度要求，环境控制难度大（图9.43）。

按照功能，将滑雪场划分成六大环境营造系统：保温系统、造雪系统、制冷及热回收系统、新风除湿系统、配电系统、控制系统。根据滑雪场高度变化，将整个室内划分成高、中、低三大分区。

室内滑雪场温度一般维持在-3℃～5℃之间，造雪模式下为-7℃，哈尔滨夏季最高温度将近40℃，冬季最低温度接近-40℃，保温性能要求非常高。国内外首次将双层保温体系应用到室内滑雪场，外层保温为150mm厚玻璃棉，内层为175mm厚岩棉+PIR复合高效保温材料。

研发使用冷源分离式造雪机，不但节约投资成本，节能效率同样明显，相同造雪条件下，造雪成本仅为43kW·h/m³，比国外机器节能28%以上（图9.44）。

图9.43　室内滑雪场实景照片　　图9.44　新型造雪机照片

冷源由四套并联螺杆式制冷压缩机组提供冷源，螺杆机头并联，制冷剂为R22（二氟一氯甲烷），载冷剂为乙二醇溶液，主要供给冷风机、地面冷盘管、除湿机、造雪水箱等。制冷机组运转期间产生大量废热，通过回收氟利昂显热热量，持续加热乙二醇溶液，可使水温达到25℃～35℃，为融雪坑融雪、除湿机融霜、冷风机融霜及地面防结露系统等提供热源，实现零功耗条件下回收热功率750kW。

根据雪场尺寸及游客数量，确定新风量。将风管引至冷风机上方，均匀布置风口，风口位于冷风机回风处，通过冷风机向雪场深处输送新风。除湿机后表冷为2

个换热器，且设有切换装置，可实现同时融霜、制冷，不间断为雪场提供新风，低温环境下不易结霜，除湿机可24小时连续工作。

按照灯具分区设置配电箱，配电箱内设多路智能照明控制器；照明配电箱设置于网架层内；灯具安装采用嵌入式安装，上开盖（开盖的开口开向网架层内），方便检修。

现场布置9000余个传感器，实现精确的自动控制（图9.45）。检测和控制的主要内容包括：滑雪场内温度、湿度、CO_2浓度、低温乙二醇系统及氟利昂系统压力检测，各水系统循环供回水温度检测，根据系统冷、热负荷变化，自动控制设备投入使用数量、各电动阀及电磁阀自动控制、机房内氟利昂浓度，以及各系统压力超标时声光报警信号等。

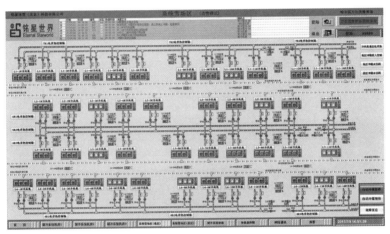

图9.45　系统雪场区界面

在造雪前，采用热成像扫描仪，对雪场内部全角度扫描，确定了各散热点（图9.46、图9.47）；经热成像扫描仪全方位扫描后，确定风险热源，对风险点位进行二次深化设计。

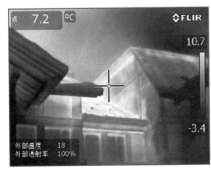

图9.46　咖啡厅外围护结构散热

图9.47　雪场服务区观景窗散热

通过大空间大落差多目标的环境营造技术及制冷系统废热回收技术，本工程室内滑雪场营业后能耗较国外降低32%以上，节能效果显著，经鉴定，该项技术达到国际领先水平。

12.基于BIM的信息化建造技术

（1）视线分析：运用BIM技术模拟运动人员第一视角，合理优化吊顶高度，节约建造成本。

（2）异形构件指导：滑雪道为复杂的空间曲面，难以通过传统的2D图纸进行表述和复核，通过BIM软件建立三维模型，进行直观地交底；通过模拟放样控制钢构安装精度，通过模拟施工提前发现不可预见的问题（图9.48、图9.49）。

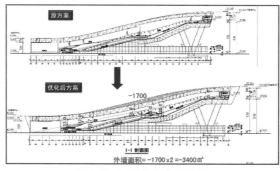

图9.48　屋面桁架曲线优化

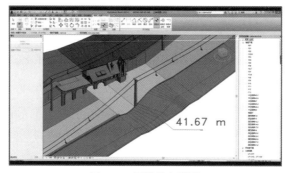

图9.49　雪道信息模型

（3）结合GIS技术的BIM辅助深化设计：为消除深化设计产品与现场偏差之间的矛盾，利用GIS技术采集现场构件三维坐标，导入Revit中，建立出与现场完全一致的模型用于深化设计（图9.50）。

（4）基于BIM的施工部署：东区巨型框架柱共计4处，其中两处为双向倾斜的组合格构柱，在进行塔式起重机布置时，不同的塔式起重机布置高度与斜柱之间的水平距离关系不同，通过BIM进行塔式起重机高度和水平位置模拟，检测其与巨型框架之间的安全距离，提供最优的垂直吊运覆盖范围（图9.51）。

巨型框架内部塔式
起重机防碰撞设计

巨型框架周边塔式
起重机防碰撞设计

图9.50　基于GIS技术建立的BIM模型　　图9.51　钢结构下部塔式起重机防碰撞检查

（5）基于BIM的物联技术：利用BIM模型的各项数据信息，对安装构件快速放样，每个构件加工后都贴有"身份信息的"二维码，通过物联网技术，实现构件的制造、运输、吊装、验收跟踪。

（6）基于BIM的管线综合排布：借助BIM模型，优化机电管线布置。通过管线综合深化设计，发现解决碰撞点近6000处，合理分布机电工程各专业管线位置，可以最大限度实现设计和施工的衔接。

（7）基于BIM的4D进度管控：通过4D模拟与施工组织方案的结合，使设备材料进场、劳动力配置、机械排板等各项工作的安排变得最为经济、有效。设备吊装方案及一些重要的施工步骤，利用四维模拟及场地布置等方式很明确地展示出来（图9.52）。

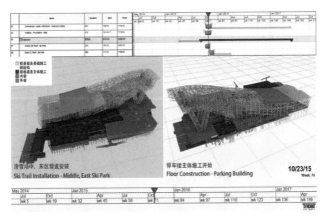

滑雪场中、东区雪道安装
Ski Trail Installation - Middle, East Ski Park

停车楼主体施工开始
Floor Construction - Parking Building

10/23/15

图9.52　滑雪场施工流水4D模拟

（8）基于BIM的5D成本管控协助：在模型上附加工程量计算规则，明细表计算获得的准确的工程量统计，配合工程量计价清单，作为施工开始前的工程量预算和施工完成后的工程量决算比对依据（图9.53）。

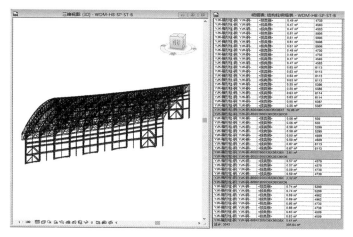

图9.53　工程量统计

通过建立云平台，加快了图纸会审，方便了各方沟通协调，节约了项目时间成本。

通过BIM信息化建造技术的应用，实现了项目信息的无障碍交流，通过管线综合排布等大大降低了返工工作量，节约人工成本费用约34.4万元。

第三部分　总结

项目从开工以来，为保证示范工程的顺利实施，先后成立了BIM设计、示范工程实施管理等专门小组。在保证示范工程实施的过程中，锻炼了队伍，为今后进一步做好绿色施工及承接类似工程培养了后备人才。

通过科技创新进一步推动绿色建造技术研究，更加积极有效地推进绿色施工的实施，广泛采用建筑业10项新技术，在"四节一环保""以人为本"的"绿色建筑"理念引导下，摸索出适合大型城市综合体绿色施工的成套集成技术，取得了显著的经济及社会效益，为同类建筑绿色施工提供了宝贵经验。

借助哈尔滨万达茂项目绿色施工实践，企业提高了节能、降耗的环保意识，同时企业的技术创新能力、新技术应用水平、现代化管理水平都得到了整体提升。在保证施工质量和安全的前提下，只有做好科技创新、设计和方案双优化工作，才能使施工企业的综合效益最大化！

哈尔滨万达茂项目为黑龙江省重点项目，自土地摘牌后便受到了省、市领导的高度关注，项目以此为契机，在整个施工过程中贯彻绿色理念、打造绿色文化，不断总结、改进、提升，树立起当地绿色施工榜样，带动起当地绿色施工的热潮，希望能为社会做出绵薄的贡献。

一、技术成果的先进性及技术示范效应

本工程依托于项目劳模创新工作室，形成自主创新技术12项（表9.1），获省部级工法9项、国家专利26项、软件著作权9项，形成的"严寒地区大型室内滑雪场关键技术"，经鉴定总体达到国际领先水平。

主要创新技术一览表　　　　　　　　　　　　　　　　　　　　　　表9.1

序号	技术名称
1	大倾角巨型框架结构体系和"纵向框架＋黏滞阻尼器"的支承耗能系统
2	大跨钢结构大倾角带支架滑移技术
3	大跨屋盖跨中两点式有约束提升技术
4	V形组合格构柱无胎架安装技术
5	严寒地区大跨钢结构越冬技术
6	超长线后张法预应力梁接力施工技术
7	大空间大落差多目标的环境营造技术及制冷系统废热回收技术
8	基于BIM的信息化建造技术
9	超高超长金属屋面现场工业化生产
10	大块冷库板反装施工技术
11	两侧悬臂式对拉预应力挡土墙施工技术
12	钢筋集中加工配送技术

二、工程节能减排综合效果

工程施工共计产生垃圾9929.52t，再利用5191.35t，回收率达到52.3%。每万 m^2 产生垃圾269.53t；每万元产值用水量4.32L，比计划节约6.5%；每万元产值耗电量55.77kW·h，比计划节约18%；钢筋实际损耗率降低26%，集中化加工配送率为90%；混凝土损耗率降低11%，剩余混凝土回收利用率为51%；工程非传统水用量17万 m^3；围挡等周转设备（料）重复使用率为90%。

工程于2014年1月30日开工、2017年6月6日竣工，竣工时间比计划提前24天。

三、社会、环境效益

施工期间，项目多次登上 CCTV、黑龙江卫视以及各类主流媒体。2017 年 11 月 17 日，CCTV-4《走遍中国》栏目以《冰雪筑梦》为主题深入报道了哈尔滨万达茂项目。目前，已成为国内外滑雪队训练基地（图 9.54）、2022 年冬奥会滑雪及冰壶备战基地，获得了国内外领导及各界人士高度赞誉。工程多项绿色施工技术已经广泛推广应用到国内众多工程中。

图 9.54　国内外滑雪队留影照片

四、经济效益

实施绿色施工项目节约成本 3044.89 万元，增加成本 269.04 万元，累积节约成本 2775.85 万元，绿色施工带来的成本降低率为 1.6%。

专家点评

哈尔滨万达文化旅游城产业综合体——万达茂项目为重载大跨、大落差的钢结构，是区域建筑体量大、品牌影响力强的代表性文体商业综合体特色项目，并同时创下室内滑雪场建筑面积、雪道数量、落差、坡度 4 项世界之最。

本工程形成自主创新技术 12 项，获省部级工法 9 项、国家专利 26 项、软件著作权 9 项。形成的"严寒地区大型室内滑雪场关键技术"，经鉴定总体达到国际领先水平。项目贯彻绿色施工和"四节一环保"的可持续发展理念，结合寒地工程实践难点和结构设计特点，开展了针对性的科学研究和新技术应用工作，形成了"大倾角巨型框架结构抗震扭转效应的计算方法和适应于大温差和低温环境的结构设计技术""大空间大落差多目标的环境营造技术及制冷系统废热回收技术"等7项创新成果。

该项目在钢结构设计中采用了国内外首创的大倾角巨型框架结构体系和"纵向框架+黏滞阻尼器"的支承耗能系统，满足了室内滑雪对大空间、大落差、大倾角的功能需求，实现了上下部结构刚度匹配，提高了结构抗震性能。通过多次设计优化，工程用钢量从原方案的5.4万t减少至4.5万t，节约结构用钢量9000t。在施工中，项目采用了严寒地区大跨钢结构越冬技术，通过仿真计算配合局部的保护措施，为大型钢结构在严寒地区安全越冬提供了技术保证，避免了对钢结构进行大量的加热保温维护，节约了大量保温和加设材料，同时节约了加热所需用电。

工程施工共计产生垃圾9929.52t，再利用5191.35t，回收率达到52.3%。每万m^2产生垃圾269.53t；每万元产值用水量4.32L，比计划节约6.5%；每万元产值耗电量55.77kW·h，比计划节约18%；钢筋实际损耗率降低26%，集中化加工配送率为90%；混凝土损耗率降低11%，剩余混凝土回收利用率为51%；工程非传统水用量17万m^3；围挡等周转设备（料）重复使用率为90%。

项目设计新颖，布局合理，文化色彩浓厚，工程规模大，施工难度高，施工技术复杂，室内滑雪场规模载入吉尼斯世界纪录。项目的建成对于开展寒地冰雪旅游和冰雪文化体育活动意义非凡，填补了寒地大型室内冰雪体育建筑设计与施工的空白。

10

百色干部学院及景观配套工程

第一部分　工程综述

一、工程概况

1.工程地点、地形地貌

百色干部学院及景观配套工程项目位于广西壮族自治区百色市百东新区，毗连右江，背靠高山，是一座秉承百色红色革命历史传统，具有广西特色的山水园林式生态校园（图10.1）。

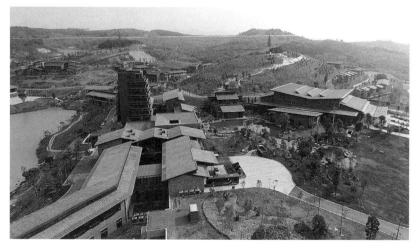

图10.1　百色干部学院全景图

场地位于百色盆地内，属于未开发丘陵地带，地貌单元属于右江左岸Ⅰ级阶地，地形为缓丘坡地，地形起伏较大，地面高程为103.400～180.900m，地形坡度为10°～30°。场地总体为东北高、西南地势相对较低，两条呈东北—西南走向的冲沟，沟底地面高程为115.400～117.200m，西南侧坡脚为人工湖，水位约116.100m，湖底地面高程约103.200～116.100m，水深一般为5.0～13.0m。场地三维模型如图10.2所示。

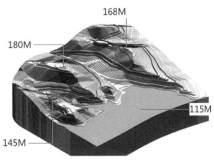

图10.2 场地三维图
（注：标注数字为各点高程）

工程地块地形包括河流和山地，地块西部为水域，中部、东部为山地，形成了"三山两溪，一湖二谷"的天然格局（图10.3）。沿湖依次布置主入口景观区、湖心岛景观区、生态湿地公园、多功能学校建筑集群；东西两条峡谷地带中央水体聚成溪流，两侧布置壮寨群落式学员宿舍，形成山涧跌瀑区与花溪景观区；三处高地布置素质拓展区、野外拓展区、农耕文化体验区、职工宿舍区；十大区块交相辉映，外有湖光山色，内有书香庭院，建筑与山水环境融合，形成一幅和谐共生的山水画卷。百色干部学院是以红色文化加绿色生态为设计理念建设的综合性生态节约型园林校园。

图10.3 百色干部学院远景图

2.建筑及配套工程概况

工程占地面积656亩，绿化面积28万 m^2 ，水域面积11万 m^2 ，铺装面积9700 m^2 ，建筑面积85428 m^2 ，囊括了建筑工程、水体护岸工程、山体护坡工程、园路铺装工程、景观桥工程、绿化种植工程、园林景观工程以及配套服务设施工程。包含4座景观桥及21栋山体建筑，道路总长度4145.87m，乔木、灌木共88个品种合计8067株；球类共28个品种合计2179株；竹类5个品种合计3022 m^2 ；水生植物共10个品种合计5189 m^2 ；植被共93个品种合计53542 m^2 ；草坪共计205476 m^2 。

工程总投资12.85亿元，主要集培训、教育、国际交流于一体。以"立足百色、服务广西、面向全国、对接东盟"为功能定位，以红色文化、民族文化、生态文化为办学特色，全力打造成为党员干部革命传统、邓小平理论研究、党性党史党风、国情区情社情等教育的重要基地和实训平台。建筑结构主要为框架结构，使用青砖、红砖外墙和青瓦、板瓦屋面。工程规划和设计中充分体现了项目与自然环境、民族特色与红色文化的巧妙融合，院区会议厅、教学楼、办公楼、饭堂、图书馆等沿湖岸布置，与国际交流中心湖心岛有机连接，建筑与湖光山色浑然一体。

3.地理情况

百色市地处广西西部，总面积3.6252万 km^2 ，全市辖12个县（区），183个乡、镇、街道，云贵高原与南岭丘陵的过渡地带，珠江流域西江水系的右江上游，位于东经106°07′～106°56′、北纬23°33′～24°18′之间，气候属亚热带季风气候，光热充沛，雨热同季，夏长冬短，年平均气温19.0℃至22.1℃，最高气温36.0℃～42.5℃，最低气温-2.0℃～5.3℃，年平均日照1906.6小时，年平均降雨量1114.9mm，无霜期为357天。

4.开竣工时间及建设工期特别要求

工程于2015年1月8日开工、2016年11月25日竣工，2016年11月30日验收。项目开工建设之初，定下争创中国建筑工程鲁班奖目标，以科技创新、绿色创新技术进行管理和施工。

5.工程相关方

建设单位：广西百色百东投资有限公司

设计单位：华东建筑设计研究院有限公司

监理单位：南宁市城市建设监理有限责任公司

施工单位：广西建工第五建筑工程集团有限公司

二、工程难点

1.设计理念

（1）广西百色干部学院的设计采用当地的规划设计思路并结合传统建筑的空间处理方式，采用现代建筑技术和构造体系并结合行之有效的传统建筑工法，将建筑渐渐融于山水和院落环境之中，成为一幅和谐的山水画卷。同时以百色革命传统和新时期的发展理念为建筑性格塑造的基本出发点，以朴实的建筑空间形态和红色元素，传达朴素的革命传统价值观。

（2）本工程依山而建、道路就谷而修。地势高低起伏最大高低差达65m，群体建筑大小21个星罗棋布。设计利用了东面右江江湾和原有山地，依山就势、因地制宜，造就"三山两溪，一湖二谷"的建设格局。

各建筑单体基本上采用院落式的布局方式，有助于形成具有中国传统特色的庭院空间，并与其周边的群山取得较为和谐的总体关系。东西两个山谷地带设置北高南低的叠水溪流景观，宿舍区布置于溪流的两侧，与叠水溪流环境相融一体。单体布局中，考虑采用错层跌落式布局，最大程度地利用场地高差，尽量减少建设工程开挖或回填，结合地形地貌，依山就势、因地制宜，构建低碳、生态、环保的绿色校园。

（3）根据百色干部学院历史背景，结合工程建设地点地形特征，建成之后整体工程山水环境和谐统一。本工程有着优越的自然景观条件，景观设计尽量保留自然的环境、树木、水体，并加以有效的利用。南侧湖面水体保留与利用是本项目景观设计的基础，在东南侧湖面中设置湖心岛，同时，在基地内东西两个峡谷地带设置北高南低的叠水溪流，叠水溪流通过设置水坝蓄水和调节景观水体的位置及水量。组团式宿舍区、分散式宿舍区、图书馆及教学楼沿水岸部分建筑采取亲水平台的设计，使得建筑可以更加自然地融入水系环境，形成"两溪一湖"的景观，整个项目浑然天成。

2.施工难点

广西百色干部学院工程规划和设计中充分体现了项目与自然环境、民族特色与红色文化的巧妙融合，施工中既要保障原有生态不被破坏又要保证工程质量，并将院区与湖光山色融合为一体，将工程打造成为一流的生态园林花园式校区，整体控制及协调难度较大。院区会议厅、教学楼、办公楼、饭堂、图书馆等沿湖岸布置，与国际交流中心湖心岛有机连接，建筑与湖光山色浑然一体，设计、施工难度大。

1）所处环境偏远、地形复杂

工程地理位置偏僻，交通不畅，水电供应不足。本工程位于百色市四塘镇，距百色市中心直线距离约22km，项目所在地原为山地，与最近的居民居住点约2km，与四塘镇仅有一条乡村道路相连（与学院配套的市政道路正在进行土方开挖），物资运送调配难度大，项目所需的水、电需从2km以外接入施工现场，易发生断水断电状况。

根据用地规划特殊要求，支护工程量大。本工程为顺应地势变化，将大空间嵌入山体，以减少建筑体量感。除5号楼位于湖心岛上外，其他建筑基本半隐藏于山体中，使得本工程的支护工程量巨大。

由于地形复杂，地势起伏大，土方填挖量多。场地地貌属于右江左岸Ⅰ级阶地，地形为缓丘坡地，起伏较大，最大高差达65m，地形坡度10°～30°。园区建设在3个山体高地上，东北向地势起伏，西南向地势较低，5号楼（国际交流中心）位于湖心，需要填土造岛，绿化场地、道路及配套服务建筑土石总挖方147万余立方，总填方量128万余立方，挖填土方园区内调运，实现土方挖填平衡。

2）设计的民族特点风格多变

建筑民族特色浓厚，立面屋面装修工艺要求高。21个建筑单体及配套服务设施具有浓厚的广西区域民族特色与红色政治色彩，取形侗寨干栏式建筑、鼓楼与壮寨群落庭院。工程外立面装修有清水砖墙、清水混凝土、毛石墙，屋面采用大平瓦干挂和小青瓦湿贴，檐口采用V字形铝单板，无任何面层修饰，对工程结构和安装工艺要求严格，对施工测量要求高，工程施工定位定点量多，精度要求高，工程装饰材料种类较多。

3）建筑环境和特色增加绿色施工难度

绿化工程体量大，场地条件因素限制大。山体坡面绿化面积大，坡面种植土处理困难，采用容器苗、全冠移植、优选大树等植株，保证苗木成活率，实现绿化美观效果是施工难点。园区山体面积较大，高低起伏，未设置汽车通道，绿化种植和配套设施施工时，相关材料及植株运输困难。雨季施工，雨水汇流对山体地表冲刷严重，也给工程施工带来了极大困难。

节能减排及环境保护，根据地理位置和气候条件，有特殊要求。本工程除1号楼塔楼和7号楼体育中心外，全部采用双梁式斜屋面，屋面材料为瓦片，在两层梁中设置天窗，可作为室内白天采光，节约能源。但斜屋面存在浇筑混凝土时容易因振捣不到位而出现质量缺陷、屋面平整度控制困难等。园区单体多，分布广，油漆、水泥等建筑材料使用量大，易造成环境污染。施工期间土体开发面积广，易造成粉尘污染。还需对园区场地内原树木进行保护，以及将其与园林景观相协调，达到环境保护的目的。

第二部分　工程创新实践

一、管理篇

绿色施工从项目规划阶段伊始便贯穿于整个实施过程，其涉及了材料、能源、机械、安全、环保、后勤保障等多项技术指标，对与环境的和谐融合，以及对施工企业的计划、管理、创新能力带来重大挑战。

项目在进行绿色施工组织设计中，主要面临以下两个难点：

第一，项目拥有广阔的地形以及复杂的地貌，原始风貌保护要求高。

第二，项目整体是一个复杂生态园林建筑群。

针对项目实际情况分析，组建了绿色施工专项小组，实现了自然景观与人工建筑协调融合的设计目标，为企业今后开展绿色施工管理积累了宝贵经验。

1.组织机构

根据专业分工原则成立项目绿色施工管理机构，设立技术指导小组和现场实施小组，分别负责组织管理和监管控制，对项目实行动态管理，实现项目–公司技术交流无障碍化（图10.4）。

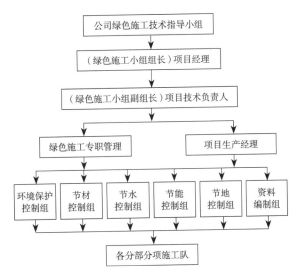

图10.4　百色干部学院项目绿色施工技术研发机构组织图

技术指导小组：执行规划、建议、监督、控制职能，是实现绿色施工的重要保障。该小组由公司总工牵头，技术中心与分公司部门负责人组成，其主要职责：策划创建工作计划，下达绿色施工目标，提供必需的资源；协调解决创建过程中的重大问题，指导开发绿色施工创新技术；引进绿色节能产品，审批项目绿色施工方案；组织对创建活动进行阶段评估和考核，使绿色施工扎实进行，保障相应目标实现。

现场实施小组：全面统筹绿色施工的各项工作，是实现绿色施工目标的主要执行者。实施小组以项目经理为主要责任人，由项目其他管理人员及劳务负责人共同组成，其主要职责：创建计划的组织实施，分解落实项目绿色施工目标；编制绿色施工方案，组织开发绿色施工技术；落实相关人员的岗位职责，明确相关责任人职能；制定项目绿色施工制度，保持绿色施工节能降耗设备、设施的完整完好，保证相关记录、台账的及时、真实、完整；进行日常检查和考核，落实上级和技术指导小组布置的相关工作，管理和督促现场作业人员合理使用材料和周转设备，杜绝浪费现象。

在该模式下，每个成员都可以以最快的速度获取最精确的信息，做到"三个知道"——即"知道自己要做什么，知道自己在做什么，知道自己为什么这样做"，有效减少了沟通成本，使技术管理体系本身也变得"绿色、高效"。

2. 管理制度

绿色施工技术标准主要会涉及组织管理体系、监管体系、激励体系等几方面，其制定思路主要包含下列几项原则：

1）以人为本原则

使用绿色施工技术保证现场施工人员生命安全、身心健康，降低施工活动对周边产生的负面影响。

2）自然和谐相处原则

将作业活动与环保需求融合考虑，尽量减少施工对周边环境的影响。总体原则：控制各类污染物的排放，实行建筑垃圾减量化，尽最大努力降低环境负荷，具体量化指标见表10.1。

环境保护目标 表10.1

序号	主要指标	目标值
1	建筑垃圾	每万 m² 的建筑垃圾不超过300t，建筑垃圾再利用和回收利用率≥60%，建筑垃圾产生量中支撑结构建筑垃圾产生量≤200t/万 m²；主体结构建筑垃圾产生量≤300t/万 m²；装饰、机电工程阶段建筑垃圾产生量≤300t/万 m²

续表

序号	主要指标	目标值
2	噪声控制	现场噪声排放不得超过现行国家标准《建筑施工场界环境噪声排放标准》GB 12523 规定，昼间≤70dB，夜间≤55dB
3	水污染控制	施工现场污水排放达到现行国家标准《污水综合排放标准》GB 8978 要求，pH值达到6～9之间
4	扬尘措施	控制PM2.5及PM10，不得高于气象部门公布数据。即 $P_1 \leqslant P_2$，P_1 为监测值，P_2 是当地气象公布值。每日上、下午进行一次数据采集并对比
5	光源措施	达到国家环保部门的规定，避免夜间施工照明、电焊作业对施工场地四周内造成光照影响

3）资源高效利用原则

针对传统建筑行业对模板、钢材、混凝土等资源消耗量较大，与我国当前环境政策相冲突的情况，本项目采用"定体系、编方案、严考核"的资源高效利用原则。

4）施工标准化原则

通过精细策划，严格规范生产标准和施工流程，积极发展建筑信息化技术和装配式建筑生产安装技术等方式促进施工。

3.机制体制创新点

（1）绿色施工材料创新；

（2）绿色施工技术创新；

（3）绿色施工监管体系创新。

4.重大管理措施

通过绿色施工策划，制定了内容包括环境保护措施、节材措施、节水措施、节能措施、节地与施工用地保护措施的一整套施工组织设计。

1）现场管理

①项目采用人脸识别门禁系统进行监控。

②施工主要区域安装了扬尘、噪声一体化云平台监控系统。

③严格控制污水的排放和场地内卫生情况。

④施工现场使用的水泥和其他易飞扬的细颗粒建筑材料应密闭存放或采取覆盖措施，并采用雾炮机降尘。

⑤使用装配式临时建筑构件。

⑥建立雨水回收循环利用系统，通过地下室集水井储存回收至雨水收集系统，用于喷洒路面、绿化浇灌以及降尘等，使水资源得到梯级循环利用。

2）设计优化管理

施工用地设计规划时，使用BIM技术进行三维场布，使得办公区、生活区、施工区三区分离，合理排布减少临时用地占用面积。施工阶段，利用BIM三维细部模型，分阶段模拟施工，对各工种进行统筹协调安排，合理排砖，模拟过程资源量，减少了材料浪费。办公生活区定期清理，维持良好的公共卫生环境。管线布置上，采用BIM碰撞模型检测，合理利用净空、管线穿梁，减少管线碰撞返工，减少材料浪费，增加净空利用。

项目地形复杂，地势起伏大，有别于一般项目平整的场地，其场地初步平整后，依然存在较大的起伏。项目采用了一种土方平衡技术，在平面图上进行施工便道布置时，转弯处的道路高差无法直观反映，对此，在Civil 3D中建立场地道路模型，逐一比对转角设置，并进行第一人称视角漫游，分析转角合理性，优化道路转弯点，成功避免了车辆运行不畅的问题。在避免施工现场尘土飞扬的同时，节约了施工资源的浪费。

分析项目存在的客观条件，将本地区阳光充沛、雨水丰富的特点，与项目地理位置偏远、地势起伏大的劣势相结合，对资源回收利用系统进行深化设计：①沿山势合理设置雨水收集系统，层层收集，连接循环过滤系统，将雨水用于车辆的冲洗、花草养护、道路降尘、卫生间的冲洗、消防等。②在日晒充足区域采用太阳能设备，如太阳能路灯等，节约资源，提高对自然环境资源的利用率。

利用BIM技术在模型中实现"现场施工"模拟，根据施工模拟情况分析场地平整、建筑开挖和场地回填等各个阶段的现场土方开挖、回填、堆放情况，使用Civil 3D进行土方量估算，生成土方调配图表，用于分析挖填距离、要移动的土方数量及移动方向，确定合理的取土坑、堆土场，避免取存土冲突，减少重复开挖和回填。

为达到人工建筑与园林景观的有机结合，项目建筑幕墙还采用了一种仿石铝合金格栅，该格栅是一种自主研发的以石为灵感和造型设计、塑造独特建筑外形的新型装饰材料，具有轻便简单、安装快捷、造价低廉、对建筑外形的适应性好等优点。将BIM的三维模拟优势运用在幕墙安装上，利用仿石铝合金轻质格栅施工技术自身的立体感强、结构稳定、遮阳效果好的优势，在装饰立面上展示出各种弧形、线形、壳型、层次错落的艺术效果，使得整个建筑与自然融为一体。

5.技术创新激励机制

（1）更新"广西建工第五建筑工程集团有限公司科技创新奖励标准"，在经济上对重大成果的主要研发人员进行奖励。

（2）加大绿色施工技术创新所占的考核指标权重。

（3）将每年7月设为"人才·科技·创新"月，烘托企业科技创新氛围。

二、技术篇

（一）基于调配优化运筹学线性规划模型的土方平衡技术

1. 背景

场地平整与土方运输是项目前期施工的重要工作内容，一个好的场地土方策划可通过前期规划，了解场内的土方开挖量与土方回填量，尽量通过土方的场内运输来达到土方的开挖与回填平衡，使土方的外运量达到最小，尤其是占地面积宽广的项目，做好整体土方平衡工作能为项目节约大笔的资金投入和工期的损耗。BIM是基于三维数字设计和工程软件所构建的"可视化"数字建筑模型，运用于土方平衡工作可将收集到的原始地貌数据生成可视的具体模型，可生成各关键节点场地动态模型，为土方平衡的实现提供技术支持。

2. 技术特点及难点

工程占地面积约656亩，地势高低起伏，最大高差达60多米，21个单体工程星罗棋布，依山傍水，路网桥梁横亘交错。施工中具有以下特点和难点：

（1）工程面积大，土方工程挖填量计算方法及现场土方量调配保持土方工程量挖填平衡计算复杂，减少重复倒运和机械台班的计算难度高。

（2）本项目处于丘陵山地，高陡边坡，平均高度20.8m，最高约为32.5m，坡率为45°，长度4682m，建筑广阔均匀分布在山脚至山顶的山地，边坡支护易受冲刷、易坍塌。

（3）项目施工临时道路长达4.2km，做到无污染、无积水又减少施工道路成本成为施工难题。

（4）采用传统测量定位定出开挖点，施工效率低，人工、机械成本费用高，带来极大安全隐患。

（5）需要多种BIM软件的相互协作，需克服各软件间兼容等问题，协调使用难度大。针对上述特点难点，采用了一系列措施及创新技术。

3. 主要施工措施

1）BIM模型的可视化仿真应用

将场地模型以"imx"的格式文件导入到Infrawoeks中，在"配置"选项卡中选择坐标系，导入最终场地模型。在Lumion中对已导入的场地模型进行材质的赋予和场地的绿化（图10.5）。

图10.5 在Lumion中场地的最终表现

本工程全面利用BIM技术指导施工，BIM技术从施工模拟、可视化应用、资源管控、质量管理等方面对施工进行了全方位的分析和指导，解决了现场施工管理中的一系列问题。

2）复杂地势的土方平衡研究与应用技术

百色干部学院项目场地位于百色盆地内，总用地面积为41.93万m²，包含21个单体建筑。原地貌单元属于右江左岸Ⅰ级阶地，为缓丘坡地，地面高程为103.400～180.900m，地形坡度为10°～30°，地形起伏较大，在此复杂地势下的土方平衡施工有着显著的特点与难点。针对此特点与难点，我们对百色干部学院及景观配套工程的土方平衡在数据采集、土方量计算、土方调配等方面进行研究，采取了一系列措施。

（1）大场地复杂地貌数据采集与分析

原始地面标高采集与分析：

①设计地形图绘制（建立设计曲面）：根据设计图纸和三维坐标参数，建立施工区域三维地形图。

②实际地形图绘制（建立实际曲面）：采用全站仪和GPS等坐标测量仪器，根据设计边界线区域及施工区域等高线图进行测量方案的制定和测量准备，确定测量点的高差和平面距离，等高线稀疏地段点间距采用10～20m的间距、等高线密集区域采用5～10m的间距进行数据采集，测量数据为三维坐标（$X/Y/Z$），数据采集后生成TXT文件直接输入电脑中，利用Civil 3D生成一个自然曲面。

③地形图数据的复核：采用Civil 3D软件对采集的数据按照等高线的分布进行辨识和判断，可以直接查找出某个区域地形图的错误，随即进行二次复测和数据修正，形成Civil 3D场地地形图（图10.6）。

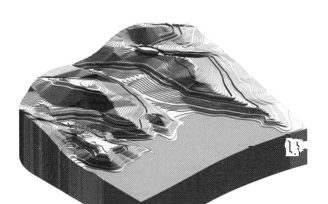

图10.6　三维场地模型

（2）土方工程挖填量计算方法研究

①土方挖填密实性分析

由于土壤的可松性，天然密实土挖出来后体积将扩大（称为最初松散），将这部分土转到填方区压实时，压实后的体积也比最初天然密实土的体积要大，因此挖方体积并不等于填方体积，还需考虑到外运弃土量以及内运埋土量（包括建筑基槽开挖土方量等）。

②飞时达软件在土方量计算中的应用研究

将项目相对应的CAD地形数据测量图载入飞时达软件中，运用原始数据工具中的地形数据转换功能，通过选择样本图元功能识别出全部原始高程点，运用原始数据工具中的设计控制点及等高线数据转换功能，分别通过选择样本图元功能和范围自动采集，选择识别出相应的地形测量数据。识别出的原地形高程点、设计地形等高线，复杂地形下边界极不规则，三角格网模型计算土方可以克服传统方法的弊端，还能避免有的土方计算软件只能计算总土方量而无法精确计算挖方量和填方量的问题。通过绘制区域与选取区块相结合确定计算范围。

③基于Civil 3D的土方工程量计算的应用研究

Civil 3D辅助设计软件计算土方工程量实际主要是通过将原始地形数据创建的原始地形曲面与设计的地形曲面进行对比分析，然后利用软件的体积公式计算出两曲面的体积，最后求差值得出土方工程量的计算结果。在原始地形曲面的创建过程中，Civil 3D软件可以通过多种数据类型进行原始地形曲面的创建，如实地测量所获得的地形高程点数据、地形等高线数据、地形三维特征线数据等。

④优化后的克里格空间插值法工程量计算的应用研究

运用ANSYS有限元软件建立场地模型并进行高精度网格划分，提取出各节点坐标（高程点），进行网格优化，对其进行内角的标准偏差优化和空间形状优化，再融合优化后的克里格空间插值法为核心理论算法，最后运用Matlab软件编程对比分析出适合的变异函数理论模拟模型。设部分已知高程点未知，根据Matlab编程软件模拟，首先将克里格插值球形变异函数拟合值、指数变异函数拟合值和原变异值进行对比，确定变异函数类型；然后通过变异函数类型的择优选取，将具有和不具有校正的克里格插值曲线模拟数值与实际数值进行对比；最后通过对比球状模型拟合曲线和指数模型拟合曲线离散点的三种变差函数曲线，结果显示球形模型具有比指数模型更高的拟合精度，所以选择球状曲线拟合模型为克里格插值法理论计算模型。未优化校正克里格插值误差范围基本集中在5～7m范围内，其值普遍大于范围值集中于-3.8～4m的已优化校正克里格插值误差，可知相比未优化校正的克里格插值法，具有校正的克里格插值法更有效地减少了插值算法误差。采用具有校正的克里格插值法，运用Matlab编程运算可较准确地得出各楼块开挖土方量。

3）复杂地势下的土方量调配方法研究及施工

（1）基于运筹学的土方调配计算

土方调配优化的运筹学线性规划模型如下：设有m个挖方区W_i（$i=1$，2，…，m），按计划方案，其开挖土方量分别表示为S_i（$i=1$，2，…，m）；有n个填方区T_j（$j=1$，2，…，n），设计需要填方量分别为d_j（$j=1$，2，…，n）；从i到j平均运输距离为C_{ij}。若用X_{ij}表示从i挖方区调运到j填方区的土方量，则在土方挖填平衡条件下，土方的总运输量最少；若m_{ij}为从i到j的单位土方单价，则总运费最低方案的目标数学模型为：

$$\min \omega \sum_{i=1}^{m}\sum_{j=1}^{n} c_{ij}x_i = s,t \begin{cases} \sum_{j=1}^{n} x_{ij} = a_i \ (i=1,2,\cdots,m) \\ \sum_{i=1}^{m} x_{ij} = b_j \ (j=1,2,\cdots,n) \\ x_{ij} \geqslant 0 \ (i=1,2,\cdots,m; \ j=1,2,\cdots,n) \end{cases}$$

（2）总平施工运距优化技术

根据土方挖填施工方案需要在不同的土方挖填区域布置施工道路，由于工程原始地面标高起伏较大，不同施工区域的地质情况并不相同，则需要对土方运输道路进行布置模拟，选择道路起伏平缓、可利用次数多的道路布置方案。

利用BIM技术进行山地道路布置，对一个区域到另一个区域同时布置多条模拟道路，在Civil 3D中建立场地道路模型，逐一比对转角设置，并进行第一人视角漫游，分析转角合理性，优化道路转弯点，修正道路标高和坡度，解决道路拐角不合理的情况，并结合土方挖填施工方案使布置道路尽可能多地能重复利用，从而确定最优道路。

在明确土方运输量和土方运输道路后，可以利用BIM技术灵活地对施工机械进行布置模拟，通过具体的土方运输量、土方运输距离及运输时间安排挖掘机、压路机及运输车辆等施工机械，避免不合理的安排造成施工机械的浪费。

（3）施工过程优化

施工前期制定的土方挖填施工方案是一个趋于理想化的施工方案，在实际施工过程中有可能遇到天气因素的制约或者是工期节点的变化而导致施工区域先后发生变化。因此，施工进度模拟技术在受环境制约的条件下，应充分发挥出全程控制作用，为避免影响工程进度，在保证安全的前提下，利用施工进度模拟重新制定短期内的抢工措施，重新规划近期及远期的土方调运方案，保证施工工期。停工期间的计划工程量在模型中合理分配，考虑近期和远期的开挖和弃土场地，优化调运路线。

同时为了保证绿色施工，必须注意：

①土方开挖自上而下，先将表层植被、杂物及弃土层移除，再将挖出来的可利用土方回填到指定区域。

②废弃物运输到业主指定地点，与多余的土方分开堆放。

③待挖至接近地面设计标高时，要加强监测，在挖方区域边界根据方格桩设置高程控制桩，并在控制桩上挂线，挂线时要预留一定的碾压下沉量3～5cm，使其碾压后的高程与设计高程一致。

④收集的地下室回填土的土料必须符合要求，选定的土源取15～20kg送试验室，进行标准击实试验并确保土样最大干密度和最佳含水量，以此作为控制回填土质量指标。

4.效益分析

百色干部学院项目成功将BIM技术应用到土方平衡施工当中，不仅提升了土方施工的施工效率，还为将来BIM技术在建筑施工中的全面应用积累了宝贵的经验，具有良好的社会效益。

BIM技术指导施工在土方挖填、土质分析、运距控制等诸多增加建设成本项中有明显控制作用。

通过BIM技术的引入，大大提高了土方平衡工程施工效率，大幅度减少了施工过程中的机械折损和返工率。

利用土方平衡技术进行施工，减少了机械投入、返工整改、土方开挖及外运，同时使工程的质量得到显著提高，土方总挖方147万余立方、总填方量128万余立方，合计节约费用5704886元。

5.技术先进性

百色干部学院工程采用山地开发与土方平衡关键技术，在满足安全使用功能的前提下，克服山体土质不均、坡地坡度陡峭、交通不便等不利因素，充分保护场地内原有自然水域和植被、保证绿化用地面积、提高城市整体观感效果。受到建设单位、设计单位和施工单位人员的青睐，为我国绿色施工和环境保护创造出社会和经济效益。

本项目攻关所形成的技术成果对于在山地建筑施工的同行提供了良好的借鉴，促进了山地建筑开发施工技术的发展，对建筑行业科技进步具有较大推动作用，该技术将是很有发展前景的一种施工技术。

（二）大高差陡坡免脚手架支护植草绿化一体化技术

1.背景

随着城市的扩张，进入山地开发是一种发展趋势。随之而来的是：地形高差大、水土保护、边坡支护、土方量平衡等设计、规划问题。我公司以百色干部学院工程为对象，进行山地建筑群落的施工技术研究。

本项目所处的场地地势高低起伏，地形高差较大，背山面水，自然形成三个高地和两个谷地。项目总体布局依山就势，建筑多采用错层跌落式布局，道路两侧边坡则采用坡率法开挖放坡，尽量保护场地内原有自然水域和植被，保持土方平衡。

2.技术特点及难点

该项目位于丘陵山地，高陡边坡，平均高度20.8m，最高约为32.5m，坡率45°，长度4682m，建筑广阔均匀分布在山脚至山顶的山地；土质上半部为湿陷性黄黏土，下半部为强风化泥岩，给边坡支护带来了很多的困难。易受冲刷、易坍塌，需要及时进行支护，项目因工期紧，从开挖完毕到投入使用仅4个月，所以常规的支护方法难以满足本项目的要求。

旧有的护坡技术是："框格客土绿化法"。其工艺为：在陡峭的岩质边坡面上利用工程锚杆固定和钢筋混凝土梁板形成种植槽，在槽内的种植土上种植乔灌木及爬藤类植物。存在的问题有：锚杆与钢筋混凝土梁板的施工周期较长，操作过程中易出现土方边坡滑坡、坍塌；投入大，成本高，需要动用钢管脚手架、大型机械配合施工；整体观感较差，占用绿化用地面积，不利于整个工程的经济调控和环境美化。

3.主要施工措施

1）新型固土技术施工步骤

（1）土钉锚固体，由土钉、定位器、砂浆组成。通过植入土体内部，利用土钉锚固体的刚度、抗拉强度固化边坡表层土方。

（2）利用植生板、土钉锚固体、固定钉的共同作用，实现隔离客土、固化原土，抵抗土体的侧应力，有效地防止边坡表层客土、深层土体的位移变形（图10.7）。

（3）在植生板受力薄弱区增加"U形"固定钉辅助加固、传递应力（图10.8）。

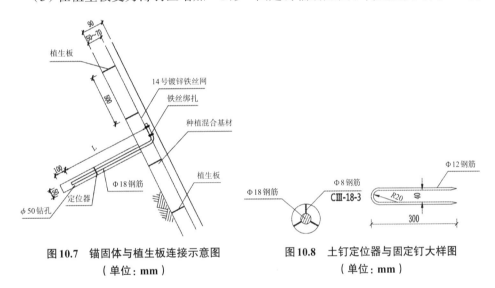

图10.7　锚固体与植生板连接示意图（单位：mm）　　图10.8　土钉定位器与固定钉大样图（单位：mm）

（4）木龙骨的间距由土钉锚固体的位置间距以及客土覆盖的厚度、边坡坡率进行受力计算后确定。

（5）土钉锚固体施工流程：土面成孔→安放土钉钢筋→注浆→在土钉外部安装木龙骨→捆绑牢固→覆土种植。

2）免脚手架技术施工步骤

（1）在山坡的顶部，设置地锚或者固定点，作为锚固端，供安全绳捆绑、锚固使用。地锚可以选取5年生乔木，也可以用长度1.0m的$\phi 48.3 \times 3.6$mm钢管，锚入地下制作而成。

（2）斜坡面上的作业人员顺着安全绳，从高处的锚固端进入作业面，有效地保证人员行走作业安全（图10.9）。

（3）土钉锚固体必须达到设计强度的30%，方可让作业人员踩踏，进行下一道工序施工。

图10.9　边坡免脚手架作业图

3）陡坡植草技术施工步骤

（1）利用植生板止水挡土。多排植生板将整个陡坡斜切面分隔成若干个阶梯状的生长带。生长带内的土壤各自独立受力，上层土传来的压力较小，可忽略不计。水平设置的植生板还具有止水保水作用，从而保证土壤中的水分更利于生长带内植被的生长。

（2）铺设金属网固化种植土。种植土层外部覆盖金属网，一方面，约束覆土层变形，另一方面，在外表面形成一层种植土保护层，确保了覆土层的厚度，并减少水土流失。

（3）草籽在相对稳定的土壤中生长，更利于根系长入原状土中，可通过盘根错节的联系，使表土固结与土钉锚固体共同作用，有力地保障边坡的稳定性。

（4）草类植物宜选用根系发达、生长能力强的多年生草，本工程根据现场环境情况选用狗牙根混播黑麦草。

4）高坡植草自动喷淋技术

（1）距离坡顶3～5m的位置，水平布置固定式浇水喷头，间距控制在10m左右。喷头选用喷淋范围为5m的旋转喷头。

（2）旋转喷头离地高度控制在800～1000mm，使用ϕ16钢筋地锚辅助扶植固定。喷头立管与钢筋地锚使用2mm直径的铁丝捆绑固定。

（3）将养护用水与施工用水管道相结合，选用邻近的施工用水接驳点作为养护水源，在水泵房安装定时继电器，设置为每天定时喷淋。

（4）在养护水源处安装人工开关，可根据天气具体情况增加喷淋次数，针对节水目标，独立设置一个计量水表，有效统计正常养护用水量。

（5）种植层铺设完毕的24小时后，自动喷淋系统开始作业。

5）综合覆膜技术

（1）无纺布的主要作用是减少坡面水分蒸发，改善种子发芽所需的生长环境，防止鸟禽啄食种子，同时还可以减轻强降水（大雨）对种子的冲刷。

（2）根据施工期间气候情况及边坡坡率，确定在喷播土层表面层覆盖单层或多层无纺布，进一步改善种子的生长环境，确保发芽率。无纺布的规格亦可根据具体气候条件选用，本工程选用规格为$129g/m^2$的无纺布。

（3）播种完成后立即覆盖无纺布。无纺布搭接处不宜少于150mm，每片无纺布的头尾均用铁丝丁或竹签加以固定，并撒上少量的细砂或细土压边。

（4）在15天左右，当草苗长至3～5cm时应趁阴天或下午3时以后，及时掀去无纺布，经一夜露水提苗，使幼苗能尽快适应大自然的气候环境（图10.10）。

图10.10　边坡绿化效果图

4.效益分析

利用新型植草绿化技术，施工过程进展顺利、工艺技术完善，确保了工期、质量和施工安全，能快速有效完成施工任务并能降低施工成本，更利于节地、节材、环境保护，共计绿化78657m²斜坡，减少框格费用239.904万元，减少养护费用11.798万元。

5.技术先进性

（1）安装轻便：使用的材料轻便，无须使用起重机械辅助。工序少，施工周期少，劳力投入少。

（2）投入得更少：绿化工程与支护工程相重叠，采用了永久绿化设计来替代支护工作，避免了支护的二次投入。创造一个绿意浓郁的边坡生态环境，改善园区道路的景观，符合现行环境要求。

（3）安全系数高：在45°陡坡上施工无须脚手架作业，利用安全绳的保护，用植生板作为踩踏点，使得安全性更有保障。

（4）可循环再利用：施工过程中的材料，可再回收利用。固定钉、无纺布在植草层发挥护坡作用后可回收，再投入下个工程。

（5）边坡防护性能好：初期采用土钉加固体＋植生板，约束土体变形，实施绿化作业后，草根与灌木的生长形成地面网系，有效防止地表径流冲刷，而且根系深入原状坡面深层，使坡面土体、金属网层与植被发达的根系共同组成坡面防护体系，对坡面的稳定起到重要的作用。经过权威专家鉴定，其技术达到国内领先水平。

（三）生态道路及海绵校园技术

1.背景

百色干部学院项目工程占地面积656亩，绿化面积28万 m^2 ，水域面积11万 m^2 ，是典型的园林式建筑群落。在如此庞大而复杂的生态系统中，沟通各个空间的道路在遵循适用、朴实、生态、现代等设计原则的要求下，需要考虑学院建筑使用功能上的特点，准确而有序地处理空间形态、交通流线及功能配置上的相互关系，这无疑给道路的施工标准提出了很高的要求。

对此，百色干部学院项目绿色施工技术研发团队研究了道路的设计要求，研发了生态道路及海绵校园技术，在大大增加了道路植草的存活率、提高了绿化面积的同时，使路面拥有类似于海绵一样吸水的特性，使路面干燥不易滑到，减少了传统柏油路面的突兀感，为学员营造出典雅舒适、安全便捷、尺度宜人的校园环境（图10.11）。

图10.11　生态校园局部图

2.技术特点

生态道路及海绵校园技术的核心技术主要有三点：（1）基于BIM的网格植草排版技术；（2）结构与园林一体化施工技术；（3）路面整体积水渗透施工技术。

该技术的适用范围主要是流水丰富、山体或是土质松软地区的园林景观工程，该项技术有下列几个特点：

（1）运用BIM样板技术进行深化设计，因地制宜地合理利用山地资源优势，根据道路的走向及路面障碍物，应用BIM技术将植草网格合理化排版，检查不合理之处并完善综合模型，直观地展示出设计样板的效果图，并通过可视化技术交底指导施工。

（2）因地制宜，结构与园林一体化：在河道地势高低处设置钢筋混凝土水坝，形成水体高差，让流水自然跌落。外表采用叠石装饰，上层景石将自重传递给下层景石，下层景石再将上部荷载及自重传递给悬臂式混凝土挡墙，最后悬臂式混凝土挡墙将全部上部荷载及自重传递给地基。合理利用了山地资源优势，施工方便快捷，可有效保护当地生态资源。

（3）道路整体渗透防积水：网格植草型生态道路分成植草层、稳定找平层、碎石层三层，通过材料的合理化级配，使各层结构既能让排水沟饰面满足承载力要求又有足够的孔隙率使排水沟顶部水能在卵石饰面层自然渗透进入排水沟，保持卵石饰面干燥无积水。

（4）排水沟格栅盖板整体渗透防积水：将粒径、颜色符合设计要求的卵石搭配混合后铺设于盖板表面形成卵石饰面，利用自身重力镶嵌在盖板上，无须使用砂浆将卵石进行固定，使各层结构既能让排水沟饰面满足承载力要求又有足够的孔隙率使排水沟顶部水能在卵石饰面层自然渗透进入排水沟，保持卵石饰面干燥无积水，装饰效果好，绿色环保，排水渗透效果均符合要求。

3.主要措施及其详细科学技术内容

1）基于BIM的网格植草排版技术

通过BIM模型进行网格预排版，在满足设计外形、观感以及使用功能、安全功能的前提下，在建材选择、构造做法、结构形式、排版方式、设计图示等方面进行优化。设计优化的深度以满足安装高效和快捷、节能、低成本为标准。

（1）首先选择出非主要通车路段，用于制作网格植草型生态道路，并绘制出划分示意图。根据原有设计道路承载力，对网格植草型生态道路的网格排版可能出现的直线路段、弯道路段、道路障碍物等几种情况分别进行考虑。

（2）再根据植草格裁剪进行深化设计，植草格在裁剪时，所保留的部分必须形成完整的六边形且保有扣接键。若六边形由中间切断，在受到道路的竖向荷载及横向挤压力时，该植草格受力将不均匀，容易发生形变，受到破坏（图10.12）。

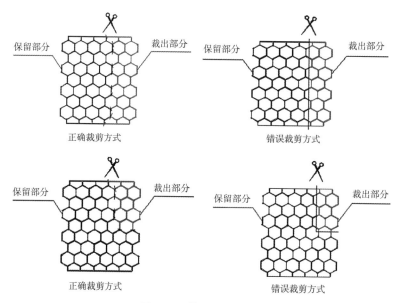

图10.12　裁剪方式示意图

（3）虚拟裁剪后剩余植草格进行重复利用，排版选择最优方案，做到浪费最小化。

2）结构与园林一体化施工技术

创新性地将钢筋混凝土结构与自然水体园林景观手法相结合，在河床上设置悬臂式混凝土挡墙作为坝体基础结构，再将错落堆叠的景石与其相结合，形成一体式结构，通过这种方式解决传统做法地基不稳定、溪水流动不自然等问题，截水、引水效果好，营造出了自然的跌水瀑布景观。

在河道地势高低处选址，设置悬臂式钢筋混凝土挡墙作为一体式景观坝体基础结构，并通过回填土的方式半埋入河床中，以达到截水、形成水体高低差的目的。

挡墙垫层底部用打夯机重复来回夯实，将松软土压实，进而将规则毛石平铺在已夯实完成的结实土层上，再浇筑混凝土垫层，以保证基础结构稳定。

在挡墙背水面堆叠景石形成装饰面层，并与挡墙一起构成园林一体化悬臂式叠石景观水坝，同时有效利用景石自重整体抗倾覆（图10.13）。

依山顺势将河道两侧土进行分层开挖，将叠石与土层相嵌合，形成整体园林景观。

3）路面整体积水渗透施工技术

百色干部学院项目绿化道路主要为植草砖路面道路，原植草砖路面道路存在排

图10.13 河堤岩石间空隙防水砂浆填补

水性差、路面常有积水、排水沟影响美观等问题，我公司结合工程实际情况，通过材料的合理化选择，使各层结构既能使道路满足承载力要求，又有足够的孔隙率使路面水能在植草格生态道路自然渗透，保持道路表面干燥。其主要原理为：

（1）生态道路主要分成植草层、稳定找平层、碎石层三层（图10.14）。

图10.14 生态道路完成效果图

植草层为道路面层，虽然道路绿化面积大，但草皮标高略低于植草格面层标高，且草皮弹性较大，因此主要由植草格承受道路传递来的荷载。

稳定找平层由细骨料颗粒组成，可使植草层与稳定找平层紧密接触，当受到植草格传递而来的荷载时，将荷载较均匀地向下传递。

碎石层由粗骨料与细骨料混合而成，作为道路基层使用，由于网格植草型生态道路柔性较大，无须担心路面断裂，因此碎石层无须做刚性处理，即不用混入水泥。

（2）排水沟格栅盖板卵石饰面层主要由格栅盖板、密目塑料网片、卵石构成，定位件主要为角钢（图10.15）。

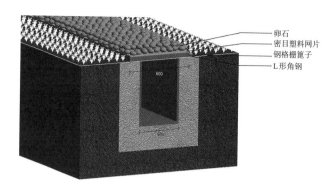

卵石
密目塑料网片
钢格栅笼子
L形角钢

图10.15 网格植草型生态道路排水设计图

密目塑料网片经裁剪后直接铺设在格栅盖板上,起到了过滤、防堵、增大卵石粒径范围的作用,操作简单,易拆卸,可重复利用。

卵石为主要装饰材料,选取粒径、颜色符合设计要求的卵石均匀混合后散铺于密目塑料网片上。

4.环保效益分析

生态道路及海绵校园技术是广西建工第五建筑工程集团有限公司根据百色干部学院及景观配套工程"绿化面积大,道路积水多"的特点而开发的绿色施工技术。项目采用本技术后节约混凝土、植草砖等材料费用约115万元,节约人工费约90万元,节约各项施工成本总计约220万元,极大减少了人力和施工资源的消耗,在环保节能方面做出了突出贡献。同时,生态道路路面增大了绿化面积,减少了扬尘和污染、净化了空气;叠石水坝的设计,充分利用现有山地资源,与整体建筑外观设计相结合;整个道路施工符合绿色施工环保要求,是人与自然和谐发展道路上的一次重要创新(图10.16)。

图10.16 生态道路校园效果图

5. 与同类技术的比较

该技术融合了路面植草、溪流景观、道路排水技术，在完美实现设计师构想的同时有效地减少人工费、材料费和机械费，技术可复制性强，整合了行业内相关同类技术，达到了技术创新的目的。通过本技术的应用，很好地实现了设计意图，完美诠释了"绿色生态"的设计理念，受到设计、监理、业主单位及地方政府和自治区党委的高度认同，为我公司树立了典范效应，提升了社会影响力。

（四）钢木结构施工技术

1. 背景

广西百色干部学院5号楼（国际交流中心），采用了重型木结构建筑体系，其中木结构节点的连接是木结构设计、施工的重要环节。传统的木结构杆件连接技术多采用榫卯连接、钉连接、螺栓连接，其承载力有限，不利于木结构建筑抗震，而且耐久性较差、加工精度较高。同时，钢齿板钉在木构件表面不美观，特别是在复杂木结构节点处齿板重叠，很难实现视觉上高品质要求。为了弥补上述木结构安装的不足，百色干部学院项目绿色施工技术攻关团队通过工艺创新，从承载力、破坏形式、破坏机理及观感性能方面进行分析，研发了钢木结构施工技术，在节点连接上进行创新，采取承插式铁件增强节点强度，实现精确定位安装，保证质量的同时加快了施工进度，解决了木结构工期紧张、加工安装困难的问题。该技术的成功应用为我公司在绿色建筑的施工方面积累了大量经验。

2. 技术特点

钢木结构施工技术的难点是如何提高木结构节点的安装质量，该技术先使用临时支架固定各种木质构件，再采用承插式钢件连接木质构件，通过铁件传递杆件内部应力，使其结合为一个共同受力的整体。承插式铁件作为节点连接件（图10.17），工厂预制加工成型，整体性好，安装简单快捷，节约了人工，适用性广，是项目绿色施工技术创新的一个典型。其关键点是承插式钢木连接技术，木结构建筑各主要受力杆件的节点位置上采用铁件进行接长、支承，铁件与杆件的连接方式采用承插式安装固定，通过铁件传递杆件内部应力（图10.18）。所述的钢构件有以下几种做法：

（1）钢件定位：用水准仪测量调整锚板标高，确定柱脚连接件的竖向位置；用全站仪测绘定位头尾木柱轴线的两点位置，拉通线，并根据轴线与连接件的关系，用墨斗弹出柱脚承插连接件底部焊接钢板的中心"十"轴线，确定柱脚连接件的焊接平面位置。

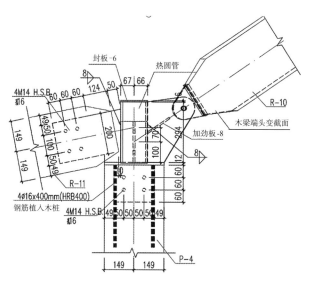

图10.17 承插式铁件原理图（单位：mm）

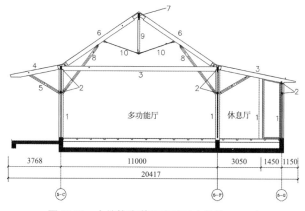

图10.18 木结构安装顺序编号（单位：mm）

（2）柱脚节点安装：在现场加工场内，将承插式铁件对准连木柱底面的槽孔插入，并用螺栓穿过柱底两侧的孔洞固定木柱和铁件，吊装后在承插式铁件和钢底板交接处满焊固定。

（3）梁柱节点安装：在地面安装木斜梁和木斜撑的承插式铁件并用螺栓锁住，在脚手架作业平台上安装木柱顶部和中段的承插式铁件并用螺栓锁住固定；将吊运的檐口木斜梁调整位置后插入木柱顶承插铁件，木斜梁另一端用脚手架钢管和方木临时支撑；将木斜撑吊运至檐口下，两端承插式铁件分别与檐口木斜梁中段、木柱中段的承插式铁件用销轴铰接锁住，形成稳定的三角形；最后将木梁吊至对应位置后连接木柱上部钢件并用螺栓固定。

（4）屋脊节点安装：屋面木斜梁的搁置端插入承插式铁件，并用螺栓锁住，承插式铁件再分别插入屋脊节点的另三根木斜梁并用螺栓锁住，屋脊节点与相邻四周柱顶节点形成稳固的四角锥，节点上的其他木梁吊装连接该钢片并用螺栓固定。

木结构整体安装效果如图10.19所示。

图10.19　木结构整体安装效果图

3.环保效益分析

钢木结构施工技术是广西建工第五建筑工程集团有限公司根据百色干部学院项目5号楼（国际交流中心）重型木质结构体系而研发的绿色施工技术。该技术采用本地木材，减少了运输加工费2.82万元；节点处承插式铁件起到接长、支承作用，增加了传统木结构建筑的可靠性，缩短了人工工日10天，汽车式起重机租赁10个台班，在节能节材方面做出了突出贡献。木质建筑体现了传统中式建筑体系古朴的特质，拉近了人与自然的距离，使得行业木结构设计理念得到了丰富，加快了现代木结构建筑的发展，为绿色生态文明建设提供了强大助力。

4.与同类技术的比较

传统木结构建筑常常出现节点变形、木构件安装偏位、木构件外形尺寸偏差、木构件端部劈裂、节点木构件腐蚀、节点连接件锈蚀等问题，使得木结构方案不得已被放弃。本公司研发的钢木结构施工技术通过安装型钢支架、水平木龙骨、条杆及打磨清量等工序，将木结构节点的安装合格率升至93.17%，缩短了工期，减少了资源浪费。该技术使得钢构件隐藏于木质结构之中，让整体结构造型显得更古朴、美观，是行业绿色施工技术的一个重要创新，达到国内领先水平。

第三部分　总结

一、技术成果的先进性及技术示范效应

百色干部学院及景观配套工程项目，根据设计理念、工程规划及工程施工技术难度进行绿色施工技术创新，共计获得5项专利授权，其中发明专利3项，形成8部省部级工法，在国内各大期刊发表论文9篇，并形成多项关键技术。

结合设计规划，依山就势、因地制宜，形成的"基于调配优化运筹学线性规划模型的土方平衡技术""大高差陡坡免脚手架支护植草绿化一体化技术""百色干部学院工程山地开发与土方平衡关键技术及应用"通过科学技术成果评价均达到国内领先水平。

结合自然环境保护与民族特色、红色文化相融合理念，形成可循环利用的清水砖饰面墙施工技术、便捷式节水干挂花饰墙施工技术、环境融合型仿石铝合金幕墙施工技术，"原生水系与建筑群落融合平衡关键技术研究与应用""山地建筑基础施工与自然资源保护关键技术研究与应用"和"基于BIM的建筑装饰铝合金安装关键技术及应用"三项关键技术通过科学技术成果评价均达到国内领先水平。

结合整体规划与山水环境和谐统一理念，形成生态道路及海绵校园技术，包含网络植草生态道路施工技术、结构与园林一体化悬臂式叠石景观水坝施工技术和排水沟格栅盖板卵石饰面层施工技术等众多绿色创新技术，这些技术均属于原始性创新技术，在行业内达到领先水平。

结合当地建筑元素，就地取材，形成钢木结构施工技术，"施工现场节材与材料资源利用技术研发与应用"和"预制木结构组合式安装关键技术研究与应用"通过科学技术成果评价均达到国内领先水平。

以上绿色创新技术在国内和广西地区起着示范性效用，成功地在其他项目中得到推广应用，效果甚佳，百色干部学院及景观配套工程项目也因此获得2017年度中国建设工程施工技术创新成果奖、住房和城乡建设部绿色施工科技示范工程，以及2018年度中国建筑工程鲁班奖等荣誉。

二、工程节能减排综合效果

百色干部学院及景观配套工程项目通过组织创新、管理创新、绿色建造技术创新，制定节能减排整体目标及细化目标，进行项目精细化管理，进行节能减排过程管控与数据收集，最终得到如下各项数据（表10.2～表10.7），节能减排效果显著。

建筑垃圾量化表   表10.2

序号	类型	目标值	实际完成
1	建筑垃圾总量	每万 m^2 建筑垃圾产生量不大于300t；回收利用率大于60%	每万 m^2 建筑垃圾产生量小于280t；回收利用率大于80%
2	基础阶段建筑垃圾产生量	每万 m^2 建筑垃圾产生量不大于300t；回收利用率大于60%	每万 m^2 建筑垃圾产生量小于280t；回收利用率大于80%
3	钢构阶段建筑垃圾产生量	每万 m^2 建筑垃圾产生量不大于150t；回收利用率大于80%	每万 m^2 建筑垃圾产生量小于130t；回收利用率大于80%
4	墙板阶段建筑垃圾产生量	每万 m^2 建筑垃圾产生量不大于250t；回收利用率大于60%	每万 m^2 建筑垃圾产生量小于220t；回收利用率大于80%
5	装饰阶段建筑垃圾产生量	每万 m^2 建筑垃圾产生量不大于300t；回收利用率大于60%	每万 m^2 建筑垃圾产生量小于270t；回收利用率大于80%

节能照明灯具配备情况   表10.3

统计项目		目标要求值	实际完成值
节能与能源利用	节电设备配置率	节电设备（设施）配置率达到80%	节电设备（设施）配置率达到87.5%

因为百色地区属于光热充沛、日晒时长较长地区，可再生能源利用率较高，节电效果较为突出，体现在下表中。

可再生能源利用情况统计情况   表10.4

统计项目		目标要求值	实际完成值
节能与能源利用	可再生能源利用率	项目建设期省电80000kW·h	项目建设期省电94000kW·h

本工程因地理位置偏僻，道路不通畅，交通运输调配难，水电供应不足，时常出现停水断电现象，绿色创新技术对工程工期的影响不明显，但可节约大量的人力资源，在工期紧、工作环境艰苦、工作强度大等条件下，广西建工集团第五建筑工程有限责任公司发挥铁军精神，高质量超额完成了各项施工任务，树立了地区典范形象。

节水与水资源利用表　表10.5

序号	施工阶段	节水与水资源利用目标值		节水与水资源利用实际完成值	
1	办公、生活区	50000m³	桩基、基础施工阶段：15000m³；主体结构施工阶段：18000m³；二次结构装饰施工阶段：17000m³	52040m³	桩基、基础施工阶段：15520m³；主体结构施工阶段：18890m³；二次结构装饰施工阶段：17630m³
2	生产作业区	25000m³	桩基、基础施工阶段：6500m³；主体结构施工阶段：9800m³；二次结构和装饰施工阶段：8700m³	28710m³	桩基、基础施工阶段：7320m³；主体结构施工阶段：11530m³；二次结构装饰施工阶段：9860m³
3	整个施工区	75000m³	桩基、基础施工阶段：21500m³；主体结构施工阶段：27800m³；二次结构和装饰施工阶段：25700m³	80750m³	桩基、基础施工阶段：22840m³；主体结构施工阶段：30420m³；二次结构装饰施工阶段：27490m³

非市政自来水利用量　表10.6

检查项目		目标要求值	实际完成值
节水与水资源利用	非市政自来水利用量占总用水量	非市政自来水利用量占总用水量≥30%	非市政自来水利用量占总用水量为36.6%

节材与材料资源利用表　表10.7

序号	主材名称		预算量	定额损耗率（损耗量）	目标损耗率（损耗量）	实际消耗量（损耗量）
1	钢材	钢筋	11958.14t	2%（239.16t）	1.4%（167.41t）	1.35%（161.43t）
		钢结构	9129.87t	6%（547.79t）	4.2%（438.23t）	2.14%（195.38t）
2	商品混凝土		127876.5m³	1.5%（1918.15m³）	1.05%（1342.70m³）	0.98%（1254.2m³）
3	木材		98819.95m³	5%（4941.00m³）	3.5%（3458.70m³）	3.31%（9270.9m³）
4	砌体		14618.42m³	1%（146.18m³）	0.7%（102.33m³）	0.65%（95.0m³）
5	墙板材料		99380.58m³	5%（4969.03m³）	3.5%（3478.32m³）	3.25%（3229.9m³）
6	围挡等周转设备（料）		重复利用率≥80%			87%
7	就地取材≤500km以内		占总量的≥90%			95%
8	建筑材料包装物回收率		建筑材料包装物回收率100%			100%
9	工具式定型模板		使用面积不小于模板工程总面积50%			66.5%
10	钢筋工厂化加工		80%以上的钢筋采用工厂化加工			85%

三、社会、环境效益

百色干部学院及景观配套工程在创优上荣获中国建设工程鲁班奖、中国建筑工程装饰奖、中国建设工程施工技术创新成果奖、广西建设工程"真武阁杯"奖、广西优质结构奖、广西区安全文明工地、上海市优秀工程设计一等奖、广西建设科技示范工程等荣誉，获得社会各界广泛关注和认可，是广西建工第五建筑工程集团有限公司树立西南部地区建筑施工龙头企业、全国一流建筑服务商的形象工程。可为后续地势复杂多变条件下施工、土方平衡施工、植草支护绿化一体化施工、园林景观工程施工、清水饰面墙施工、生态道路及海绵校园施工、红色文化及民族特色建筑施工等提供技术借鉴、管理借鉴以及创新创优借鉴。

四、经济效益

百色干部学院及景观配套工程通过管理创新，研发和实施了基于调配优化运筹学线性规划模型的土方平衡技术、大高差陡坡免脚手架支护植草绿化一体化技术、可循环利用的清水砖饰面墙施工技术、便捷式节水干挂花饰墙施工技术、环境融合型仿石铝合金幕墙施工技术、生态道路及海绵校园技术、钢木结构施工技术等绿色创新技术，不仅实现了"四节一环保"目标，而且实现了安全文明施工、绿色施工、质量创优目标，据统计，节约成本1300多万元，相对于工程总造价，至少节约1.1%的施工成本。

专家点评

百色干部学院及景观配套工程，位于百色起义根据地百色市，是典型的山地建筑群。将百色干部学院历史背景与建筑物相融合，群体建筑大小21个星罗棋布，工程选址的环境和建筑之间相互依附，特色突出，造就了"三山两溪，一湖二谷"的建设格局，整体规划与山水环境和谐统一。项目以现代的空间布局手法和技术手段融合传统建筑聚落空间和当地建筑元素，就地取材，营造出"院中有景，景中有院"的当地民俗风情。设计含两溪六级跌水、湖泊、绿地、湿地、透水园路，驳岸具备"渗、滞、蓄、净、用、排"等功能，具有一定的弹性和适应环境变化的能力，提升景观环境，造就海绵校园。

1.应用规划模型调配优化土方平衡

本项目占地面积大、地形复杂、地势起伏，为精准地进行土方施工，项目采用三维数字设计和工程软件所构建的"可视化"建筑模型，使用Civil 3D进行土方量估算，采用了土方精准平衡技术，减少了弃土，有效地保护了土体资源，省工省时，节约了成本。

2.保护自然生态并融入施工过程

（1）采用支护植草绿化一体化技术，绿化工程与支护工程相重叠，采用永久绿化设计来替代支护工作，避免了支护的二次投入。创造了一个绿意浓郁的边坡生态环境，改善了园区道路的景观，保护自然生态环境的同时美化了园区。

（2）生态道路及海绵校园技术：

①利用网格植草排版技术，增大道路路面的绿化面积，减少了扬尘和污染，净化了空气；

②结构与园林一体化施工技术：充分利用现有山地资源，与整体建筑外观设计相结合，采用节约资源的施工方法营造出适宜的园林景观；

③路面整体积水渗透施工技术：依据当地的地理环境，通过设计优化改变了原有的排水性差、常有积水等问题，使路面水能在植草格生态道路自然渗透，保持天然水的自然吸收和道路干燥。

3.改变传统工艺优化复杂施工节点

本工程采用传统的木结构杆件连接技术，难以实现复杂木结构节点处齿板重叠，很难实现视觉上高品质要求。通过设计优化采用钢木结构技术，精确定位安装，弥补了木结构安装的不足，解决了木结构工期紧张、加工安装困难的问题，节材、节能、省工省时。

本工程通过设计优化和方案优化，施工过程很好地实现了绿色施工理念，能够因地制宜，在环境生态保护和节材节能、人力资源节约方面取得了很好的经济、社会和环境效益。

项目在施工全过程中融入了绿色施工理念，特别是在保护自然生态环境方面，取得了很好的示范作用，在同类工程施工中值得借鉴与推广。

11
上海深坑酒店工程

第一部分　工程综述

一、工程概况

1.工程简介

辰花路二号地块深坑酒店工程位于佘山国家旅游度假区，是我国首个下沉式酒店，入选为"世界十大建筑奇迹"（图11.1）。该酒店是由一座五星级深坑酒店及相关附属建筑组成，酒店及其附属建筑共40万 m²，其中深坑酒店建筑面积61087m²，坑上2层，坑内16层（其中水下永久2层），酒店客房337套，总投资额20亿。项目开工于2011年6月1日，于2018年11月15日开业。

图11.1　项目效果图

2.项目概况

本工程±0.000m相当于绝对标高4.800m，主体建筑由三部分组成：地上部分、地下至水面部分及水下部分，各部位的高度、建筑面积及建筑功能详见表11.1。

建筑概况一览表　　　　　　　　　　　　　表11.1

部位		高度	建筑面积	建筑功能
地上部分2层		10m	12508.9m²	中心大堂，宴会中心及餐饮娱乐中心
地下至水面部分	坑外地下1层（局部2层）	6.85m（8.00m）	5126.7m²	机房及后勤服务用房
	坑内（坑下）14层	42.9m	37423m²	客房区
水下部分2层		10.4m		特色客房区及水下餐厅
建筑整体		84.772m	61087m²	五星级酒店

地下至水面的建筑依崖壁建造，各楼层建筑平面两侧均为圆弧形曲线客房单元，中部的竖向交通单元将两个曲线单元连成整体，不设抗震缝。两侧圆弧形曲线客房单元沿径向的竖向剖面也呈现不同的曲线形态。

本工程主体建筑设计于地质深坑内，临崖壁建造。坑顶地下室部分采用钢筋混凝土嵌岩钻孔灌注桩+桩基独立承台+连系梁；在坑内主体结构拟采用分块箱形基础结合筏形基础，基础持力层为弱风化基岩（安山熔岩）。酒店主体结构采用带支撑钢框架–钢筋混凝土剪力墙结构体系。

3.自然条件

本工程处于天马山及横山之间，为采石遗留深坑，坑内及坑边为岩石。深坑围岩由安山岩组成，收集雨水后成为深潭。深坑近似圆形，上宽下窄，面积约36800m²。其周长约1000m，东西向长度为280m左右，南北向宽度为220m左右，深度最深约80m，深坑崖壁陡峭，坡脚约80°（图11.2）。

图11.2　坑底原貌照片

4.工程相关方

建设单位：上海世茂新体验置业有限公司

设计单位：华东建筑设计研究院有限公司

监理单位：上海同济工程项目管理咨询有限公司

勘察单位：上海地矿工程勘察有限公司

施工单位：中国建筑第八工程局有限公司

二、工程难点

1.设计理念

这个废弃多年的矿坑和周围的青山绿水非常不协调。松江市政府将深坑及周边附属区域整体发标，决定在此修复大地伤痕，变废为宝，使之绽放震撼和美丽。最终由世茂集团的酒店概念中标。建筑设计聘请了世界顶级设计师Martin Jochman带领的阿特金斯团队担任建筑设计。项目获得2011亚洲国际房地产大奖（MIPIM Asia 2011）授予的中国最佳未来项目（Best Chinese Futura Projects Awards）奖项、2013国际酒店大奖（International Hotel Awards 2013）授予的中国最佳酒店建筑设计（Best Hotel Architecture China）、亚洲最佳酒店建筑设计（Best Hotel Architecture Asia Pacific）以及全球最佳酒店建筑设计（Best International Hotel Architecture）奖项等。

深坑酒店灵感来自于中国太极图像（图11.3），天人合一，人与自然和谐共处。深坑酒店主体结构采用双曲异形结构设计，左翼外凸、右翼内凹，中间曲面瀑布型幕墙结构分割，显示出深坑酒店外立面的曲线美。整条玻璃立面从地面延伸到坑底，形如瀑布倒挂而下（图11.4），气势磅礴，在与坑底潭水衔接的部分，有聚宝盆之意。设计师考察了四周地形后，认定此处应是"坐山向水"的立向方法。立极点在瀑布玻璃立面的起水处，坐东北艮位，呼应远处艮位的佘山、辰山；朝向西南坤位，以深坑底部水潭为内明堂，以横山为护砂。坐向乃艮山坤向（图11.5）。

图11.3 深坑酒店太极灵感 　　**图11.4 瀑布幕墙** 　　**图11.5 深坑酒店坐向**

2.施工难点

（1）80m陡峭深坑内，无法修建通向坑内的行车道路，人员、材料、机械垂直运输难度大，80m采石深坑内垂直运输系统无成熟可靠技术可借鉴，若不研发新型垂直运输系统，人、材、机运输将消耗大量的能源及人工。

（2）陡峭硬岩高边坡治理加固难度大，深坑崖壁边坡坡度约80°，坑深约80m，加固支护如此坑深坡陡的硬岩边坡，国内罕见。需要项目管理人员开发一套处理坑底爆破碎石的措施以减少垃圾外运压力。

（3）深坑内双曲异形结构施工难度大，深坑酒店结构形式为两点支撑的钢框架结构，突破了现有规范，且其整体造型立面、平面均为双曲线型，对结构变形要求极高。主体结构施工将大大影响场地内平面布置。

（4）永久性水下超长超厚混凝土结构裂缝控制及耐久性要求高。坑底基础设计为大体积梯田式回填混凝土基础，混凝土厚度最厚处达19m，为超大超厚大体积混凝土，施工难度大。永久处于水下的2层混凝土结构环向长度约225m，由于其永久处于水下，抗渗及耐久性要求高，给施工带来很大挑战。

（5）崖壁经采石与加固施工后，生态环境破坏殆尽，与坑内非建筑区自然环境极不协调，在风吹、雨淋、日晒等自然环境作用下，生态环境极难自我修复；坑内水系补给、风场变化、崖壁热辐射等物理环境复杂，极不利于景观营造。

第二部分　工程创新实践

一、管理篇

1.组织机构

深坑酒店项目成立了以公司专家顾问团、科技管理部门为保障，项目管理班子为研发主力，各参建单位全力支持的研发机构，如图11.6所示。

2.管理制度

为确保工程绿色建造的顺利进行，项目管理层组织编制了相关管理制度21项，见表11.2。

3.重大管理措施

针对环境保护、节材与材料资源利用、节能与能源利用、节水与水资源利用、节地与施工用地保护和人力资源节约与职业健康安全等方面，制定了相关的措施，见表11.3。

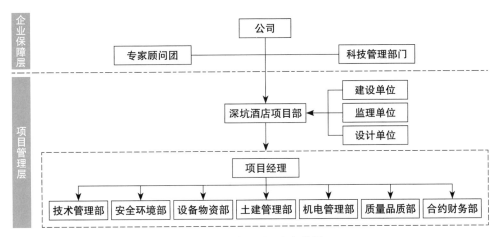

图11.6 研发团队组织机构图

管理制度一览表 表11.2

序号	制度名称
1	建筑垃圾回收利用制度
2	施工现场清扫洒水制度
3	土方开挖阶段防止扬尘制度
4	扬尘污染管理制度
5	有害气体排放管理制度
6	水土污染管理制度
7	噪声污染管理制度
8	光污染管理制度
9	施工固体废弃物控制管理制度
10	环境影响控制管理制度
11	办公用品管理制度
12	废料回收管理办法
13	节材与材料资源利用管理制度
14	限额领料制度
15	节能与能源利用管理制度
16	节水与水资源利用管理制度
17	节地与施工用地保护管理制度
18	场地布置及临时设施建设管理制度
19	作业条件及环境安全管理制度
20	职业健康管理制度
21	卫生防疫管理制度

管理措施表

表11.3

序号	类别	项目	目标值	实际值	措施
1	环境保护	PM2.5/PM10控制	各施工阶段，PM2.5/PM10不超过当地气象部门公布的数据值	PM2.5/PM10小于当地环境部门检测值	(1) 施工大门内设置洗车池，所有现场车辆均冲洗干净后才能出工地大门。大门外的市政道路也设置专门的清洁人员，随时进行道路的清扫，并设置道路清洗车进行清洗，避免出入车辆对场外道路的污染。 (2) 现场施工环道采取喷雾降尘和人工洒水措施，方便车辆通行且可减少扬尘。施工作业区和生活区设置专门的清洁人员，现场设置洒水车，保持道路湿润。现场裸土采用种植及绿网覆盖的方式防止扬尘。 (3) 根据在工地大门口设置的灰尘监测记录显示，现场施工期间PM2.5及PM10未超过当地气象部门公布的数据值
		噪声与振动控制	各施工阶段昼间噪声≤70dB，夜间噪声≤55dB	各施工阶段昼间噪声监测昼间噪声≤70dB、夜间噪声≤50dB	(1) 施工现场四周设置封闭围挡，将容易产生噪声污染的分部工程尽量安排在白天进行，避免夜间噪声扰民，施工现场选用低噪声设备。 (2) 木工加工区及混凝土浇筑地泵采取设置隔音棚等隔声措施，极大程度地降低了噪声污染。 (3) 现场设置4处噪声监测点，定期对施工场界噪声进行监测，将监测噪声控制在限值以内
		其他	污水排放：pH值6～9	污水排放：pH值6～9	按要求每周对排放污水进行pH试纸检测，及时监测污水排放情况
			光污染：符合国家环保部门的规定，不发生周边单位或居民的投诉	未发生周边单位或居民的投诉	(1) 必要的夜间施工，合理布置现场照明，塔式起重机等照明灯必须有定向灯罩，能有效控制灯光方向和范围，在保证施工现场施工作业面有足够光照的条件下合理调整灯光照射方向，减少对周围居民生活的干扰，严禁随意使用高强度照明设备。 (2) 夜间施工人员严禁使用手电筒等照明器具随意照射。 (3) 在高处进行电焊作业时应采取遮挡措施，避免电弧光外泄。 (4) 钢筋等切割作业施工时采取遮挡措施
2	节材与材料资源利用	节材措施	就地取材，距现场500km以内生产的建筑材料用量占建筑材料总用量的70%	距现场500km以内生产的建筑材料用量占建筑材料总用量的70%	(1) 钢筋由公司集采供货，优先选用现场500km以内厂家 (2) 商品混凝土、加气块、干混砂浆等主要建筑材料优先选用现场500km以内厂家供货

续表

序号	类别	项目	目标值	实际值	措施
2	节材与材料资源利用	周转材料	工地临房、临时围挡材料的可重复使用率达到70%	工地临房、临时围挡等材料的可重复使用率达到70%	(1) 工地临时办公用房、生活区、现场围挡等均使用公司统一调拨的物资，提高周转率。(2) 现场临时防护采用可周转定型化防护，方便拆卸周转
		资源再生利用	建筑材料包装物回收率100%	建筑材料包装物回收率100%	制定建筑材料包装物回收制度，指定回收位置，项目部定期监督巡查，提高回收率
		材料损耗	主材损耗率比定期定额损耗率降低30%	主材损耗率比定期定额损耗降低30%	(1) 提前深化设计，优化施工方案，合理选择施工机械器具。(2) 强化方案交底，技术交底工作，加强现场施工管控，减少材料损耗
3	节能与能源利用	施工用电与照明	施工用电与照明采用的节能照明灯具使用率达到80%	施工用电与照明采用的节能照明灯具使用率达到90%	(1) 进行临时用电设计策划、施工用电及生活区用公区位置设置合理。(2) 合理选用节能照明设备，施工用电与照明选用节能灯具，生活区、办公区室外照明采用太阳能照明设备，室内照明采用节能灯具
4	节水与水资源利用	提高用水效率	节水设备（设施）配置率100%	节水设备配置率100%	施工现场生产、生活用水使用节水型生活用水器具，生活用水标识；盥洗室、卫生间采用节水型水龙头，低水量冲洗便器或缓闭冲洗阀等，防止长流水，节约用水
		非传统水源利用	非传统水源和循环水的再利用量大于30%	非传统用水为34.4%	非传统水利用，由于深坑酒店位于80m深的采石坑中，施工过程中需要将坑底积水及时排空，故深坑内所收集的雨水可用作洗车池的循环用水、混凝土养护用水、坑底种植绿化用水、大门道路打扫的卫生清扫用水
		其他	万元产值耗水量控制在6m³之内，非传统水源占总用水量的6%	万元产值用水量为2.95m³，养护用水节约52.47%	提前策划，严格控制万元产值耗水量，充分利用周围非传统水源，做到绿色环保、低碳无害

续表

序号	类别	项目	目标值	实际值	措施
5	节地与施工用地保护	临时用地指标	临建设施占地面积有效利用率大于90%	临建地下室阶段为99.76%，主体结构阶段为97.29%	荒地堆土，临时道路结合正式道路；钢构件工厂加工，减少现场加工用地；合理安排施工工序，严格制定材料加工及进场计划，降低现场构件堆场用地需求量。 （1）对基坑施工方案进行优化，减少土方开挖和回填量，最大限度地减少对土地的扰动，保护周边自然生态环境。 （2）红线外临时占地应尽量使用荒地、废地，少占用农田和耕地。工程完工后，及时对红线外占地恢复原地形、地貌，使施工活动对周边环境的影响降至最低
6	职业健康安全与人力资源节约	职业健康安全	危险作业环境个人防护器护备率100%	危险作业环境个人防护器具配备率100%	（1）建立个人防护器具购买台账，根据现场需求计划提前购买个人防护器具。 （2）建立个人防护器具发放台账，确保危险作业人员防护器具配备率达到100%
			对身体有毒有害的材料及工艺使用前应进行检测和监测，并采取有效的控制措施	对身体有毒有害的材料及工艺使用前进行检测和监测，并采取有效的控制措施	（1）优先选用对身体无毒无害的环保材料及工艺。 （2）进场材料需厂家提供环保检测报告，并按要求进行材料复试。 （3）对身体有毒有害的材料及工艺施工前配备防护措施，并做好监测。如：电焊施工配备焊工手套、护目镜；油漆施工配备防毒面具等
			对身体有害有毒的粉尘作业采取有效控制	对身体有害有毒的粉尘作业采取有效控制	（1）现场采取裸土覆盖、洒水车、雾炮机、围墙喷淋、塔式起重机喷淋、外架喷淋等形式进行有效扬尘控制。 （2）优先选用粉尘较小的新材料、新工艺。 （3）装饰阶段粉尘较大的板材切割工序在指定位置进行，并定期洒水清扫，加强排风措施，操作人员佩戴好防护措施
		人力资源节约	总用工量节约率不低于定额用工量的3%	总用工量节约率约为定额用工量的3.5%	（1）分阶段合理制定施工进度计划及劳动力需求计划。 （2）加强深化设计，优化施工方案，采用先进施工工艺及技术，实现人力资源节约

二、技术篇

针对上海深坑酒店工程，创新的绿色施工技术有：采石深坑陡峭强风化崖壁加固及稳定性检测技术、两点支撑式双曲复杂钢框架结构施工技术、陡峭崖壁（80m）深坑酒店工程功能适用性提升技术、陡峭崖壁（80m）深坑酒店工程施工垂直运输技术、废弃采石深坑内环境修复与改造技术，见表11.4。

创新绿色施工技术

表11.4

序号	技术难点	技术研究内容
1	崖壁经过长年累月的荷载变化和风化作用，崖壁岩石表面已全风化，且不规则的崖壁和坑底与坑内主体结构在局部位置存在碰撞问题，需采用爆破的方法将松散岩面剥离或将碰撞部位岩石挖除，但坑深坡陡，且爆破不允许对保留岩体及坑顶已施工结构产生扰动，因此施工前对爆破效果的模拟计算精度要求高，现场施工时对爆破安全及质量要求高	采石深坑陡峭强风化崖壁加固及稳定性检测技术
2	深坑酒店主体钢结构通过坑顶桁架与坑外裙房结构连接，为确保桁架稳固，在坑顶沿崖壁设有混凝土大梁支座。由于大梁较长、截面尺寸较大、混凝土标号较高，施工期容易产生较大的收缩应力而造成混凝土开裂，造成大梁承载能力降低；并且大梁内钢筋排布较密，设有支座预埋件及预应力锚索，节点复杂	两点支撑式双曲复杂钢框架结构施工技术
3	发生火灾时，人群密集、相互干扰，导致在人流疏散过程中行进速度缓慢，同时，基于深坑酒店独特的地理环境，紧急情况下的人员疏散不同于常规高层建筑；酒店客房层间偏置，导致排水立杆层层弯折，排水通畅性受到严峻考验；深坑酒店三面环河，地势低洼，防排洪系统优劣直接影响建筑安全	陡峭崖壁（80m）深坑酒店工程功能适用性提升技术
4	由于崖壁陡峭，无法修建通向坑底的道路，坑内主体结构施工所需材料（混凝土 54431m³、钢筋 3689t、模板 60375m²、木方 905m³、钢管 10000m、钢结构 6846t）不能直接运至坑底，需要新型物流系统将人员、材料运至坑中，新型物流输送系统研制难度大，混凝土须沿陡峭不规则崖壁向下输送80m，再水平输送约200m，常规方法无法实现，国内外无相关参考案例	陡峭崖壁（80m）深坑酒店工程施工垂直运输技术
5	为尽可能恢复崖壁原有的面貌，决定采用垂直绿化种植技术进行崖壁植被修复，垂直绿化面积总计5820m²，包括南北两块加固崖壁，由于种植崖壁面位于地平线以下，其光照条件及温湿度等与地面以上有较大差异，而且常规垂直绿化安装面为平整的建筑立式，无法保证固定效果，深坑内环境修复与改造技术难度大	废弃采石深坑内环境修复与改造技术

1.采石深坑陡峭强风化崖壁加固及稳定性检测技术

1）施工难点

崖壁经过长年累月的荷载变化和风化作用，崖壁岩石表面已全风化，且不规则的崖壁和坑底与坑内主体结构在局部位置存在碰撞问题，需采用爆破的方法将松散岩面剥离或将碰撞部位岩石挖除，但坑深坡陡，且爆破不允许对保留岩体及坑顶已施工结构产生扰动，因此施工前对爆破效果的模拟计算精度要求高，现场施工时对爆破安全及质量要求高。

2）施工要点

研究出预裂爆破+浅孔爆破相结合的方法，控制爆破有害效应，保持围岩稳定（图11.7）。针对80m陡峭崖壁，提出采用预应力锚索+普通锚杆+挂网喷射混凝土的综合支护体系，保证崖壁安全。针对边坡存在断层的情况，采用固结注浆加固，减少地表水流入断层，保证边坡稳定（图11.8）。

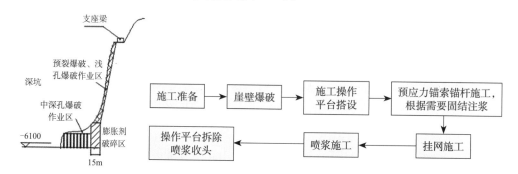

图11.7 爆破方法分区示意图

图11.8 陡峭风化崖壁加固处理施工总体流程图

创新性地采用3D扫描+BIM技术，模拟每层锚索、锚杆的位置，再根据锚索、锚杆施工基准线确定施工角度，避免与坑顶基桩碰撞，提高了施工效率和锚索施工质量（图11.9）。

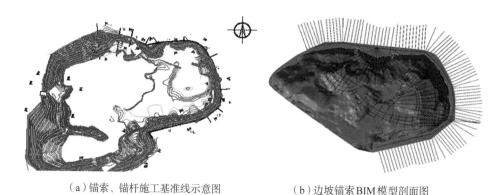

（a）锚索、锚杆施工基准线示意图　　　　（b）边坡锚索BIM模型剖面图

图11.9 锚索、锚杆入岩位置和角度控制示意图

采用有限元软件进行三维模拟分析，研究边坡支护前后的应力、位移及稳定性情况，通过强度折减法计算安全系数。同时，对边坡进行实时监测，通过模拟计算值和现场实测值的对比分析，评估边坡的稳定性（图11.10）。

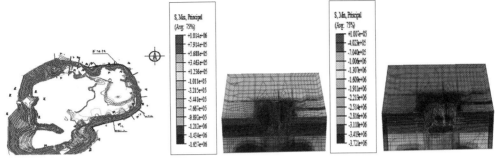

图11.10 高边坡稳定性数值分析

3）应用效果

节地方面：采用预裂爆破＋浅孔爆破、中深孔爆破、静态挤压爆破等方法，最大限度减少了对爆破区域岩石地层的影响。

节材方面：将爆破产生的碎石，用于坑底回填，碎石回填量达1万m³。采用碎石回填，减少了后期坑内营造水体景观的用水量。

节能方面：爆破碎石用于坑底回填后，避免了碎石外运，节省了机械台班消耗，有效节约了能源。

4）技术先进性

研究出陡峭风化崖壁加固处理技术，通过加固，边坡的安全系数提高了7.63％；采用的BIM＋3D扫描技术，通过模拟锚索、锚杆入岩位置和角度，解决了锚索、锚杆与坑顶基桩碰撞的难题，提高效率20％。

2019年1月，委托上海市浦东科技信息中心对"深坑近崖壁建筑关键施工技术"进行了国内外科技查新与科技咨询，其中陡峭风化崖壁（80m）爆破、加固综合处理技术，BIM＋3D扫描技术模拟锚索、锚杆入岩位置和角度均未见相关报道，具有新颖性和创新性。

2. 两点支撑式双曲复杂钢框架结构施工技术

1）施工难点

本工程结构为带支撑钢框架结构体系，主体塔楼大部分位于深坑内，标高从-64.6m至+10m。酒店平面分为A区和B区，其中A区立面为双向侧倾，B区立面为单向侧倾，通过地下一层的钢桁架与坑外地面结构连接，如图11.11所示。坑外为裙房部分，结构形式为钢框架结构。主体总用钢量约6846t，楼承板56330m²。主体结构塔楼部分，框架柱为圆管钢柱，截面规格主要为$\phi 600 \times 25$、$\phi 600 \times 22$、$\phi 600 \times 20$、$\phi 550 \times 28$、$\phi 550 \times 25$、$\phi 550 \times 22$、$\phi 550 \times 20$、$\phi 750 \times 35$，材质为Q345-B和Q345GJ-B。钢梁最大截面规格为H1600×450×28×40，斜撑最大截面规格为□$500 \times 250 \times 30 \times 10$。坑下一层桁架截面高度为5m，最大跨度为30.1m（TR-5A），最大重量为38t（TR-5C含立柱重），弦杆最大截面规格为H$700 \times 450 \times 30 \times 35$，腹杆最大截面规格为H$500 \times 500 \times 30 \times 35$，下弦杆最重为8.6t（TR-5C），钢梁、斜撑、桁架材质均为Q345-B。坑外地上裙房部分，钢框架柱截面规格主要为$\phi 750 \times 35$、$\phi 550 \times 28$，材质为Q345-B。钢梁最大截面规格为H$1400 \times 350 \times 20 \times 32$，材质为Q345-B。

图11.11 钢结构示意图

2）施工要点

（1）坑内倾斜主体钢结构"框架先行、楼板后筑"施工方法

采用Midas Gen软件模拟分析施工工况，提出了"框架先行、楼板后筑"的施工方法，如图11.12所示。坑内底部7层，钢框架支撑体系、楼承板、楼层混凝土依次流水施工；坑内上部7层，钢框架支撑体系和楼承板形成流水施工，待主体钢结构与坑顶大梁相连形成整体受力体系后，再由下向上浇筑楼层混凝土，如图11.13所示。

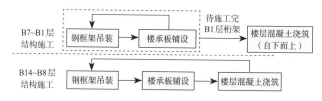

图11.12 "框架先行、楼板后筑"施工顺序

图11.13 主体钢结构与坑顶大梁相连示意图

（2）利用红外热成像技术监测钢管柱内混凝土密实度

采用红外热成像技术对钢管柱中混凝土浇筑全过程进行监控，利用混凝土入模温差，通过钢管壁温度的变化监测管内混凝土的浇筑情况，如图11.14所示。

（a）实景图　　（b）钢柱开始浇筑　　（c）钢柱浇筑过程中　　（d）浇筑完成后

图11.14　红外热成像技术测温控制示意图

（3）近崖壁超大、超长地基大梁施工技术

采用跳仓法进行坑顶大梁施工，同时采取增加梁底防水卷材厚度、增设抗裂钢筋等措施，达到超大、超长无变形缝混凝土结构裂缝控制的效果；利用BIM技术对坑顶大梁预埋件复杂节点进行优化设计，模拟施工，解决梁内钢筋和预埋件的碰撞问题，如图 11.15所示。

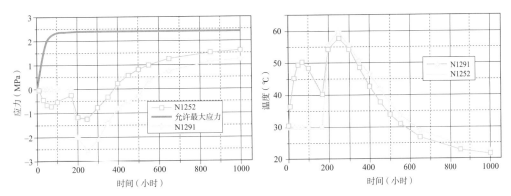

图11.15　跳仓法施工大梁内部应力、温度时程示意图

3）应用效果

通过利用钢结构施工过程关键技术，验证施工部署的合理性，并严格按照经过验证合理的施工部署进行钢结构施工，较好地控制了钢结构施工过程中的位移和变形，保证了结构的安全稳定性。

4）技术先进性

（1）提出了"框架先行、楼板后筑"的施工方法，解决了两点支撑式双曲钢框架结构P-Δ效应控制难题。

（2）通过红外热成像技术监控施工期钢管壁温度变化，解决钢管混凝土密实度控制难题，以及倾斜钢结构"框架先行、楼板后筑"的施工方法，均未见相关报道，具有新颖性和创新性。

3.陡峭崖壁（80m）深坑酒店工程功能适用性提升技术

1）施工难点

发生火灾时，人群密集、相互干扰，导致在人流疏散过程中行进速度缓慢，同时，基于深坑酒店独特的地理环境，紧急情况下的人员疏散不同于常规高层建筑；酒店客房层间偏置，导致排水立杆层层弯折，排水通畅性受到严峻考验；深坑酒店三面环河，地势低洼，防排洪系统优劣直接影响建筑安全。

2）施工要点

（1）研发了陡峭崖壁深坑酒店工程消防疏散系统

深坑酒店在地面、坑底均设有室外消防环网及疏散平台。通过对消防疏散模拟分析、人员疏散实战演练，提出了坑内顶部3层向坑上疏散、其余楼层向坑下休息平台疏散的逃生路线，并结合智能消防控制系统，提升消防疏散效率，保障人员安全，如图11.16所示。

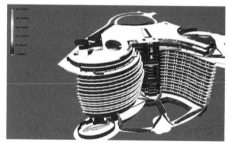

图11.16　深坑酒店消防疏散模拟分析

（2）研发了陡峭崖壁深坑酒店工程排水系统

针对排水立管弯折影响排水通畅性的问题，提出了双立管排水方式，即单双层分别接入两根立管，有效解决了排水不畅的问题。研发出异形管道精细化加工方法，结合BIM三维深化、放样技术，解决了不规则管道的加工、安装难题（图11.17）。

（3）研发了陡峭崖壁（80m）深坑酒店防排洪系统

提出了一种深坑内建筑水位监测控制系统，并在坑顶布置景观挡水墙，坑内设置水位监测装置（图11.18）。根据天气预报获取未来7天降雨量，进行水位模拟，将模拟结果反馈至控制系统，结合内、外双循环水净化系统，控制湖水水位。

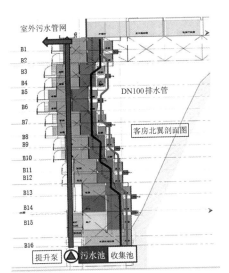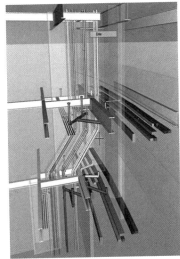

图11.17 陡峭崖壁（80m）深坑酒店工程排水系统

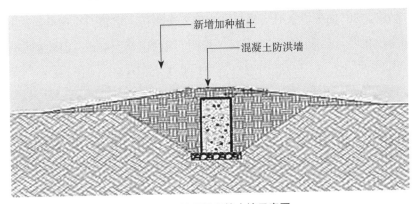

图11.18 坑顶景观挡水墙示意图

3）应用效果

考虑到人员反应时间、人流密度、行进路线上阻碍的墙体等因素设计疏散路线，通过MassMotion软件得出用时最短、效果最佳的一条疏散路线，得出结论为：在1'10"时，各楼层需要通过消防楼梯疏散的人员均已到达楼梯区域；在10'30"时，酒店所有人员均疏散至室外。通过模拟分析，计算出最佳疏散路线以及所需的疏散时间，对于组织深坑酒店人员疏散工作具有一定参考价值。污废水经切割泵处理后通过提升泵排至室外污水管网。经数值模拟与试验分析，确定提升泵参数：提升高度90m，提升流量150m³/h，为国内首例。

4）技术先进性

（1）通过消防疏散模拟分析、人员疏散模拟演练，优化逃生路线，提高疏散效率约10%。

（2）研究出单双层分别接入两根立管的双立管排水方式和异形立管精细化加工方法，解决了排水立管偏置工况下的排水不畅难题，提高安装效率22%。

（3）提出了一种深坑内建筑水位监测控制系统，通过景观挡水墙、水位监测、雨量预测等，进行湖水水位控制，保证建筑安全。

通过消防疏散模拟分析和疏散演练优化消防控制系统逃生路线，通过双立管单双层接入解决排水难题，以及深坑内防排洪水位监测系统，均未见相关报道，具有新颖性和创新性。

4. 陡峭崖壁（80m）深坑酒店工程施工垂直运输技术

1）施工难点

深坑酒店主体结构混凝土方量达到54431m³，混凝土输送需要先在近乎直壁的边坡向下输送80m，并在坑底水平输送至约200m的范围，常规汽车泵无法实现坑内混凝土输送（经调查，上海市场已有汽车泵最大臂长为66m，无法完成）。固定泵向下80m、坡脚约80°向下输送时，极易产生混凝土离析、堵管，且崖壁边坡断面不规则，表面为风化岩，泵管固定困难，且无先例（国内记录为42m，但较难实现）。

2）施工要点

（1）混凝土向下超深（80m）多级接力输送施工技术

首次提出了使用多种常规方法组合接力向下超深（80m）输送混凝土的思路，发明了汽车泵+溜槽+固定泵的"三级接力"混凝土输送技术，研制出了特制溜管+溜槽的"全势能多级组合一溜到底"混凝土输送技术，解决了深坑内混凝土的运输难题，如图11.19所示。设计了溜管缓冲支架、溜管螺旋缓冲装置、管底"缓冲靴"、缓冲料斗等缓冲消能装置，保证混凝土在向下输送过程中不因流速过快

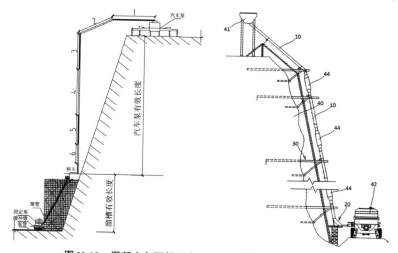

图11.19　混凝土向下超深（80m）多级接力输送施工技术

而发生离析现象,如图11.20所示。通过试验,确定向下超深输送混凝土的性能控制要求:混凝土到场坍落度为210±10mm,粗骨料粒径为5~20mm,砂率为0.47±0.01。

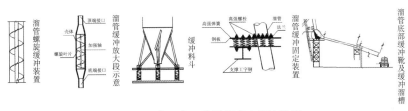

图11.20 超深向下输送混凝土缓冲装置

(2)附着于不规则崖壁(80m)施工升降机设计与安装技术

发明了一种80m深坑内施工升降机不规则崖壁附着系统(图11.21),包括组合基础设计、崖壁附墙设计、崖壁顶部连接钢平台设计,实现了常规施工升降机在80m陡峭崖壁上的附着,解决了深坑内人员与材料的垂直运输难题。

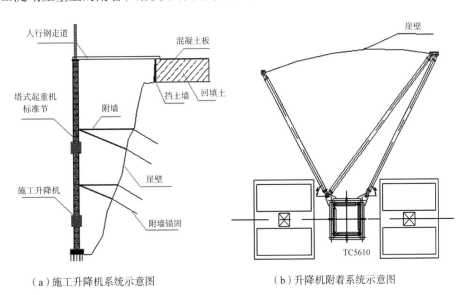

(a)施工升降机系统示意图   (b)升降机附着系统示意图

图11.21 不规则崖壁(80m)施工升降系统设计示意图

(3)临空崖壁边塔式起重机基础应用技术

发明了临空崖壁边塔式起重机基础设置及桩基入岩的快速判断方法(图11.22),通过数值模拟分析(图11.23),确定了塔式起重机基础到崖边的最短距离、塔式起重机基础的合理形式以及塔式起重机基础的合理持力层深度,解决了临空崖壁边塔式起重机应用安全性和经济性相矛盾的难题。

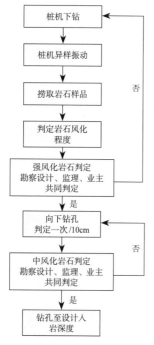

图 11.22　桩基入岩判定流程

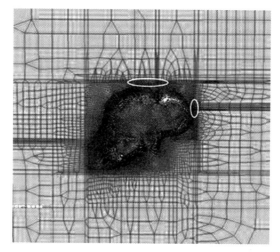

图 11.23　崖壁塔式起重机共同作用数值分析

3) 应用效果

经理论分析与现场试验发明了混凝土向下超深三级接力输送施工技术, 利用汽车泵+溜槽+固定泵的方式解决了陡峭深坑近崖壁边混凝土向下超深 (80m) 输送的问题, 解决了混凝土向下超深输送时易堵管、易离析、成本高和缓冲等难题, 且混凝土各项性能指标合格, 保证了工程施工进度, 同时也为今后混凝土向下超深输送施工提供了一定的借鉴与参考。在临空崖壁边, 基岩风化程度不均, 塔式起重机布置需考虑临空崖壁的稳定性及塔式起重机在陡峭崖壁边不同岩性条件下基础嵌岩钻孔灌注桩的入岩机械选择和入岩判断方法, 经模拟验算和现场试验, 结合经济性和施工范围进行塔式起重机布置和型号选择。塔式起重机在整个施工过程中安全运行, 崖壁监控正常, 确保了工程施工安全和工程进度, 同时也为今后此类临空崖壁边塔式起重机应用提供了一定的借鉴与参考。

实践表明, "三级接力" 和 "一溜到底" 两套混凝土输送装置可以在复杂地形条件下稳定高效地实现超深向下混凝土输送, 且建造和运行成本相对较低, 具有良好的经济性, 为今后类似施工提供了宝贵经验。

4) 技术先进性

(1) 首次提出了使用多种常规方法组合接力向下超深 (80m) 输送混凝土的思

路（三级接力、一溜到底），解决了深坑内混凝土运输的难题。

（2）发明了一种80m深坑内施工升降机不规则崖壁附着系统，解决了深坑内人员与材料的垂直运输难题。

（3）发明了临空崖壁边塔式起重机基础设置及桩基入岩的快速判断方法，解决了临空崖壁边塔式起重机应用安全性和经济性相矛盾的难题。

三级接力、一溜到底混凝土输送技术，80m深坑内施工升降机不规则崖壁附着系统，临空崖壁塔式起重机应用技术，均未见相关报道，具有新颖性和创新性。

5.废弃采石深坑内环境修复与改造技术

1）施工难点

由于种植崖壁面位于地平线以下，其光照条件及温湿度等与地面以上有着较大差异，需要对坑内环境做针对性检测，为后续苗木选择提供依据。常规垂直绿化安装面为平整的建筑立面，而深坑崖壁外表面高低起伏较大，常规的种植毯固定方式无法保证固定效果，需根据崖壁实际情况对原有的加固方式进行优化改进。深坑崖壁自然环境无法为植物提供稳定的水源，必须采取辅助措施进行灌溉。

2）施工要点

（1）不规则崖壁面垂直绿化种植技术

综合利用环境质量检测与环境模拟技术（日照时长模拟、风速模拟）辅助进行植物选型，保证崖壁绿化的存活率，如图11.24、图11.25 所示。通过试验确定崖壁布袋式绿化土壤理化性状要求，见表11.5。创新性采用经特殊改良后的布袋式垂直绿化种植技术进行崖壁植被修复，将种植毯锚固在事先已固定于崖壁的不锈钢网片上，用金属压边条固定种植毯周边并嵌密封胶，解决了传统布袋式垂直绿化技术无法适应极端异形立面的问题。

（2）深坑内水环境改造提升综合施工技术

创造性地提出了内、外双循环水净化系统：外循环系统主要满足景观湖的补水，利用一体化水处理设备将横山塘河的河水处理达标后通过人工瀑布进入景观水体；内循环系统兼有制造人工瀑布景观和净化水体的作用，如图11.26 所示。通过设置内、外双循环水，解决了坑内补水、换水与崖壁景观相协调的难题。通过水体净化技术的集成创新，形成深坑水体标准化净化流程。通过在湖内设置提水曝气机，促进水体交换，完成湖水充氧，消化分解水底沉积污染物；辅以综合生物控藻剂，分解水中有机物，控制氮、磷积累，抑制水体表面藻类繁殖及生长。

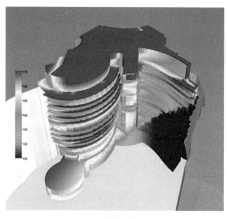

图11.24　日照数值模拟分析图

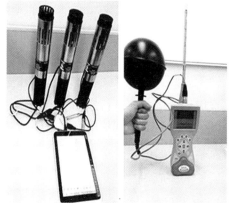

图11.25　坑内环境检测仪器

崖壁布袋式绿化土壤理化性状要求　　　　　　表11.5

项目	pH值	EC值（mS·cm⁻¹）	有机质（g·kg⁻¹）	容重（mg·m⁻³）	
指标	6.0～7.5	0.50～1.50	≥30	≤1.10	
项目	通气孔隙度（%）	有效土层（cm）	石灰反应 g·kg⁻¹	石砾	
				粒径（cm）	含量（%）（w/W）
指标	≥12	≥30	<10	≥30	≤10

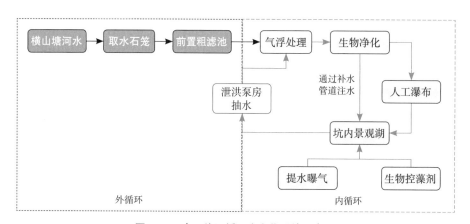

图11.26　内、外双循环水净化系统示意图

3）应用效果

本项目创新性采用经特殊改良后的布袋式垂直绿化种植技术进行崖壁植被修复，解决了传统布袋式垂直绿化技术无法适应极端异形立面的问题，确保崖壁绿化存活率达到98%。由于坑内环境与地面上环境略有不同，为保证崖壁绿化的存活率，项目部创新性采用环境质量检测与风环境模拟等技术辅助进行植物选型。在后期养护方面，采用新型全自动智能浇灌系统代替人工养护，既保证了养护作业的安

全性，又降低了养护成本。本套技术在山区高速公路两侧加固崖壁的美化工程将具有非常好的推广应用前景。

4）技术先进性

（1）采用环境质量检测与模拟技术（日照时长模拟、风速模拟）辅助进行植物选型，通过试验确定崖壁布袋式绿化土壤理化性状，确保崖壁绿化存活率达到98%。

（2）创造性地提出了通过人工瀑布实现内、外双循环水净化系统的水体联系，有效解决了水体置换与坑内景观协调的难题。

通过日照、风速三维模拟辅助进行植物选型，通过试验确定崖壁绿化土壤理化性状，通过人工瀑布实现坑内水位与坑外水位水体置换，均未见相关报道，具有新颖性和创新性。

第三部分　总结

一、技术成果的先进性及技术示范效应

形成了采石深坑陡峭强风化崖壁加固及稳定性检测技术、两点支撑式双曲复杂钢框架结构施工技术、陡峭崖壁（80m）深坑酒店工程功能适用性提升技术、陡峭崖壁（80m）深坑酒店工程施工垂直运输技术4项关键技术，获授权专利44项（发明专利24项）、软件著作权1项、省部级工法3项，发表论文39篇。关键技术经鉴定，总体达到国际先进水平，其中两点支撑式双曲复杂钢框架结构施工技术、陡峭崖壁（80m）深坑酒店工程施工垂直运输技术达到国际领先水平。

二、工程节能减排综合效果

在环境保护方面，项目建筑垃圾产生量为1232t，约201.7t/万m²；再利用和回收率达到61%。场界噪声昼间平均值为64.3dB，夜间噪声平均值为51.2dB，无周围居民和单位投诉。pH平均值为7.6。在节材与材料资源利用方面，项目就地取材率为91.5%。现场临时用房、围挡材料重复利用率为81%。在节水与水资源利用方面，项目万元产值耗水量为2.7m³，非传统用水（坑内积水、洗车池循环用水）占总用水量的7.8%。在节能与能源利用方面，万元产值耗电量为76.2kW·h。在节

地与土地资源保护方面，现场施工用地率为 85%，未使用黏土砖，各阶段场内硬化和绿化率分别为 96.8%、94.5%、99.76%、97.29%、97.49%。深坑酒店项目在实施过程中，积极开展绿色技术创新与应用，并组织开展 5 项科研攻关，在节能、节水、节材、节地、环境保护和人力资源与职业健康方面效果显著。

三、社会、环境、经济效益

在工程建设期间，深坑酒店团队组织开展新技术应用和科技研发，累计开展生态环境宣传和绿色施工专题活动数十次，接待国内外观摩人员达万余人次；获《世界伟大工程巡礼》连续跟踪报道，获中央电视台《中国建设者》专题报道，社会反响巨大。研究成果在普陀山观音法界、南京汤山大遗址公园等项目中成功得到推广应用，近三年合计新增产值 34682 万元，按照建筑业利润、税收比例，计算新增利润 2551 万元，新增税收 1232 万元，取得了良好的社会效益和经济效益，为今后类似深坑的开发利用和生态环境治理提供了成熟的经验。

专家点评

上海深坑酒店是中国首个下沉式酒店。酒店建造于深约 80m 的废弃采石矿坑内，矿坑破坏着周围的环境和自然资源，犹如佘山国家旅游度假区的一块环境伤疤。为了修复这个伤疤，提出了对废弃矿坑进行再生利用的设计想法，在此建造一座世界上海拔最低的深坑酒店，充分利用土地资源，修复因采石而受损的生态环境，并与周围环境相融合。项目结合本身的特殊性进行大胆创新，形成了一套独特的在废弃矿坑内修建现代化高标准酒店的成套建造技术，开拓了地下建筑空间，节约了土地资源。

在施工过程中，研究开发了采石深坑陡峭崖壁加固及稳定性控制技术。研究采用预裂爆破+浅孔爆破相结合的方法，控制爆破有害效应，保持围岩稳定。将爆破产生的碎石，用于坑底回填，碎石回填量达 1 万 m³，既避免了碎石外运，也减少了后期坑内营造水体景观的用水量。针对 80m 深、坡度 80° 的陡峭崖壁，创新应用预应力锚索+普通锚杆+挂网喷射混凝土的综合支护体系，边坡断层固结注浆加固，保证了边坡稳定。综合应用布袋式垂直绿化种植技术、全自动智能浇灌系统等进行崖壁植被修复，崖壁绿化存活率达到 98%。

研究开发了陡峭崖壁 80m 深坑工程垂直运输技术。经理论分析与现场试验开发了混凝土向下超深三级接力输送施工技术，利用汽车泵+溜槽+固定泵的方式解决了陡峭深坑近崖壁边混凝土向下超深（80m）输送时易堵管、易离析、成本高和缓冲等难题，浇筑混凝土各项性能指标合格，保证了工程施工进度。发明了一种80m深坑内施工升降机不规则崖壁附着系统，解决了深坑内人员与材料的垂直运输难题。

此外，还研究应用了深坑内水环境改造提升综合施工技术、不规则基岩深坑地基与基础技术、两点支撑式双曲复杂钢框架结构施工技术、BIM技术与三维激光扫描和有限元分析相结合应用于大型废弃矿坑修复利用技术等。

该项目获得发明专利24项、实用新型专利20项，形成工法3项，发表论文39篇。在环境保护方面，项目建筑垃圾产生量为1232t，约201.7t/万m²，再利用和回收率达到61%；在节水与水资源利用方面，项目万元产值耗水量为2.7m³，坑内积水、洗车池循环用水等非传统用水占总用水量的7.8%；在节能与能源利用方面，万元产值耗电量为76.2kW·h。节材、节水、节能、节地、人力资源节约和环境保护效果突出，取得了较好的社会、环境、经济效益。

21世纪是地下空间的世纪，地下空间资源开发利用将成为建筑业重要的发展方向。由于历史原因，我国现存大量的废弃矿坑，成为地球表面的伤疤，不仅浪费了大量的土地资源，而且容易引发地质灾害。上海深坑酒店项目实现了废弃矿坑的综合开发利用，实现了地下空间开发利用和生态景观修复的双重效果。该项目的成功建造，在国内外产生了很大的影响，美国探索频道将其列为"奇迹工程"，其成果已在多个项目推广应用，也为今后类似项目的建设积累了宝贵经验。